断陷斜坡油气藏形成分布与精细勘探

——以冀中拗陷及二连盆地为例

赵贤正　金凤鸣等　著

科学出版社

北京

内 容 简 介

　　断陷盆地斜坡带是油气勘探的重要领域。本书在大量实践的基础上，系统全面地总结了斜坡带的地质特征、油气分布和富集规律、成藏机理、勘探实例和勘探技术方法。该专著来源于实践，切合实际，贴近生产，对斜坡带油气勘探有重要的指导作用和实用价值。同时为陆相断陷盆地油气成藏理论增添了新的篇章。

　　本书可供广大石油地质工作者和大专院校石油地质专业的师生参考。

图书在版编目（CIP）数据

断陷斜坡油气藏形成分布与精细勘探：以冀中拗陷及二连盆地为例 / 赵贤正等著 . —北京：科学出版社，2012

ISBN 978-7-03-035900-1

Ⅰ.①断… Ⅱ.①赵… Ⅲ.①断陷盆地–油气藏–形成–研究②断陷分地–油气藏–分布–研究③断陷盆地–油气藏–油气勘探–研究 Ⅳ.①P618.13

中国版本图书馆 CIP 数据核字（2012）第 256142 号

责任编辑：韩　鹏　谢洪源　李　静 / 责任校对：刘小梅
责任印制：钱玉芬 / 封面设计：耕者设计

科 学 出 版 社 出版
北京东黄城根北街 16 号
邮政编码：100717
http://www.sciencep.com

北京通州皇家印刷厂 印刷
科学出版社发行　各地新华书店经销

*

2012 年 11 第　一　版　　开本：787×1092 1/16
2012 年 11 第一次印刷　　印张：15 3/4
字数：360 000

定价：168.00 元
（如有印装质量问题，我社负责调换）

本书撰写人员名单

赵贤正　金凤鸣　王　权　崔周旗　曾溅辉

杨德相　韩春元　张万福　刘井旺　刘力辉

曹兰柱　秦凤启　王元杰　郭　凯　侯凤香

董雄英　王余泉　降栓奇　康如坤　才　博

仪忠建　唐传章　田福清　陈　珊　郭永军

王吉茂　周　赏　蓝宝锋　罗金洋　高正虹

序

　　近年来，华北油田在勘探程度较高、勘探难度较大的冀中拗陷及二连盆地进行精细研究与勘探，在斜坡带不断取得新的发现、新的突破。如在冀中拗陷饶阳凹陷的蠡县斜坡，该斜坡构造圈闭不发育，长期以来未取得大的发现和突破，近年来通过精细的三维地震采集与处理、精细的小断层及微幅度构造解释、精细的储层预测、精细的沉积微相分析和精细的压裂工艺选择，发现了一批油气藏和规模石油储量，实现了老探区精细研究与勘探的新突破。

　　该专著从断陷盆地斜坡带的地质特征、油气分布与富集规律、油气藏形成机理、典型勘探实例和针对性的勘探技术方法等方面进行系统全面的研究与论述，提出了宽缓型沉积斜坡多发育在主动式断陷盆地、窄陡型沉积斜坡多发育在被动式断陷盆地中，常发育有多级坡折带。经精细勘探研究与发现确定，断陷宽缓型沉积斜坡是油气分布的有利区；斜坡鼻状构造是油气富集的有利场所；斜坡坡折带是寻找地层岩性圈闭油气藏的有利方向，斜坡基底反向断裂带是潜山油气藏形成的有利带；来自陡坡带的物源有利于在斜坡带形成砂岩上倾尖灭岩性圈闭油气藏。这对我国东部地区及许多世界断陷盆地斜坡带油气勘探具有一定的借鉴作用。这些新的认识，丰富了断陷盆地成藏理论，具有理论和应用价值，为我国石油工业的发展做出了新的贡献。

中国工程院院士

2012 年 5 月 31 日

前　言

我国东部地区从北部边陲到南疆海域，广泛发育断陷盆地。斜坡带是断陷盆地特别是单断箕状断陷盆地的重要构造单元，一般可占到断陷面积的 1/3 或 1/2，勘探领域非常广阔。

断陷盆地斜坡带构造圈闭往往欠发育，但其离物源区近，沉积体系类型丰富，砂体十分发育，埋藏浅，储层物性好，而且是断陷盆地油气运移的主要指向区，具有油气供给条件良好、多期成烃、复式成藏的特点。多年勘探已经发现了济阳拗陷东营凹陷南斜坡带的乐安油田与八面河油田、辽河拗陷西部凹陷西斜坡带的高升油田、兴隆台油田和曙光–欢喜岭油田，以及南襄盆地泌阳凹陷西斜坡带的双河油田等多个亿吨级和数十个千万吨级储量的大、中型油气田（油气藏），斜坡带已成为断陷盆地最重要的勘探领域之一。

随着勘探程度的不断深入，斜坡带勘探对象和油藏类型目前已经由构造油藏转向地层岩性油藏，勘探领域更加广泛，但也同时面临着国内外原有的地质理论和勘探技术已不能完全满足和适应斜坡带以地层岩性油藏为主的多领域深化勘探的需要。"十一五"以来，华北油田组织了斜坡带油气藏勘探的专项攻关研究，对斜坡带类型划分、构造样式、输导体系、成藏机理、油气分布、富集规律和勘探技术方法等进行了深入研究。研究成果推广应用，在冀中拗陷的蠡县斜坡、文安斜坡发现了两个亿吨级规模石油储量区，在二连盆地乌里雅斯太、吉尔嘎朗图等凹陷的斜坡带发现了多个 3000 万～5000 万吨级规模石油储量区，为华北油田原油产量稳定与逐步回升发挥了重要作用。同时，兄弟油田在渤海湾盆地岐口、辽河西部等凹陷的斜坡带也相继取得油气勘探的重大发现，展现了我国东部断陷盆地斜坡带良好的勘探前景。

通过不断创新研究和强化斜坡带整体勘探，在不断取得油气勘探重要成果的同时，也取得了十分丰富的沉积、储层、油气成藏与富集规律等方面的创新地质认识，为本书的撰写提供了丰富的资料与翔实的素材。本书在前人研究的基础上，从地层层序特征、沉积特征、构造特征等三方面阐述了斜坡带的地质特征；通过斜坡带类型、构造特征、油气源供给、优质储层特征、圈闭类型与分布等方面的综合分析，论述了斜坡带的油气分布和富集规律，提出了宽缓型的沉积斜坡带是油气区域分布的有利区、鼻状构造是斜坡带油气聚集最有利的场所、基底反向断裂带是斜坡潜山油气藏形成的有利带、坡折带是斜坡带勘探地层岩性油藏有利方向、来自陡坡带的物源有利于上倾尖灭岩性油气藏的形成和斜坡带不同构造部位发育有不同的油气藏类型等系列斜坡带油气成藏新认识；通过开展斜坡带油气成藏物理模拟实验，以斜坡带油气输导体系、油气优势运移通道的研究分析为重点，揭示了斜坡带油气藏形成机理；通过华北探区四个斜坡带勘探实例的典型解剖，总结了斜坡带成藏特征、精细勘探实践与精细勘探技术方法。希望通过本次断陷斜坡油气藏形成分布与精细勘探的系统总结，不但可以对今后华北油田斜坡带勘探起到重要的指导作用，而且对中国东部乃至全国具有类似成藏条件斜坡带的油气勘探，能够起到重要的借鉴作用，为油气资源的发现和上产增储做出更大的贡献。

全书由赵贤正、金凤鸣确定框架、拟定提纲和组织编写。具体编写工作由华北油田科研技术人员、中国石油大学（北京）教授，以及中国地球物理勘探有限责任公司和中国石油勘探开发研究院廊坊分院等技术人员集体分工完成。全书共分六章，其中前言及第一章由赵贤正、金凤鸣、王权编写；第二章由崔周旗、王权、韩春元、郭永军、董雄英编写；第三章由赵贤正、金凤鸣、崔周旗、罗金洋编写；第四章由曾溅辉、郭凯、金凤鸣、曹兰柱、田福清、王吉茂编写；第五章由金凤鸣、杨德相、王余泉、降栓奇、刘井旺、王元杰、侯凤香、蓝宝锋编写；第六章由金凤鸣、王权、张万福、刘力辉、康如坤、才博、仪忠建、唐传章、秦凤启、周赏、陈珊编写，全书图件由董雄英、罗金洋、高正虹修改整理。最后由赵贤正、金凤鸣统稿定稿。

本书在编写的过程中始终得到了华北油田分公司各级领导的关心、支持和鼓励，以及中国石油大学（北京）同行专家、学者的热情帮助与赐教，特别是还得到了华北油田已退休老专家费宝生教授级高工的热情帮助和指导并提供大量素材，在此一并表示衷心地感谢！

由于内容丰富，难免顾此失彼，挂一漏万；加之作者多以业余时间编写，时间短促和编写水平有限，错误和遗漏之处在所难免，敬希批评指正。

目　　录

第一章 概 论

陆相断陷盆地在我国东部地区广泛分布，从北部边陲到南疆海域，发育有海拉尔盆地、松辽盆地深层、开鲁盆地、二连盆地、额银盆地、渤海湾盆地、南襄盆地、苏北盆地、江汉盆地、洞庭湖盆地、百色盆地、莺歌海盆地和珠江口盆地等。这些断陷盆地是在伸展构造环境下形成的，具有独特的结构特征，其中以箕状断陷最为发育。箕状断陷的斜坡带占断陷面积的 1/3 ~ 1/2，且是油气长期运移的指向，因此研究箕状断陷的斜坡带，对指导油气勘探实践具有十分重要的意义。

第一节 斜坡带勘探研究现状

20 世纪 70 年代末，我国开始在渤海湾盆地辽河、济阳和冀中拗陷的箕状断陷斜坡带开展油气勘探，相继在辽河拗陷西部凹陷、济阳拗陷东营凹陷的斜坡带找到了 5 个亿吨级大油田（曙光–欢喜岭油田、兴隆台油田、高升油田、乐昌油田和八面河油田）、20 余个中小油田（油藏），发现石油地质储量近 $15×10^8 t$（王海潮等，2006），证实斜坡带为复式油气聚集带，具有广阔的油气勘探前景。1987 年第 12 届世界石油大会上《中国克拉通盆地和油气聚集》一文的发表，引起了石油地质界对斜坡带油气勘探的高度重视，并极大地推动了箕状断陷斜坡带油气成藏条件的深化研究与勘探实践。

华北油田斜坡带油气勘探的历程是一个实践—认识—再实践—再认识的过程。大致经历了三个阶段。

一、潜山油气藏勘探

冀中拗陷斜坡带勘探始于斜坡带潜山领域的勘探，首先是在霸县凹陷东部斜坡带——文安斜坡的中段寻找潜山油气藏。文安斜坡为一北东向西倾单斜，基底地层西老东新，由西向东依次为寒武系、奥陶系、石炭–二叠系和中生界，古近系、新近系由西向东逐层超覆，覆盖在不同基底地层之上。经过多轮重力、电法、地震、地质等资料的综合分析，研究人员在该区发现了受平行斜坡走向的反向正断层控制的苏桥潜山带。1982 年 5 月，在该潜山带上首钻苏 1 井，于奥陶系峰峰组灰岩中获高产油气流，一举发现了苏桥凝析气藏。

苏桥油气藏发现后，对该油气藏的特征和成藏条件进行了深入分析，认为：①苏桥潜山油气藏是以奥陶系为储层，石炭–二叠系为盖层，中生界和石炭–二叠系为封堵层，古近系和石炭–二叠系为油气源的新生、古储、中堵的凝析气藏；②斜坡带上基底反向正断层使基岩块体翘倾，在上断棱形成断块山是勘探潜山油气藏的有利部位。

在上述认识指导下，快速圈定了苏桥断裂潜山油气聚集带，发现了苏桥、信安镇、信安镇北奥陶系凝析气藏及苏桥、文安二叠系砂岩气藏等。

二、断鼻、断块构造油气藏勘探

20 世纪 80 年代中后期，随着潜山勘探不断深入，浅的、大的、易发现的潜山相继被发现，勘探难度越来越大。为此实施勘探战略转移，勘探重点由潜山转向古近系、新近系，加强了对斜坡带的研究，经过近 10 年的勘探，先后在饶阳凹陷的蠡县斜坡、霸县凹陷的文安斜坡、束鹿凹陷的西斜坡和晋县凹陷的西斜坡等发现了一批以断鼻、断块油气藏为主的、千万吨级储量规模的油田，并实现了华北油田古近系、新近系原油产量 1989 年首次超过潜山，为油田稳产发挥了重要作用。

三、地层岩性、构造及复合油气藏精细勘探

在潜山及断鼻、断块油气藏勘探程度不断提高、发现越来越少的情况下，进一步开展了斜坡带精细勘探。

首先是斜坡带坡折带的地层岩性油气藏勘探。在二连盆地乌里雅斯太凹陷东部斜坡带坡折带，发现了木日格腾一下亚段湖底扇砂体上倾尖灭岩性油藏、苏布腾一下亚段扇三角洲前缘砂体上倾尖灭岩性油藏及阿尔善组地层不整合油藏，发现了 $5000 \times 10^4 t$ 级石油地质储量，取得了斜坡带地层岩性油气藏勘探的重大突破。随后，在吉尔嘎朗图凹陷南斜坡也取得了坡折带地层岩性油气藏勘探的重要发现。

其次是斜坡带地层岩性、构造及复合油气藏的精细勘探。在冀中拗陷饶阳凹陷西部斜坡带（蠡县斜坡），针对该区构造圈闭不发育、储层厚度薄的地质特点，通过精细二次三维地震资料采集与处理、精细小断层–低幅度构造解释、精细小砂体预测描述、精细压裂工艺技术选择、精细勘探开发一体化实施等技术和工艺环节，从四个方面取得了突破：一是斜坡北段潜山围斜部位或断层坡折带下部地层超覆、地层不整合、岩性上倾尖灭油藏和构造岩性复合油藏的突破；二是斜坡中段低幅鼻状构造和堑垒相间构造背景上构造岩性复合油藏和岩性油藏的突破；三是滚动勘探开发区构造翼部岩性油藏的突破；四是斜坡带坡顶断层上升盘构造岩性复合油藏的突破。新增三级石油储量达亿吨级，实现了斜坡带精细勘探的新突破。此后，在霸县凹陷文安斜坡精细勘探，发现了文安城东、长丰镇等微幅构造油藏、河道砂岩性油藏等，也取得了亿吨级规模油气储量的发现。

华北油田斜坡带的油气勘探历程，可以说是斜坡带油气勘探的缩影。通过勘探实践，不仅认识了斜坡带的成藏条件和油气分布规律，也摸索出了一套斜坡带的油气勘探配套技术、方法。

第二节　斜坡带的构造背景

断陷盆地一般由单断箕状断陷和双断地堑式断陷组成，以单断箕状断陷为主。本节主要论述单断箕状断陷的结构特征。

一、单断箕状断陷构造带样式

单断箕状凹陷一般由三部分组成，即陡坡带、洼槽带和斜坡带，当凹陷比较开阔时，

有时发育有中央构造带（图1-1）。

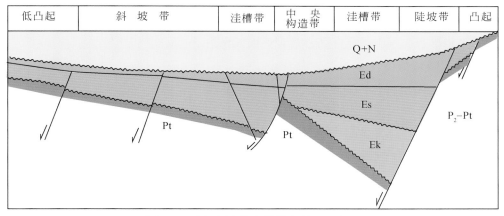

图 1-1　陆相断陷构造带样式剖面示意图

（一）陡坡带

陡坡带是断陷盆地伸展活动的起始带。不同地区、不同的构造背景、不同的伸展断层类型和组合，形成不同的沉积类型、不同的构造样式和不同的油气分布规律。陡坡带按成因，即控凹边界伸展断层的性质和断层组合可分为平面式、铲式、坡坪式和阶梯式四种类型。

1. 平面式陡坡带特点

（1）控凹主断层特性：为旋转式平面断层，即断面产状不发生变化，而地层产状发生变化。断面陡峭而平直，断面倾角在60°以上。

（2）构造样式：简单，一般在断层的下降盘发育有鼻状构造，逆牵引背斜不发育。

（3）沉积特征：沉积物颗粒粗、大小混杂、分选性差，多发育近岸水下扇和洪积扇。扇体一般厚度较大、分布范围较小，沉积作用主要表现为垂向加积，相带窄，围绕凸起呈窄条状分布。

（4）分布和油气聚集特点：这类陡坡带在断陷盆地中分布比较广，如二连盆地的赛汉塔拉凹陷、吉尔嘎朗图凹陷、乌里雅斯太凹陷的陡坡带等。这类陡坡带构造圈闭不发育，且岩性粗而混杂，储盖组合差，成藏条件不利，油气贫乏。

2. 铲式陡坡带特点

（1）控凹主断层特性：为铲式伸展断层，即断面和地层产状均发生变化。断面上陡下缓，上部倾角一般为45°～60°，下部倾角为30°～45°。例如，胜北大断层断面倾角在2000m以上为40°，2000m以下为38°～18°；港东主断层断面倾角在1900m以上为70°，2500m以下为40°～30°。

（2）构造样式：该类陡坡带构造比较发育，一般发育有断鼻、断块和逆牵引背斜等。

（3）沉积特征：沉积区距物源区相对较远，分选性较好。一般发育有近岸水下扇、扇三角洲、小型的辫状河三角洲等多种沉积类型。扇体规模较大，期次较明显，垂向厚度不大，沉积作用主要表现为侧向加积。

（4）分布与油气聚集特点：这类陡坡带在断陷盆地中分布比较普遍，如渤海湾盆地的赵兰庄构造带、港东构造带、永安镇构造带等。这类陡坡带构造圈闭发育，并发育有利储集相带与之相配合，成藏条件有利，是有利油气聚集带。

3. 坡坪式陡坡带特点

（1）控凹主断层特性：为坡坪式伸展断层，即断层和地层产状多次发生变化。断面上陡下缓，并多次重复出现。

（2）构造样式：一般在断坡段接受较厚的沉积，在重力作用下，沿断面向下滑动，当达到断坪段时遇到阻力，则在断面上覆层产生挤压形成背斜构造。另外，还发育有断鼻、断块和地层岩性圈闭等。

（3）沉积特征：沉积区距物源区较远，分选性较好，期次明显。一般发育有近岸水下扇、浊积扇、扇三角洲等沉积体。

（4）分布与油气聚集特点：这类陡坡带分布比较局限且少见，如临清拗陷丘县凹陷南段大名洼槽东陡坡带及冀中拗陷廊固凹陷大兴陡坡带等。这类陡坡带圈闭发育，储层较好，成藏条件有利。

4. 阶梯式陡坡带特点

（1）控凹主断层特性：由控凹主断层和多条与之近平行的顺向断层组成。这些断层向凹陷方向，节节下掉，形成二台阶、三台阶等，呈阶梯状。主断层为旋转式断层或铲式断层。

（2）构造样式：该类陡坡带圈闭比较发育，一般发育有断鼻、断块、背斜、潜山等。

（3）沉积特征：沉积区距物源区相对较远，分选性较好，期次明显。一般发育有近岸水下扇，在远端发育有滑塌浊积扇和深水浊积扇。

（4）分布与油气聚集特点：这类陡坡带分布较广，如渤海湾盆地的冀中拗陷霸县断阶带、南马庄-留路构造带、留西-大王庄构造带，济阳拗陷的胜北地区、滨南地区，海拉尔盆地的乌西断阶带等。这类陡坡带圈闭发育，储集相带有利，成藏条件优越，是有利的油气聚集带。

由此可见，铲式陡坡带、阶梯式陡坡带构造圈闭发育，沉积相带有利，是油气聚集的有利带。

（二）洼槽带

洼槽带位于断陷的中央部位，夹持于陡坡带和缓坡带之间，是断陷盆地长期发育的沉降带。一般约占断陷面积的1/2。它与陡坡带和缓坡带没有明显的界线，一般以断层或包凹等深线来划分。洼槽带一般断层不发育，构造样式简单，在断陷期后期或拗陷期，可因构造反转形成反转背斜构造，如二连盆地赛汉塔拉凹陷乌兰反转背斜等；或由于边界断层的拆离滑脱作用，形成拆离滑覆构造体系，如饶阳凹陷南部元昌楼-虎北拆离滑覆构造带等。洼槽带沉积以深湖和半深湖亚相为主，是盆地烃源层发育区；同时发育有滑塌浊积扇、深水浊积扇、湖底扇和扇三角洲前缘席状砂等，这些砂体楔入到烃源层中，为岩性油气藏的形成创造了条件。

— 4 —

（三）中央构造带

当断陷盆地比较开阔时，在断陷中央常形成中央构造带。根据构造带的特征和成因不同，可以分为多种类型的构造带，其中主要有拱张背斜带、潜山构造带、隆起构造带和盐拱构造带四种有代表性的构造带。

1. 拱张背斜带

以济阳拗陷东营凹陷中央背斜带（图1-2）为代表。

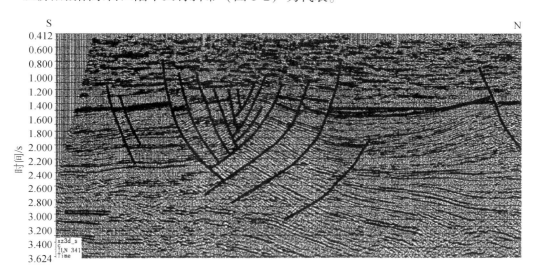

图1-2　济阳拗陷东营凹陷中央拱张背斜带南北向地震剖面图（据李丕龙等，2003）

（1）特征：构造带呈长轴背斜形态，在背斜轴部发育有相向而掉的断块，形成大地堑内套小地堑，呈莲花瓣式形态，但断层不切入基底。

（2）成因：断陷盆地在沿断面的拉伸过程中，随着沉积物的增厚，断面变缓，势必产生侧向的挤压力，同时在斜坡一侧刚性块体抬升阻挡，从而形成双向的挤压力，加之流动性较高的厚层膏、泥岩的上浮力的共同作用，形成中央拱张背斜带。

2. 潜山构造带

以冀中拗陷饶阳凹陷任丘潜山构造带（图1-3）为代表。

（1）特征：平行凹陷轴线分布的潜伏基岩突起带。发育有经过长期剥蚀、风化、淋滤，缝洞发育的古潜山储集体；在盖层中发育有披覆背斜；在断层的下降盘发育有逆牵引背斜；在潜山的围斜部位发育有地层岩性圈闭等。

（2）成因：在前断陷期存在基岩突起，在断陷期盆地的伸展过程中，以推进式的伸展运动方式，基岩块体发生翘倾活动，在上断棱部位形成潜山，在下断棱部位形成断槽。后期被断陷期沉积覆盖，形成中央潜山构造带。

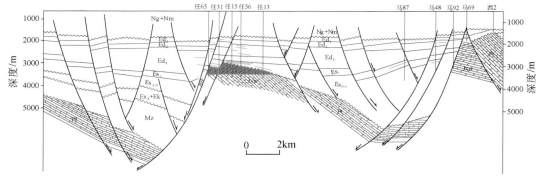

图 1-3 任丘潜山构造带剖面图

3. 隆起构造带

以海拉尔盆地贝尔凹陷苏德尔特潜山构造带（图 1-4）为代表。

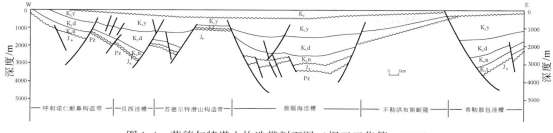

图 1-4 苏德尔特潜山构造带剖面图（据王玉华等，2004）

（1）特征：构造带的两侧为背向大断层切割，呈不对称型地垒构造带。长期处于隆起，遭受剥蚀，直到断陷期中后期，才全部被覆盖。发育有潜山、披覆背斜、断鼻、断块和地层、岩性等圈闭。沉积上发育有滩砂、扇三角洲砂体等。

（2）成因：在断陷盆地初始张裂期，由于地壳拱升张裂，岩浆沿深大断裂的侵入和喷发，在地形上形成高地，并在两侧形成断层或脆弱带。在断陷盆地伸展的过程中，沿两侧断层伸展断陷，形成不对称型地垒隆起带。

4. 盐拱构造带

以渤海湾盆地东濮凹陷中央构造带（图 1-5）为代表。

（1）特征：处于双断凹陷中的中央构造带，为北东向长轴背斜。该背斜带是在基岩隆起的背景上（石炭—二叠系），上覆中生界和古近系膏盐地层，盐体上拱，顶部陷落，形成莲花瓣式复式地堑。这些花瓣式的断层消失于膏盐层之中。

（2）成因：该类中央构造带的形成是在断陷盆地的伸展过程中，东濮凹陷东侧兰聊断裂中生代末期开始活动，形成东陡西缓的箕状断陷雏形。并以推进式的方式发展，产生西掉的黄河断层，形成中央翘倾断块；进一步推进时受阻，从而产生东掉的平衡断层——长垣断层。在兰聊断层和长垣断层的相向作用下，中央带拱升，促进黄河断层和东侧东掉断层的发育，加之盐体上拱的双重作用力，形成了该中央盐拱背斜构造带。

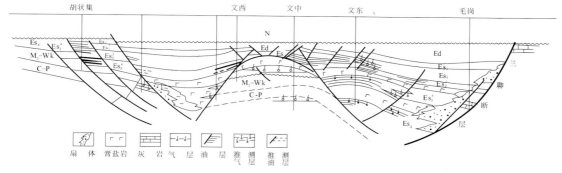

图 1-5 东濮凹陷中央构造带剖面图（据齐兴宇等，1997）

斜坡带的分类和特征将在下节进行详细论述，此处暂不赘述。

二、单断箕状断陷横向分区特征

单断箕状断陷，往往被横向变换带（简称变换带）分割为若干个洼槽。每个洼槽具有自己的沉积特点、生烃特点和成藏风格；同时变换带也影响了斜坡带的分段性。现就变换构造带特征和断陷横向分区特征简述如下。

（一）变换构造带概述

断陷盆地中的变换构造带（也有人称为传递带、调节带、转换带和横向带），早已被许多学者所关注和研究。变换构造带是为了保持断陷盆地区域伸展应变守恒而起调节作用的变形或位移的一种构造带。变换构造带可以由变换断层，也可以由与沿断陷盆地走向平行的侧接断层，或者由控凹主断层的断距不均衡变化而形成。

1. 分类

根据变换带的成因，可将变换带分为四大类及若干小类：

（1）横向变换断层有关的变换带；

（2）一组纵向断层侧接（侧叠）有关的变换带；

（3）控凹边界断层断距变化有关的变换带；

（4）复合型变换带，即早期为与变换断层有关的变换带，晚期转化为与一组侧接断层有关的变换带，或者一条变换带在同一时期内由两种成因形成，即可以同时由变换断层及控凹主断层断距的变化而形成。

另外，变换带也可以按几何形态特征分类。依据大断层的相对倾向关系，可分为同向型和共轭型两种类型。共轭变换带又可以细分为会聚和离散两个亚类（图 1-6）。

2. 分级

根据变换带控制的范围大小，将变换带分为不同的级别，一般可分为三级。

一级变换带：控制不同伸展构造体系的分区，它控制凹陷的形态、结构的变化和变形强弱程度，以及沉积条件、烃源岩的发育程度和有机质类型。

二级变换带：控制凹陷之间的形态、沉积发育和烃源岩的展布。

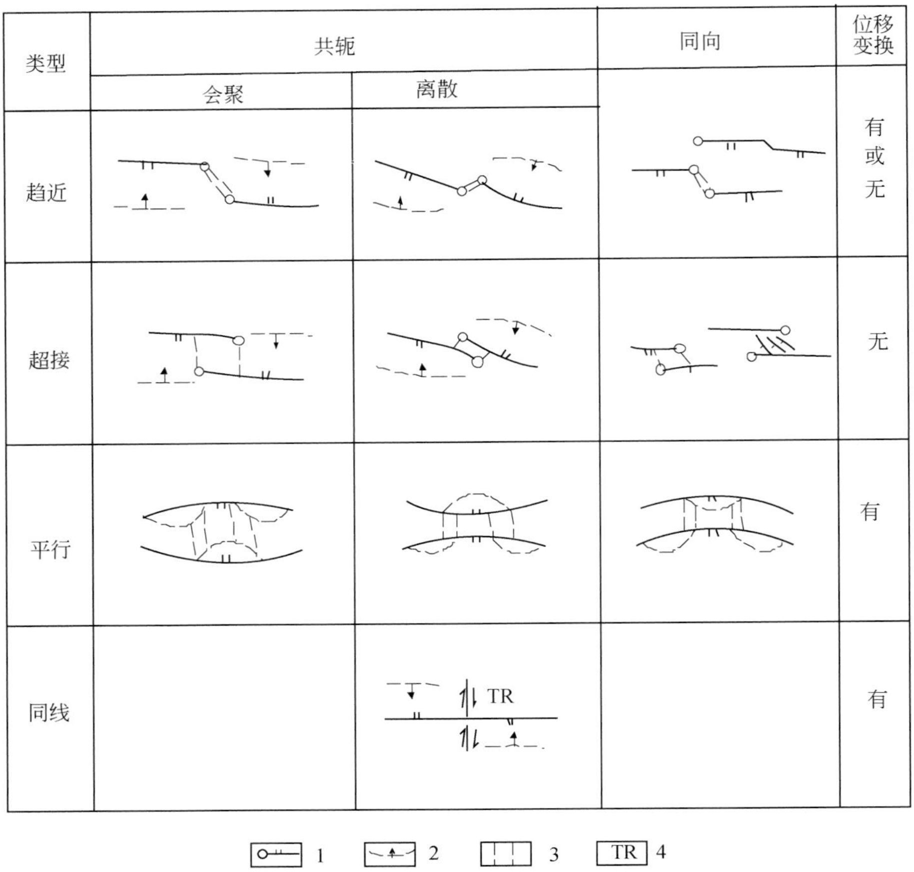

类型	共轭		同向	位移变换
	会聚	离散		
趋近				有或无
超接				无
平行				有
同线		TR		有

1 ○——| 2 ——| 3 |‖| 4 TR

图 1-6 变换带分类图（据 Morley 等，1990）

1. 正断层及其端部；2. 地层倾向；3. 变换带位置；4. 变换断层

三级变换带：控制凹陷内洼槽的形态、沉积发育和烃源岩的展布。

3. 变换带的地质作用

（1）变换带是拗陷和断陷内的天然分区界线。如徐水–安新和无极–衡水一级变换带将冀中拗陷分为南、中、北三区，使各区在基底特征、凹陷结构、形成演化、沉积环境及油气性质等方面都有明显的差异。

（2）变换带是油气运聚的重要指向。由于变换带是位于两个凹陷或洼槽之间的构造带，是两侧凹陷或洼槽中油气运移的指向，具有双向供油的特点；同时变换带由断层及其伴生构造、潜山组成，为油气聚集提供了有利场所，因此变换带是油气聚集的有利带。几乎所有的二级变换带上均发现了油气藏，如徐水—安新一级变换带上的鄚州油田等，就是由霸县凹陷和饶阳凹陷烃源岩生成的油气向变换带上运移的结果。又如晋县凹陷中赵县—南柏舍变换带上的赵州桥油田、束鹿凹陷中台家庄变换带上的台家庄油田，以及荆丘变换带上的荆丘油田等。

（二）横向分区特征

现以冀中拗陷为例，论述一、二、三级变换带的横向分区特征。

1. 冀中拗陷的横向分区特征

1）一级变换带特征

冀中拗陷发育有徐水-安新和无极-衡水两个一级变换带，将冀中拗陷分为南、中、北三个伸展构造区（图1-7）。这三个区的凹陷形态结构、沉积发育、烃源层特征乃至油气性质都存在着明显的差异。

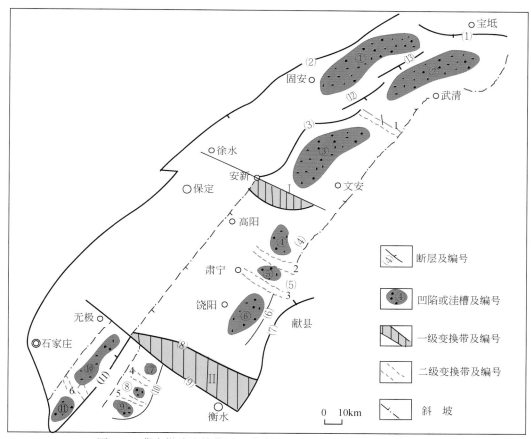

图1-7 冀中拗陷变换带平面分布图（据刘池阳等，2000 修改①）

断裂：（1）宝坻断裂；（2）大兴断裂；（3）牛东断裂；（4）马西断裂；（5）河间断裂；（6）留路断裂；（7）献县断裂；（8）旧城北断裂；（9）衡水断裂；（10）新河断裂；（11）宁晋断裂；（12）大尹北断裂；（13）河西务断裂

变换带：一级变换带：Ⅰ. 徐水-安新变换带；Ⅱ. 无极-衡水变换带

二级变换带：1. 里兰变换带；2. 八里庄变换带；3. 留路-大王庄变换带；4. 台家庄变换带；5. 荆丘变换带；6. 赵县-南柏舍变换带

凹陷或洼槽：①廊固凹陷；②武清凹陷；③霸县凹陷；④马西洼槽；⑤河间洼槽；⑥饶南洼槽；⑦⑧⑨束鹿凹陷北、中、南洼槽；⑩⑪晋县凹陷中北洼槽与南洼漕

---

① 刘池阳. 2000. 冀中拗陷构造演化研究及有利勘探区带选择（内部资料）

（1）徐水-安新变换带。徐水-安新变换带是一条与北西西向的变换断层有关的变换带。该带西起满城，经徐水、安新至文安一带，呈北西西向至近东西向展布。由黑龙口断层、牛南断层、文安南断层等断续不连的变换断层，以及淀北洼槽和鄚州潜山等组成。

该带以北为北部伸展区，以南为中部伸展区。

（2）无极—衡水变换带。无极—衡水变换带是一条与衡水变换断层有关的变换带。该带西起新乐，经无极、深县至衡水一带，呈北西西向展布。由衡水、旧城北断层等，以及无极—藁城凸起北部、深县凹陷和饶阳凹陷南部组成。它的南界为衡水断层，其走向北西西，倾向北北东，倾角55°左右，延长65km以上，基底断距达3000m以上。其北界为旧城北断层，走向北西西，倾向南南东，倾角50°左右，延长38km以上，基底断距350～500m；它们与献县断层一起控制着深县凹陷的发育，因而使其成为一个东宽西窄剪刀状沉降带，面积约620km²。

该带在孔店—沙四期，沉积的厚度主要受北北东向献县断层与北西西向衡水断层的控制，主要沉积中心呈北北东向，位于虎17井—强2井一带，厚达2400m，为一套河流相及含膏盐的湖相沉积；向北西西方向，沉积厚度减薄至800m左右。这表明，衡水断层的断距由东向西逐步减小，与束鹿凹陷为水下高地所隔，但此时该断层未延伸到晋县凹陷的北端，所以该凹陷为较封闭的微咸水湖沉积。

沙三—沙二期，献县断层和衡水断层继续活动，在前者下降盘沉积厚达1200m，后者下降盘沉积厚达900m，二者的差异逐步缩小，它说明衡水断层的活动强度相对加大。此时的沉积范围不但与束鹿凹陷相通，而且与晋县凹陷相连。衡水断层已向西延伸发展，同时旧城北断层强烈活动，从而形成无极-衡水变换带的基本面貌。

沙一期，衡水断层东段和献县断层南段停止活动，取而代之的北东向虎北断层强烈活动，因而导致凹陷沉降中心向深县以西转移，沉积厚达700m。东营期大体继承了沙一期面貌，沉积了厚达1000m的河流沼泽相沉积。

由此可见，受衡水断层和旧城北断层控制的无极-衡水变换带在孔店-沙四期，主要发育于衡水断层的东段，与饶阳凹陷相通，二者之间呈沉积过渡关系；与束鹿凹陷为水下高地相隔；沙三—沙二期，衡水断层向西延伸，与晋县凹陷相连，为水下高地相隔；沙一—东营期，衡水断层东段停止活动，西段活动减弱，旧城北断层亦随之减弱，从而导致变换带活动衰退。

无极-衡水变换带以北为中部伸展区，以南为南部伸展区。

2）横向分区特征

（1）断陷结构特征：北区断陷结构为西断东超，断陷呈并联式组合；中区西部为西断东超，东部为东断西超，断陷呈相对式组合；南区为东断西超，断陷呈并联式组合。

（2）基底和盖层发育特征：北区基底地层主要为中、新元古界和古生界，中、新元古界地层发育较全，发育有蓟县系洪水庄组、铁岭组和青白口系下马岭组，石炭—二叠系分布范围相对较大。中区基底地层主要为中、新元古界和古生界，中、新元古界缺失洪水庄组、铁岭组和下马岭组；上古生界基本上剥蚀殆尽。说明中区是冀中拗陷的古隆起区。南区基底地层主要为古生界，局部钻遇中、新元古界和太古界。沉积盖层发育特征，北区具有早期统一，后期分割，西隆东降的特点。在古近纪孔店—沙三早期为相对统一的湖区。

沙三晚期到沙二早期，随着牛驼镇凸起快速隆升，露出水面遭受剥蚀；河西务构造带显现；容城凸起升起，相对统一的广阔的湖区被分为大厂、廊固、徐水、武清、霸县等凹陷，彼此分割，时有相通。在东营晚期，大致以牛东断层—河西务断层为界，西部整体抬升，缺失馆陶组沉积，使东营组遭受剥蚀，东部则整体沉降，接受巨厚的新近系和第四系沉积，厚逾3000m。致使武清凹陷和霸县凹陷深埋改造，使古近系目的层埋深过大。中区凹陷比较开阔，面积大。例如，饶阳凹陷是一个继承性发育的凹陷，尤其是肃宁—留路以北的饶阳凹陷北部，反向翘倾断块发育，在断层的根部形成了深洼槽。在深洼槽中古近系、新近系沉积持续发育，水体较深，沉积环境稳定，发育了沙三段和沙一段等多套烃源层，油气资源丰富，是冀中拗陷最好的富油凹陷分布区。南区除石家庄凹陷属早盛晚衰型凹陷，接受了白垩系和较薄的沙四段—孔店组沉积，沙三期就开始抬升。其余两个凹陷属继承性发育的凹陷，发育有沙四段—孔店组、沙三段和沙一段三套烃源层。

（3）含油气特征：总的来说，具有南油北气的特征。天然气主要分布在北区，目前所发现的天然气藏，仅1个气藏分布在南区，其余都分布在北区；北区油田的地下气油比一般都在30m³/t以上，最高可达300m³/t。中区至今未发现天然气藏，任丘油田最大的雾迷山组油藏地下气油比只有4m³/t。

2. 断陷间的分区特征

位于霸县凹陷与武清凹陷之间的里兰二级变换带，发育有里兰断层，走向北西西，倾向北北东，在其上升盘形成信安镇潜山，奥陶系顶面断距近1000m，古近纪持续活动，主要控制了沙四段、孔店组沉积，此后活动强度逐步减弱，向西延伸与牛东断层相交，向东延伸至天津一带，具有左旋剪切平移性质。该带将武清凹陷和霸县凹陷分隔，使这两个凹陷具有不同的构造演化史和沉积变迁史。

3. 断陷内横向分区特征

例如，饶阳凹陷（断陷）的八里庄变换带和留路–大王庄变换带将凹陷分割为马西洼槽、河间洼槽和饶南洼槽。

（1）八里庄变换带。位于饶阳凹陷的北部。该带分隔马西洼槽和河间洼槽。在沙四期晚期已具雏形；在沙三期表现比较清楚，变换带沉积厚约600m，马西洼槽最大厚度为2000m，河间洼槽的最大厚度为1200m，可见它们之间的高差为600～1400m，明显地具有变换带性质；沙二期其高差已减少到100～200m；沙一至东营期已基本消失。

（2）留路–大王庄变换带。位于饶阳凹陷中部河间洼槽与饶南洼槽之间。该带发育了北西向五尺断层，倾向南西，延伸长度约47km，基岩断距300～2000m。断层活动时间早，结束时间也早。在前古近纪就开始活动，它控制基底地层的分布，断层下降盘为寒武系，上升盘为蓟县系雾迷山组，古近纪没有明显的活动，但由于地形上形成北西向的古梁子，分隔河间洼槽和饶南洼槽，控制了盖层的沉积，古近系各层系向古梁子上超覆。沙四段，古梁子厚300m，其北的河间洼槽最大厚度为1000m，而南侧的饶南洼槽最大厚度1100m，即古梁子与洼槽之间高差达700～800m。沙三期，古梁子形态依然存在，但其相对高差已减少到600m；沙二期，减少到100m左右。沙一期控制了烃源岩的分布，沙一期以北沙一段烃源岩发育，以南沙一段烃源岩不发育。

— 11 —

又例如，束鹿凹陷的台家庄变换带和荆丘变换带将凹陷分为北、中、南三个洼槽。

台家庄变换带：位于束鹿凹陷的中北部。它分割了束鹿凹陷的北洼槽和中洼槽。该变换带发育了一条北掉的北西西向台家庄断层，根据晋古1-1井中钻遇石炭—二叠系地层遭受较强烈的剥蚀来判断，该断层在古近纪前已经形成，古近纪沙三期强烈活动，在沙三段下部沉积了较厚的砾岩，且断层上、下盘厚度差最大可达500m左右；沙二—沙一期，两盘厚度差急剧减小；在东营期又有所加大，古近纪末停止活动。在断层上升盘发育了走向近东西向的潜山及其披覆背斜。从而将北洼槽与中洼槽分开，使其沉积条件发生变化。

荆丘变换带：位于束鹿凹陷的中南部，它分隔了束鹿凹陷的中洼槽和南洼槽。它与台家庄变换带十分相似，由北西西向的断层及其伴生的构造组成，在断层的上升盘形成潜山及其披覆构造，为油气聚集提供了有利场所。

再例如，赵县–南柏舍变换带将晋县凹陷分为北、南两个洼槽：北部沙四—孔一段烃源岩含 H_2S 的生油洼槽；南部不含 H_2S。

赵县–南柏舍变换带：位于晋县凹陷的中部。以赵县–南柏舍古梁为界，将凹陷分为南北两部分，面积各约 800 km^2，两部分之间的古梁子面积约 100 km^2。在 Tg 反射层构造图上，可以清楚地看出在南柏舍一带存在一个北西向的鼻梁一直伸展到赵县城以北地区。在赵县城以南有一条北西向北升南降的正断层及其伴生的赵县鼻状构造，它们共同组成了赵县–南柏舍变换带。在该带以北，为咸水湖泊相沉积，发育了富含 H_2S 的沙四段—孔店组烃源岩；以南则为半咸水—淡水湖泊相沉积，发育了不含 H_2S 的沙四段—孔店组烃源岩。

该变换带的形成与东侧控凹边界断层——宁晋断层的断距在南柏舍变小，以及北西向古断层在孔店—沙四期重新活动有关。

第三节　斜坡带类型

一、斜坡带类型划分

国内外学者对箕状断陷斜坡带分类做了大量的研究工作，主要根据斜坡带的成因和形态进行分类。

（一）成因分类

费宝生（1999）对斜坡带进行研究时，根据斜坡带的沉积特征和构造演化特征，将斜坡带分为三类，即沉积斜坡带、构造–沉积斜坡带和构造斜坡带（图1-8）。

（二）形态分类

秦永霞等（1999）、李丕龙等（2003）根据箕状断陷的构造特征及层序发育特征，将断陷盆地划分为宽缓斜坡带、窄陡斜坡带和双元斜坡带三种类型（图1-9）。

1. 宽缓斜坡带

是指在开阔的箕状断陷中宽度比较大，坡度比较缓的斜坡。一般指凸起至湖盆中心水

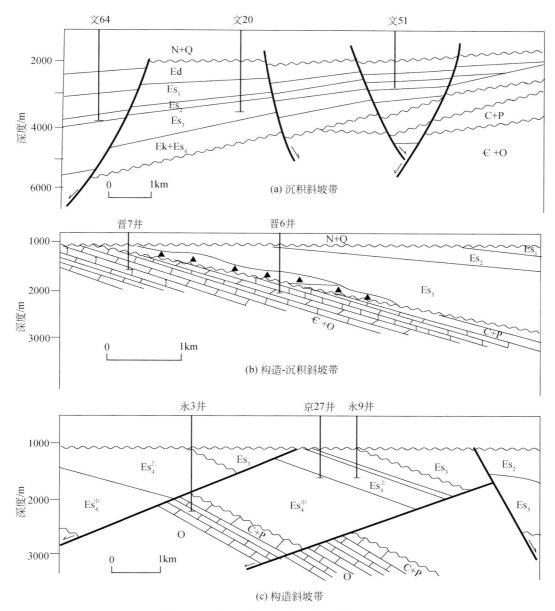

图 1-8　斜坡带类型划分图（费宝生，1999）

平距离与湖盆深度的比值大于 7（地层倾角小于 8°），断层不发育，地层超覆现象明显。

2. 窄陡斜坡带

是指狭长箕状断陷中宽度比较窄、坡度较陡的斜坡。一般指凸起至湖盆中心水平距离与湖盆深度的比值小于 5（地层倾角大于 10°），同沉积盆倾断层较发育。

3. 双元斜坡带

以发育基底反向断层为特征，断层活动于断陷期早期即结束，断层影响了地层的发育

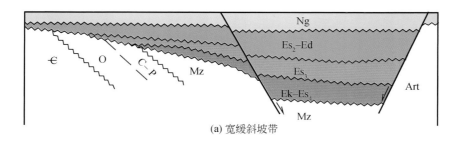

(a) 宽缓斜坡带

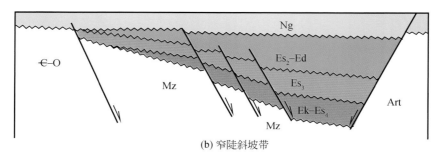

(b) 窄陡斜坡带

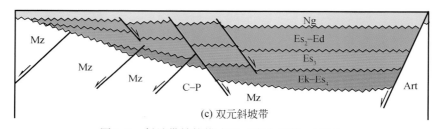

(c) 双元斜坡带

图 1-9 斜坡带结构模式图（秦永霞等，1999）

和圈闭的形成；具有明显的超覆现象和地层缺失。

（三）复合分类

从不同的角度和需要出发，斜坡带可以有多种分类方案。为了反映斜坡带的成藏特点，更好地指导油气勘探使其简便易行，本书按斜坡带的成因结合形态进行分类。主要考虑斜坡带的成因、宽窄和斜坡的倾角，划分出沉积斜坡带、构造–沉积斜坡带和构造斜坡带三大类，其中沉积斜坡带进一步划分出平台型、宽缓型和窄陡型三小类（表 1-1）。

表 1-1 斜坡带类型划分简表

大类	小类	宽度/km	角度/(°)
沉积斜坡带	平台型	>10	<5
	宽缓型	>10	<10
	窄陡型	<10	>10
构造–沉积斜坡带			
构造斜坡带			

二、斜坡带类型特征

斜坡带是箕状凹陷的重要组成部分，占凹陷的总面积约1/2或1/3。斜坡带的范围是指从凸起到洼槽带的地段，具体划分从凸起至斜坡底盆倾断层或包洼构造等高线为界。下面论述各类斜坡带的特征。

（一）沉积斜坡带

沉积斜坡带，在沉积时，地形上就是一个斜坡，原始坡度角有大有小。地层沿斜坡上倾方向逐层超覆或退覆，斜坡顶部剥蚀微弱。这类斜坡带在箕状凹陷中分布最广，如冀中拗陷文安斜坡带、蠡县斜坡带、二连盆地阿南凹陷南斜坡带等。这类斜坡带的油源主要来自邻近的生油深洼槽；个别也可以来自斜坡带上的优质生油层的未熟–低熟油的油源，如蠡县斜坡带上沙一段生油层；还可以来自基底的烃源层，如文安斜坡带上石炭–二叠系烃源层。这类斜坡带根据斜坡的宽度和倾角大小，又可以分为平台型沉积斜坡带、宽缓型沉积斜坡带和窄陡型沉积斜坡带。

1. 平台型沉积斜坡带

平台型沉积斜坡带是宽缓型沉积斜坡带中的一个特例。这类斜坡带的坡度角特别小，如冀中拗陷饶阳凹陷蠡县斜坡，坡度角仅为2.5°，斜坡宽度为14.54km。一般坡度角<5°，斜坡宽度>10km。因此，这类斜坡带具有独特的地质特征和成藏风格。

一、斜坡带处于拗陷中低凸起边缘的斜坡带，如蠡县斜坡处于高阳低凸起的东坡，凸起隆升的幅度不高，因此斜坡的坡度较小。

二、由于坡度角特别小，受构造力的作用弱，褶皱和断层不发育。仅发育一些呈北西向展布的低幅度的宽缓鼻状构造。断层也相对较少，除高阳等少数几条二级断层的断距相对较大、延伸相对较远外，大多数断层为三级小断层，延伸短，断距小，一般延伸长度2~5km，主要目的层 T_4 反射层断距50~100m。因此，构造圈闭不发育，且幅度低、面积小；而以构造–岩性圈闭和地层、岩性圈闭为主。

三、斜坡带可进一步划分为南、北两段：南段为单斜区，古近系逐层向西超覆，形成顺走向分布的地层超覆带，是大型三角洲前缘分流河道发育区，烃源层不发育；北段为平台区，发育沿岸生物滩、滨浅湖滩坝沉积体系，烃源层发育，为岩性、构造–岩性和地层超覆油气藏的形成创造了有利条件。

2. 宽缓型沉积斜坡带

斜坡带的宽度大于10km，坡度角小于10°。由于斜坡带宽度较大、坡度小，湖盆开阔，沉积物相对较细。不同的时期沉积相带有所差异，裂陷前期发育冲积扇，裂陷期发育扇三角洲、滨浅湖相滩坝和半深湖相沉积，拗陷期发育河流–三角洲沉积体系。在半深湖相沉积中常发育有优质烃源岩，油气资源比较丰富。一般断层不发育，断层规模通常也不是很大。这类斜坡带在断陷盆地中比较发育，如霸县凹陷东部的文安斜坡带、惠民凹陷南斜坡带等。

3. 窄陡型沉积斜坡带

窄陡型斜坡带宽度多小于10km，坡度角大于10°。由于斜坡带宽度窄陡，坡度较大，湖盆面积小，距离物源区较近，沉积物相对较粗，沉积体系以冲积扇、扇三角洲沉积为主。在沉积载荷的重力作用下，通常发育2~4级同生断层组成的断阶带，断层延伸距离不一定很大，但通常断距较大。这类斜坡带在二连盆地最为发育，如乌里雅斯太凹陷东斜坡带、吉尔嘎朗图凹陷斜坡带、洪浩尔舒特凹陷斜坡带等。

（二）构造-沉积斜坡带

在沉积时，地形上就存在斜坡，原始坡度角有大有小。沉积过程中，块断活动明显，块体翘倾，坡度角逐渐增大；沉积后期块断活动强烈。早中期以超覆沉积为主，晚期以退覆沉积为主，顶部剥蚀较强。这类斜坡带，若早期原始坡度角很小（<10°），说明当时沉积范围比较开阔，烃源层发育，本身就在烃源层范围内。后期翘倾、抬升剥蚀，使之埋藏变浅，并保留了"精华"部分。这种斜坡带油源丰富。它既有来自生油深洼槽的烃源，也有来自斜坡本身的烃源；且发育了多种类型的圈闭；可以找到多种类型的油气藏，如辽河拗陷西部凹陷的西斜坡。若原始坡度角较大，则油气丰度较低。这种斜坡带，主要靠生油深洼槽中提供油源；后期剥蚀较强，又给油气保存带来一定的影响，如冀中拗陷束鹿凹陷西斜坡带。

（三）构造斜坡带

在沉积时还不是斜坡，是在沉积后期，由于块体翘倾活动，使之抬升形成的斜坡。地层沿上倾方向有减薄的趋势，但见不到地层超覆或退覆的现象，顶部遭受剥蚀强烈，使上覆层不整合在不同层位上，如廊固凹陷的牛北斜坡带等。这类斜坡带油气保存条件较差，目前尚未发现大型油气藏。油气藏类型主要有地层不整合面油气藏和断块油气藏等。

三、斜坡带结构特征

（一）纵向分带

斜坡带根据沉积、构造特征和成藏条件的差异，大致又可以分为三个亚带，即坡底、坡中和坡顶亚带（图1-10）。

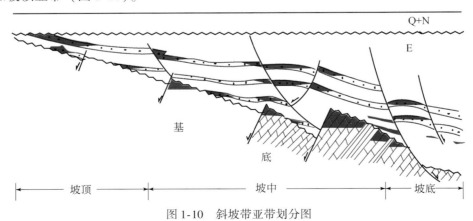

图1-10　斜坡带亚带划分图

（1）坡底（内带）亚带：位于斜坡带的低部位，大致以第一排盆倾断层或依附的构造为界。该带离油源区最近，油源丰富，油质好；一般在坡底发育有滚动背斜、断块、岩性等圈闭，可以形成相应类型的油气藏。

（2）坡中亚带：坡中与坡顶大致以超覆、退覆带为界，一般发育有潜山、披覆背斜、断鼻、断块、地层、岩性等油气藏。该带油气最富集，充满程度高，油质好，是斜坡带油气勘探的主体部位。

（3）坡顶（外带）亚带：位于斜坡带上部，处于地层超覆、剥蚀带，一般发育有地层、岩性、稠油封堵圈闭等，形成相应的油气藏。由于该带油气运移距离较远，保存条件较差，油质较稠。

（二）横向分段

受横向变换带的影响，因此缓坡带横向具有分段性。不同的段具有不同的沉积、构造和成藏特征，如冀中拗陷晋县断陷的赵县-南柏舍变换带使晋县断陷分为南、北两个洼槽，从而使晋县断陷西斜坡分为南、北两段。沙四段—孔店组沉积时，断陷北部为单断箕状型，湖盆处于半封闭状态，加之气候干热，发育了一套膏盐岩和白云岩沉积，形成了富含硫化氢烃源岩；而南部为不对称双断型，湖盆开阔，发育了一套微咸水-淡水湖相砂泥岩沉积，形成了不含硫化氢烃源岩。斜坡带南段圈闭发育，发育有赵县背斜、高邑鼻状构造、高村鼻状构造等，且规模较大，成藏条件好，找到了赵州桥油田；而北段圈闭不发育，未获重要发现。

辽河拗陷西部断陷西部斜坡带，由兴隆台和曙光潜山组成的变换带，使斜坡带分割成南北两段。北部为半封闭的湖湾区，在沉积中心发育了泥岩、油页岩、白云质灰岩及钙质页岩，沉积了粒屑灰岩，随着湖水不断扩大，其上被湖相泥岩覆盖，从而为高升粒屑灰岩油藏的形成创造了条件。断陷南部为比较开阔的浅湖区，发育了泥岩、油页岩及近岸浅滩相的薄层粉砂细砂岩，储层不发育。沙三段沉积末期斜坡逐渐抬升遭受剥蚀，且西部斜坡带南段抬升较强，而北段较弱，因此，北段高升地区地层超覆油藏、岩性尖灭油藏发育。前者如沙四段地层超覆油藏；后者如高升地区沙三段下部岩性尖灭油藏。发育在斜坡鼻状构造背景上的浊积砂体，砂体厚度大，约 $150 \sim 500m$，一般厚 $300m$。储层物性好，孔隙度一般为 $20\% \sim 30\%$，渗透率为几百到几千毫达西（$1D = 0.986923 \times 10^{-12} m^2$）。向西砂层尖灭，东部又被东盘下降的大断层封闭，形成了断层-岩性复合型油藏，上有气顶下有底水。此外，曙光油田的西北缘沙四上亚段发育有岩性尖灭油藏。而南段曙光油田曙三区以南遭受剥蚀较强，新近系不整合覆盖在古近系不同层位之上，形成了以稠油封闭的地层不整合油藏。稠油封闭的地层不整合油藏层位主要是沙四段和沙二段，为三角洲相沉积，厚度大层数多，单层厚度可达数十米；自曙光油田至欢喜岭油田南段，延伸长达 40km，储量规模大。

第二章　斜坡带地质特征

第一节　地层层序特征

斜坡带的地层层序特征与断陷的地层层序特征一致，只是斜坡带的地层层序不如断陷内部发育完整，超覆、退覆频繁，地层厚度相对较薄。现简述渤海湾盆地冀中拗陷古近系和二连盆地下白垩统的地层层序特征。

一、冀中拗陷古近系地层层序特征

冀中拗陷古近系以陆相断陷湖盆发育为特征。对湖泊相沉积的地层，采用 Vail 等（1977）为代表的经典层序地层学分析方法；而河流相沉积的地层，采用 Cross 以基准面旋回为标准的层序地层学分析方法。层序级别及形成的时限借鉴顾家裕和范土芝（2001）提出的分级方案与标准（表2-1），将时限约 40~50Ma 的沉积层序划为一级层序，时限约 15~20Ma 的沉积层序划为二级层序，时限约 2~5Ma 的沉积层序划为三级层序。

表 2-1　断陷盆地层序地层单元分级标准

级别	时间/Ma	界面	成因	沉积旋回	与地层界线对比
超层序	>100	不整合面分布范围超过盆地	全球性构造运动	全球性沉积旋回	相当于界或更小的地层单位
一级层序	40~50	不整合面分布范围超过盆地或分布于盆地的绝大多数地区	板内构造运动	板内沉积旋回	相当于系或更小的地层单位
二级层序	15~20	不整合面分布于盆地很大面积	区域性构造运动	区域性沉积旋回	相当于统或更小的地层单位
三级层序	2~5	不整合面分布于盆地的局部地区	构造、气候变化引起湖平面升降	盆地内沉积旋回	相当于组或更小的地层单位
准层序组	0.1~0.4	主要湖泛面和主要湖泛面之间	构造、气候、物源变化引起湖平面升降	岩性组旋回	相当于一组地层叠置方式
准层序	0.02~0.04	湖泛面与湖泛面之间	气候、物源变化引起湖平面升降	岩性旋回	相当于一个沉积旋回

（一）层序划分

根据区域构造特征及地震与单井层序研究结果，冀中拗陷古近系孔店组至东营组共划分13个三级层序，依次对应于孔店组三段、孔店组二段——一段、沙四段下亚段、沙四段上亚段、沙三段下亚段下部、沙三段下亚段上部、沙三段中亚段、沙三段上亚段、沙二段、沙一段、东三段、东二段和东一段（图2-1）。其中第 11、12、13 层序为河流层序，可划分为基准面上升体系域和基准面下降体系域。其余 10 个层序均为湖泊层序，每个层序内划分为 3 个体系域，即低位体系域、湖侵体系域和高位体系域。由于各层序在空间分布，特别是在廊固凹陷与饶阳、霸县凹陷之间，存在比较大的差异，因此在地层层序划分中以地层发育比较齐全的凹陷作为对比标准，以实现整个拗陷的地层层序的统一划分。其

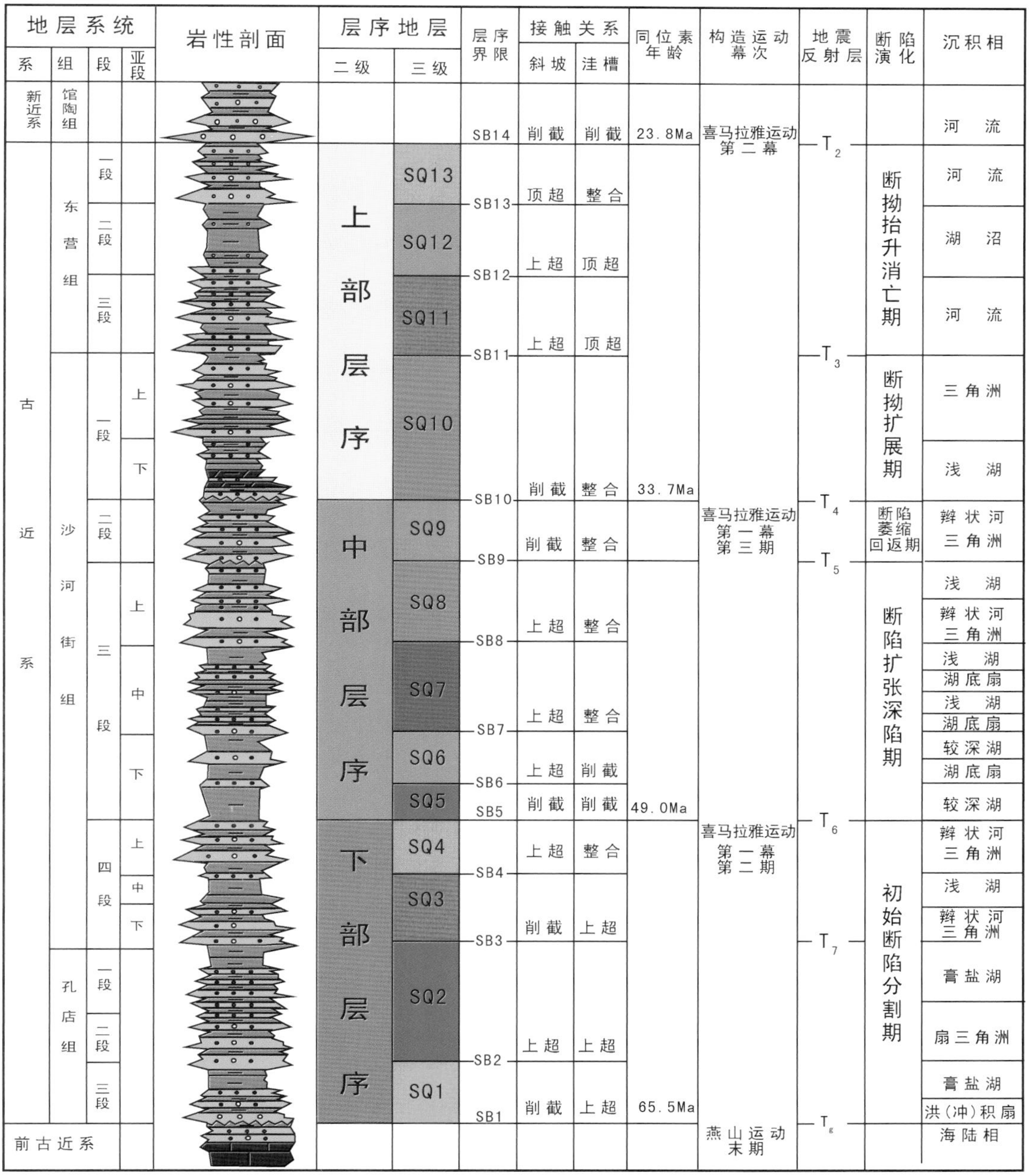

地层系统 系	组	段	亚段	岩性剖面	层序地层 二级	层序地层 三级	层序界限	接触关系 斜坡	接触关系 洼槽	同位素年龄	构造运动幕次	地震反射层	断陷演化	沉积相
新近系	馆陶组						SB14	削截	削截	23.8Ma	喜马拉雅运动第二幕	T2	断拗抬升消亡期	河流
古近系	东营组	一段			上部层序	SQ13								河流
		二段					SB13	顶超	整合					湖沼
						SQ12	SB12	上超	顶超					
		三段				SQ11	SB11	上超	顶超			T3		河流
						SQ10							断拗扩展期	三角洲
	沙河街组	一段	上 / 下				SB10	削截	整合	33.7Ma		T4		浅湖
		二段			中部层序	SQ9	SB9	削截	整合		喜马拉雅运动第一幕第三期	T5	断陷萎缩回返期	辫状河三角洲
		三段	上			SQ8	SB8	上超	整合					浅湖 / 辫状河三角洲
			中			SQ7	SB7	上超	整合				断陷扩张深陷期	浅湖 / 湖底扇 / 浅湖 / 湖底扇
			下			SQ6	SB6	上超	削截					较深湖 / 湖底扇
						SQ5	SB5	削截	削截	49.0Ma		T6		较深湖
		四段	上		下部层序	SQ4	SB4	上超	整合		喜马拉雅运动第一幕第二期		初始断陷分割期	辫状河三角洲 / 浅湖
			中 / 下			SQ3	SB3	削截	上超			T7		辫状河三角洲 / 膏盐湖
	孔店组	一段				SQ2	SB2	上超	上超					扇三角洲
		二段 三段				SQ1	SB1	削截	上超	65.5Ma		Tg		膏盐湖 / 洪(冲)积扇
前古近系											燕山运动末期			海陆相

图 2-1 冀中拗陷古近系地层层序划分图

中，孔店组以晋县凹陷为标准，划分出 2 个三级层序；沙四段以廊固凹陷为标准划分出 2 个三级层序；沙三下亚段以廊固凹陷为标准划分出 2 个三级层序，沙三中、上亚段及以上地层以冀中拗陷南部为标准划分出 7 个三级层序。

1. 层序一（孔三段）

相当于孔店组孔三段沉积。该层序底界面为孔店组底界，与 T_g 地震反射层相当，具有区域性不整合面的性质。在钻井剖面上该界面对应于岩性突变面，界面之上通常发育厚度不等的砾岩。层序顶界面相当于孔二段底界，在岩性剖面上表现为上下地层岩性突变，界面之下为灰褐色泥灰岩与紫红色泥岩互层，界面之上为厚层砾岩夹紫红色泥岩，反映了界面上下沉积环境的突变性，表现为局部不整合面的性质。

该层序可细划分为三个准层序组，自下而上沉积由低位体系域向湖侵体系域过渡，受当时古地貌的影响，湖泊面积小，地形高差大，其物源主要来自无极–藁城低凸起和太行山隆起。断陷早期具有充填沉积的特征，主要为一套杂色砾岩、砂砾岩及红色砂质泥岩，分选性差，发育砂岩和少量泥岩。整个冀中拗陷岩性分布特点为北、西、南三个方向粒度粗，分选差；而在中东部方向粒度细，分选相对好些。受区域构造背景的控制，沉积的地层只是局限在各个凹陷的低洼处，所以，沉积发育的特点或多或少彼此有其独立性和差异性。

2. 层序二（孔二段—孔一段）

该层序相当于孔二段–孔一段地层，顶界面为沙四段底界。在岩性剖面上表现为上下地层岩性突变，界面之下为灰褐色泥岩夹薄层粉砂岩；界面之上为含砾砂岩，向上以红色泥岩为主；在地震剖面上界面之上可见上超，界面之下可见削截。

该层序在拗陷南部的晋县凹陷和饶阳凹陷饶南一带较为发育，其中晋县凹陷主湖盆发育期，湖泊面积扩大，水体也较深，以滨、浅湖相为主。该层序早期为厚层状杂色砾岩夹含砾砂岩、砂岩与紫红色、棕红色泥岩或砂质泥岩互层，在晋县、束鹿地区发育一套蓝灰色膏泥岩和白云岩。晚期以杂色砂砾岩与棕红色泥岩间互层，最后转变为膏盐湖亚相、潟湖亚相，沉积了一套灰色泥岩夹浅灰色膏泥岩、泥灰岩和油页岩。

3. 层序三（沙四下—沙四中亚段）

层序底界为 T_7 地震反射层，顶界面为沙四段上亚段的底界，为冀中拗陷一重要的不整合界面。该层段以北部廊固凹陷和西部的保定凹陷最有代表性，纵向上可以划分出低位体系域、湖侵体系域和高位体系域。

层序下部的低位体系域为中厚层状灰色砾岩、含砾砂岩、砂岩与灰色、棕红色泥岩或砂质泥岩互层，局部夹薄煤层或碳质泥岩；层序中部暗色泥岩发育，为主要的生油层，顶部泥岩稳定，被称为"稳定泥岩段"对比标志层；层序上部深灰色泥岩与灰白色粉、细砂岩不等厚互层，局部地区在其上部见膏泥岩。饶阳凹陷南部（孙虎–武强）为另一个发育中心，下部为杂色砂砾岩夹红色泥岩，上部为大套红色、紫红色泥岩及含膏泥岩，局部出现石膏层，并由南而北明显变薄，甚至出现严重的剥缺。霸县凹陷在湖相沉积的基础上，发育了一套典型盆地回返阶段沉积层系，在鄚州–雁翎大部分地区剥蚀现象严重。

4. 层序四 （沙四段上亚段）

层序顶面为沙三段的底界，对应 T_6 地震反射标志层，具有区域不整合面的性质，地震剖面上可见明显的侵蚀削截现象；该界面在霸县凹陷较为典型，界面之上以红色泥岩为主，砂岩由细砂岩向上变为粉砂岩；界面之下为黑色泥岩为主。

该层序在河西务构造带及凤河营构造带揭示较全，下部为浅灰色细砂岩、粉砂岩夹深灰色泥岩及辉绿岩、玄武岩；上部主要为深灰、灰黑色泥岩夹钙质泥岩，顶部夹厚层辉绿岩及玄武岩。这一时期，地层层序分布范围明显大于层序三的分布范围，其沉积中心主要集中在廊固凹陷、霸县凹陷中北部、饶阳凹陷南部及晋县凹陷，且其顶部在部分地区剥蚀缺失。

5. 层序五 （沙三下亚段下部，相当于廊固凹陷沙三段的 Es_3^6—Es_3^5）

该层序底界面对应 T_6 地震反射层，顶界面相当于廊固凹陷 Es_3^{4-2} 底界，具局部不整合面性质，向拗陷南部与 SB5 重合。

该层序在冀中拗陷整个古近系地层中发育持续的时间较短，而且沉积的地层最薄，分布的范围最小，这与沙四段末期全区大范围剧烈抬升和强烈的剥蚀有很大关系。该层序目前仅见于廊固凹陷，其低位体系域发育粗碎屑岩，代表湖盆早期的沉积产物；之上的湖侵体系域发育，其岩性为灰色泥岩夹深灰色的粉砂岩、细砂岩，代表深湖、半深湖沉积产物。高位体系域是粗碎屑沉积的砂砾岩，代表盆地回返的沉积特征。

6. 层序六 （沙三下亚段上部）

该层序相当于廊固凹陷沙三段的 Es_3^{4-2}，在其他凹陷相当于沙三下亚段。层序底界面对应于 Es_3^5 与 Es_3^{4-2} 间的局部不整合面或地震 T_6 反射界面 （SB6），大部分地区与下伏地层为削截不整合接触关系；层序顶界面为沙三下亚段与沙三中亚段间的局部不整合面 （SB7）。岩性组合为杂色砾岩、灰色细砂岩与深灰色泥岩不等厚互层，部分地区发育灰褐色页岩、油页岩。该层序在整个拗陷分布较为普遍，并具有南部、北部厚，中部薄的沉积特点。

7. 层序七 （沙三中亚段）

相当于廊固凹陷沙三段的 Es_3^{4-1}–Es_3^3，对应于其他凹陷的沙三中亚段。顶界面为沙三中亚段与上亚段间的局部不整合面 （SB8），与上覆层序为局部不整合接触；以霸县凹陷为例，该界面在斜坡带表现为顶超面或上超面的性质；在洼槽带通常具有沉积作用转换面的性质。

该层序在廊固凹陷、饶阳凹陷、霸县凹陷和束鹿凹陷发育广泛，沉积期水体深度和广度都比较大。由于该层序形成于拗陷的强烈断陷时期，各地区沉积厚度、岩性和岩相变化较大，故不同构造单元地层系统的划分与跨区对比难度较大。

8. 层序八 （沙三上亚段）

大致相当于沙三上亚段地层。层序顶界面对应于地震 T_5 反射标志层，相当于沙二段底界面，为一局部不整合界面。

该层序分布较普遍，以饶阳凹陷发育最好，岩性多为暗色泥岩、油页岩夹生物灰岩。

此时冀中拗陷中部地区水域扩大，深湖和半深湖异常发育，但北部廊固地区水域面积反而缩小。廊固凹陷大部分地区、霸县凹陷文安斜坡及南部各凹陷均存在不同程度的剥蚀缺失。以郑14井为代表，灰色、偶尔有红色的泥岩与砂岩多呈互层状，为比较典型的"弹簧段"，可见在该层段沉积时，发生了多次的次级湖泛，使砂泥呈有规律的交替分布，相互包夹。

9. 层序九（沙二段）

大致相当于沙二段。顶界面相当于地震 T_4 反射界面（SB10），为一区域不整合面。

在经历了沙三期大规模的湖盆发育期之后，随着区域的构造活动逐渐抬升及湖盆的萎缩，沙二段层序的沉积范围变小，地层厚度薄而稳定。受到干热气候影响，局部地区出现膏盐湖沉积。沉积中心开始移至霸县一带，在霸县、饶阳凹陷的主洼槽区为湖相沉积，相变快速。鄚州洼槽晚期出现红层及膏盐沉积、后期剥蚀现象严重。洼槽区周边，河流相及三角洲平原沉积分布较广。

10. 层序十（沙一段）

大致相当于沙一段。顶界面为东营组底界（SB11），为一明显的沉积转换面。

该层序形成早期发生大规模湖侵，形成了一套以油页岩及生物灰岩为特色的湖侵体系域沉积，是区域性分布的主力生烃层系之一；晚期构造回返抬升，以三角洲、河流相沉积为主。该层序分布普遍，以霸县凹陷中南部和饶阳凹陷发育最好，但在不同区域其沉积面貌具有明显的差异。饶阳凹陷肃宁、大王庄一带的湖泊发育时间较长，典型湖相沉积发育在层序中下部；而任丘、武强一带，包括任丘构造带东西侧洼槽，典型湖相沉积仅发育在该层序偏下部位置。

11. 层序十一（东三段）

大致相当于东营组三段。顶界面为东二段底界，为一沉积作用侵蚀面或沉积转换面。在钻/测井剖面通常表现为泥岩与砂岩的突变面，沉积转换面为含螺泥岩，地震剖面上表现为顶界上超反射特征。旋回具不对称结构，基准面上升期沉积厚度明显大于下降期。

不同地区，该层序的发育程度和岩性组合有明显的差异。以霸县凹陷中南部为稳定沉积中心，高家堡、鄚州至任丘构造带北部地层厚度大。任丘、南马庄至肃宁北部，稳定的湖泊环境在该层序沉积中晚期可见。肃宁南部至留路、大王庄一带，主体处于河流–河泛平原环境，局部有湖泊环境发育。

12. 层序十二（东二段）

相当于东二段，层序顶界面对应于东一段底部，具有同沉积作用侵蚀面性质，在钻/测井剖面通常表现为泥岩与砂岩的突变面，地震剖面表现充填反射特征。

沉积中心主要分布在饶阳、霸县、保定凹陷，在断层上升盘层序的上部遭受剥蚀，厚度较薄。中段发育有暗色含螺泥岩，并可以此为沉积转换面划分两个体系域，基准面上升体系域以曲流河为主，砂泥比较低；基准面下降体系域则演变为辫状河沉积，砂泥比升高，砂层厚度也有所增大。

13. 层序十三（东一段）

大致相当于东营组东一段地层。顶界面相当于地震 T_2 反射层，为一区域角度不整合面。

由于古近纪末期的抬升剥蚀作用，该层序不同程度缺失。在整个冀中拗陷范围内，该三级层序形成早期，鄚州至任丘构造带北部一带较低洼，地层厚度较大。至层序形成晚期，冀中拗陷整体抬升加剧，彻底结束了作为断陷盆地的发育历史。

（二）地层层序发育特征

1. 纵横向层序发育具有较明显的差异性

冀中拗陷层序发育在东西和南北方向存在较明显的差异性。就东西向而言，西部凹陷带的保定、晋县和廊固凹陷 SQ1—SQ4 层序（沙四—孔店组）比东部凹陷带的饶阳等凹陷发育好，地层厚度较大，层序较完整，可能与西部太行山大断裂早期活动剧烈有关；而对于冀中拗陷从北到南分布的廊固、霸县、饶阳、深县、束鹿和晋县等六个富油气凹陷，层序发育也有较大差别，主要表现为以下几点：一是 SQ1—SQ2 层序（孔店组）以晋县凹陷发育最齐全，其次为廊固凹陷和饶阳凹陷南部的孙虎地区；二是随大兴断层的强烈拉张断陷，廊固凹陷 SQ3—SQ6 层序（沙四—沙三下亚段）厚度巨大，纵向旋回多，三级层序细分较容易，尤其是 SQ5 层序（Es_3^{5-6}）划分对比标志明显；三是 SQ7—SQ13 层序（沙三中—东一段）在中部的饶阳和霸县凹陷发育较好，地层旋回性明显。总体来讲，与全区的区域构造背景有关，反映了冀中拗陷南北两端（廊固、晋县凹陷）下部层序组合发育较齐全，而上部层序组合在冀中拗陷中部（饶阳、霸县凹陷）厚度大的特点。受这种层序发育差异性的影响，在以往的地层单元的划分和对比过程中，以牛驼镇凸起及刘村凸起为界，对于南区、北区的层序地层，往往采取各自为研究单元，按照岩性、电性及古生物变化分别处理的方式予以对待，造成区域对比较混乱，层序统层工作的难度较大。

2. 不同类型洼槽区具有类型各异的层序叠加样式

陆相断陷盆地地质结构大多表现为受边界断裂控制的单断箕状结构，依次呈现出陡坡–洼槽–斜坡的古地形变化。其中，以洼槽区构造最为稳定，可容空间和湖平面变化造成的层序发育特征在该地区最具代表性。冀中拗陷具有多凸多凹的构造背景，造成不同凹陷间及同一凹陷内部分布有为数众多的洼槽，这些不同类型洼槽的层序叠加样式复杂多样。本区以边界断裂的活动差异和拉张断陷程度不同，可总结为四种类型的洼槽，即继承性、反转型、早盛型和偏移型洼槽，相应地形成了四种层序叠加样式。

（1）继承型洼槽层序叠加样式。继承性洼槽在饶阳凹陷、霸县凹陷分布较多，主要受边界断层持续性拉张断陷控制，地层层序发育齐全，沉积、沉降中心较稳定，并主要分布于边界断层下降盘一侧。各层序在洼槽内均没有缺失且具有厚度大、分布稳定的特点。在断陷强烈扩张期，洼槽中心主要发育滨浅湖–半深湖相沉积，洼槽两侧边缘位置则有辫状河三角洲和扇三角洲发育。在断陷抬升消亡期，如东营组沉积时期则以河流相为主，但区内仍可残存有零星湖泊相沉积（图 2-2）。

（2）反转型洼槽层序叠加样式。反转型洼槽主要分布于廊固凹陷及饶阳凹陷南部，其

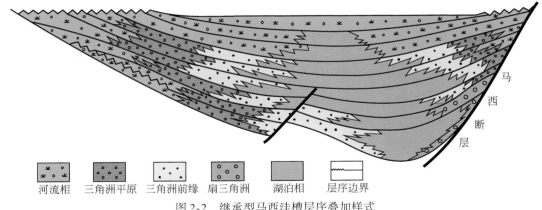

河流相　三角洲平原　三角洲前缘　扇三角洲　湖泊相　层序边界

图 2-2　继承型马西洼槽层序叠加样式

成因可能很多，但本区主要与边界断层重力活动及其洼槽区挤压拱升有关。该类型洼槽在早期边界断层活动较强，一般具有单断断陷的特点，其下部层序与继承性洼槽相似，甚至局部地区还好于继承性洼槽。断陷早期，湖盆中心分布于边界断层一侧，地层沉积厚度大，可形成较发育的湖泊相沉积。洼槽两侧的陡坡和缓坡带，不论是在低位、湖侵还是高位体系域发育时期，沉积砂体均向湖盆中央倾斜尖灭。但在断陷活动减弱、挤压拱升增强的构造阶段，造成洼槽区上隆，上部层序因遭受剥蚀常不完整，甚至缺失，湖泊相层序因此而发育较差，仅残留部分河流相层序（图 2-3）。

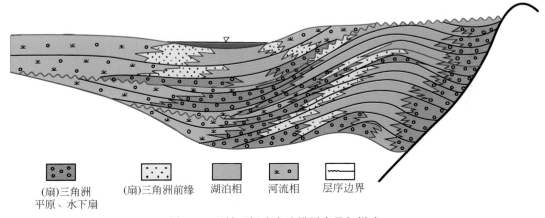

(扇)三角洲　　　(扇)三角洲前缘　　湖泊相　　河流相　　层序边界
平原、水下扇

图 2-3　反转型杨武寨洼槽层序叠加样式

（3）早盛型洼槽层序叠加样式。冀中拗陷南部的晋县凹陷发育的早盛型洼槽，层序叠加样式与反转型洼槽具有一定的相似性，也表现为凹陷早期的层序发育好、地层沉积厚度大，晚期层序发育不完整的特点；但其成因与反转型洼槽具有较大差别，主要表现为凹陷晚期的整体隆升，沉积和沉降中心基本稳定，不同层序及沉积砂体的倾向基本一致（图 2-4）。

（4）偏移型洼槽层序叠加样式。偏移型洼槽主要表现为控凹边界断层活动的差异性造成沉积、沉降中心的转移，湖盆早期层序的沉积和沉降中心位于边界断层根部；之后，由

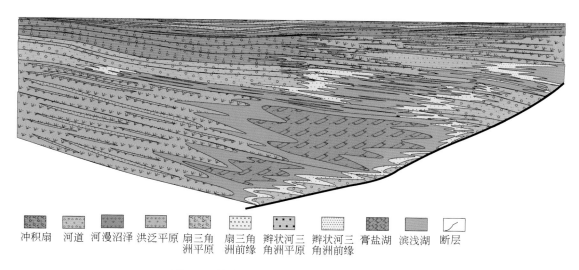

冲积扇　河道　河漫沼泽　洪泛平原　扇三角洲平原　扇三角洲前缘　辫状河三角洲平原　辫状河三角洲前缘　膏盐湖　滨浅湖　断层

图 2-4　早盛型晋县凹陷南洼槽层序叠加样式

于边界断层活动减弱，洼槽内部与之平行的次生断层活动增强而成为主要的控制沉积的主控断层，在陡带形成了二台阶，也有人称之为断阶状陡坡带。从而造成二台阶之上的地层在高部位遭受剥蚀，与上覆地层不整合接触，而二台阶断层的急剧沉降造成晚期层序在其下降盘沉积厚度大，层序发育好（图 2-5）。

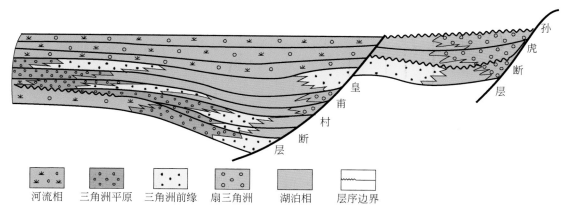

河流相　三角洲平原　三角洲前缘　扇三角洲　湖泊相　层序边界

图 2-5　偏移型饶阳凹陷南部洼槽层序叠加样式图

3. 不同区带的体系域构成样式有别

单断箕状凹陷的洼槽受边界断层控制，层序地层一般呈楔状分布，在洼槽周边大多分布有较狭窄的陡坡带和相对较宽缓的斜坡带，不同区带受构造沉降、沉积物供给程度的影响不同，地层厚度和沉积体系发育有一定差别，体系域构成样式也不尽相同（图 2-6）。本次研究以湖泊相层序为对象，对同一洼槽不同区带的体系域构成样式进行了初步分析。

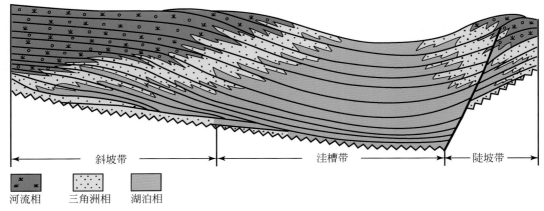

斜坡带 洼槽带 陡坡带

河流相 三角洲相 湖泊相

图 2-6 冀中拗陷断陷湖盆不同区带体系域构成样式

（1）斜坡带体系域构成样式。冀中拗陷各断陷湖盆斜坡带分布面积大，地形相对较平缓，一般又靠近太行山、沧县隆起区等主要物源区，因此可以形成辫状河三角洲等沉积体系。在低位体系域、湖侵体系域和高位体系域，随相对湖平面、可容空间的变化，各体系域内部沉积特征差异较大（图 2-7）。低位体系域（LST）主要发育小型的低位三角洲，大部分暴露水上，以三角洲平原为主，在低部位有少量滨浅湖泥岩沉积；湖侵体系域（TST）时期，湖平面上升速度超过沉积物供给速度，或者由于构造沉降增快，可容空间增加，湖域范围增大，地层沿上倾方向层层上超，以滨浅湖沉积的暗色泥岩夹油页岩为主，高部位则发育有辫状河三角洲和少量河流相沉积；高位体系域（HST）早期湖域达到最大，水体稳定，碎屑物供应相对减少，主要以滨浅湖环境为主，后期可容空间减小，碎屑物质大量入湖，形成向湖推进很快的大型辫状河三角洲体系，形成一系列的前积。

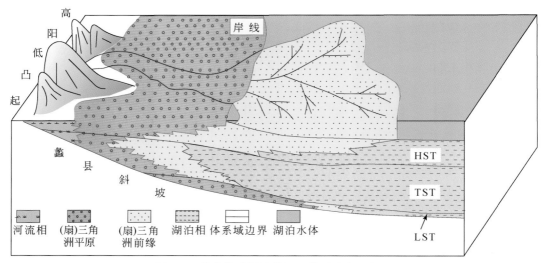

高阳低凸起 岸线

蠡县斜坡 HST TST LST

河流相 （扇）三角洲平原 （扇）三角洲前缘 湖泊相 体系域边界 湖泊水体

图 2-7 冀中拗陷斜坡带沉积体系分布示意图

（2）陡坡带体系域构成样式。在陡坡带，古地形一般陡倾，大量粗碎屑物质在断层根

— 26 —

部快速堆积，形成分布面积小、厚度较大的冲积扇、扇三角洲（或近岸湖底扇）体系，构造回返期也发育辫状河三角洲沉积，地震剖面上反映为层序厚度在靠岸位置增厚。低位体系域（LST）发育的各种扇体，厚度大、分布范围局限；由于初次湖泛面在陡坡带不易识别，湖侵体系域（TST）与低位体系域的划分相对困难，有人因此将二者合一而采用 T-R 两分；高位体系域（HST）发育的辫状河三角洲或扇三角洲沉积体系进积作用虽较明显，但砂体分布面积仍然较小，且常因后期剥蚀而造成边缘地带保存不全（图2-8）。

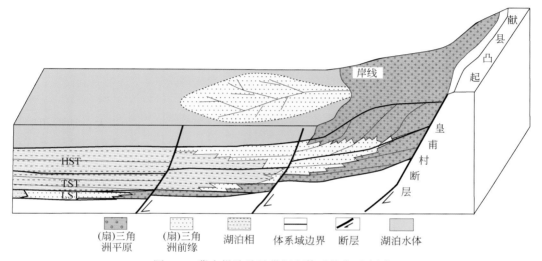

图 2-8 冀中拗陷陡坡带沉积体系分布示意图

二、二连盆地下白垩统地层层序

大量钻井剖面的岩性组合、测井曲线、古生物资料和地震反射剖面研究结果表明，二连盆地下白垩统自下而上由四个正、反旋回构成一个大型粗—细—粗完整沉积旋回，其间大体经历了侏罗纪末期、白垩纪阿四段沉积末期、腾一段沉积末期、腾二段沉积末期和赛汉塔拉组沉积末期的构造事件，相应形成了五次（T_{11}、T_8、T_6、T_3、T_2）大的区域性不整合面或沉积间断面，发育了五个三级层序，自下而上依次对应于阿尔善组一段和二段、阿尔善组三段和四段、腾格尔组一段、腾格尔组二段和赛汉塔拉组（图2-9）。

（一）层序一（阿尔善组一段和二段）

该层序相当于阿尔善组一段和二段，层序底界由 T_{11} 不整合面所限。地震剖面上侏罗系顶部削截现象清楚，层序顶面局部地区表现为角度不整合，洼槽中多表现为平行不整合面。

在该层序沉积早期，因处于断陷初期，水平拉张力较弱，断块的垂向差异性运动不明显，沉积速率大于沉降速率，区内地形凹凸不平，以填平补齐式充填沉积为主。阿尔善组二段沉积时期，断裂活动由弱变强，表现为水体由较浅的洪冲积和河流相沉积，演变为不断加深的滨浅湖、半深湖和深湖相沉积。具有湖盆小、水体浅和分割性强的沉积特点，在湖盆周缘快速沉积了杂色粗碎屑岩，向湖盆中心很快相变为较深湖相灰色泥岩、局部夹薄层泥灰岩和白云质泥岩。主要分布在马尼特拗陷的阿南凹陷、巴音都兰凹陷、乌里雅斯太凹陷和腾格

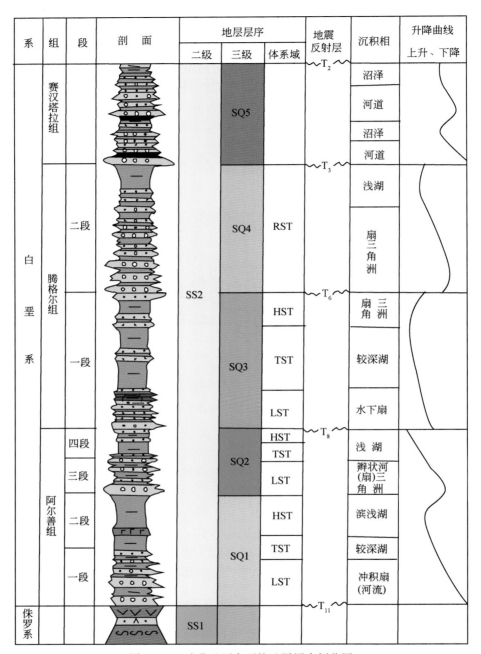

图 2-9 二连盆地下白垩统地层层序划分图

尔拗陷的赛汉塔拉、布图莫吉和赛汉乌力吉等凹陷。钻遇最大厚度为1900m，按岩性、岩相特征，阿尔善组自下而上划分为阿一段、阿二段。

（二）层序二（阿尔善组三段和四段）

大致相当于阿尔善组三段和四段，层序顶界面为一区域不整合面，对应于地震 T_8 反射层。

阿三段沉积时期，区域构造活动再次加强，湖盆抬升回返，大量粗碎屑物质向湖盆中心快速推进，形成了一套低位体系域的辫状河三角洲相砂体，构成了主要储集层系之一。阿四段沉积时期，构造活动逐渐减弱，湖盆又复下沉，形成了湖侵体系域的湖相泥岩。阿四段沉积晚期，区域构造整体抬升，层序顶部遭受剥蚀，造成高位体系域发育不全。

（三）层序三（腾一段）

该层序由 T_6 及 T_8 两个不整合面所限，地层厚约 200~600m，根据沉积旋回特征，可以划分出早期的湖侵体系域与晚期的高位体系域。

经过阿尔善末期短暂的抬升和剥蚀以后，盆地进入强烈断陷期，构造活动以水平拉张和垂直深陷为主，沉积速率小于沉降速率。在湖盆稳定沉降、大规模水进的背景下，发育了湖侵体系域沉积地层，地震剖面上反映为连续性好的强反射板状相的 2~3 条平行同相轴，向凹陷边缘逐层超覆。其后，由于凹陷构造沉降作用的减弱，沉积速率高于沉降速率，具有快速水退的特征，发育了高位体系域沉积地层，以大面积发育进积型扇三角洲沉积为特征，地震剖面上底积及进积现象清楚。

腾一段沉积时期，经历了湖盆最广、水体最深、持续时间最长的一次湖侵，成为早白垩世湖盆发育的高潮期。由于湖盆范围扩大，使早期孤立的断陷沉积连为一体，地层直接覆盖于下伏阿尔善组的不同层段、侏罗系兴安岭群和古生界之上。在岩性剖面上，下部为灰、深灰色、灰绿色泥岩和砂砾岩，向上变为深灰色泥岩、粉砂质泥岩不等厚互层，夹泥灰岩、灰岩和油页岩。

（四）层序四（腾二段）

该层序受 T_6 及 T_3 两个不整合面所限，地层厚约 400m，其沉积表现为腾一期湖盆收缩体系域的持续进行，地层顶界多表现为削顶及上超，砂体前积现象清楚，辫状河三角洲沉积广布。岩性由浅灰、灰白色块状砂质砾岩、含砾砂岩、粉细砂岩与浅灰、绿灰和深灰色块状泥岩组成下粗上细的正旋回层。中、下部地震相为大中型楔状前积结构，上部为中频较连续席状相，代表了一套水体由浅变深的演化过程的地震响应。

钻井剖面上表现为砂砾岩层多期叠加，形成加积式准层序组，在凹陷中心还残留有小型湖泊分布。

（五）层序五（赛汉塔拉组）

该层序底界面为 T_3 不整合面，上覆地层为新生界古近系和新近系。经过腾格尔期的强烈断陷期，构造沉降进一步减缓，沉积物供给速率长时间大于可容空间增加速率，水域缩小、湖盆变浅、面积减少和沼泽化。赛汉塔拉组沉积时期，盆地由断陷向拗陷转化，沉积相和岩性变化不大，地震相为断续低频河道充填相和不规则带状相，属河流沼泽相的地震响应。下部为湖沼相碳质泥岩沉积，上部为杂色砾岩堆积；沉积厚度一般为 400~500m，阿南凹陷最厚达到 800m。

第二节 沉 积 特 征

陆相断陷盆地的斜坡带与陡坡带相比，构造活动相对较弱，坡度相对较平缓。在这样的构造地形条件下，斜坡带沉积相对稳定，沉积物通常较细。

斜坡带处于断陷的边缘，水体较浅。在气候干旱时，斜坡带大部分暴露地表；在气候潮湿时，大部分被水体覆盖。因此斜坡带沉积相类型多，可发育有冲积扇、扇三角洲、曲流河三角洲、辫状河三角洲、湖底扇、滨浅湖滩坝、碳酸盐粒屑或生物屑浅滩及河流相沉积等。

斜坡带水体浅、波浪作用强，具有较强的水动力条件。同时，受河流作用的影响，部分地段可出现双重水动力条件。

不同类型的斜坡带由于物源的方向、斜坡带的宽窄、坡度角的大小等不同，导致沉积特征存在着明显的差异。现以冀中拗陷饶阳凹陷蠡县斜坡和二连盆地乌里雅斯太凹陷东斜坡为例，对比论述宽缓型沉积斜坡带和窄陡型沉积斜坡带的沉积特征，由此可见一斑。

一、宽缓型沉积斜坡带的沉积特征

以饶阳凹陷蠡县斜坡为例。该斜坡带位于冀中拗陷的中部高阳低凸起的东侧，属于宽缓型沉积斜坡带。该斜坡带宽缓平坦，宽度 14.5km，坡度 2.5°，因离物源区较远，沉积物较细，并以滩坝沉积发育为其特色。该带主要储层为沙二段河道砂和沙一下亚段滩坝砂，物源来自西南部太行山和西北部牛驼镇凸起两大物源供给区。斜坡带南段发育的安国－博野水系具有规模大和继承性较好的特点，为区内提供了充足的碎屑物质来源，物源供给几乎达到了整个蠡县斜坡，是斜坡带的主要物源。斜坡带北段分布的清苑－高阳水系规模相对较小，供给相对局限，仅影响到蠡县斜坡西北部的局部地区，为区内的次要物源。

沙二段砂体主要为河流相－三角洲平原亚相沉积，以河道砂为主（图 2-10），详细的论述参见第五章第一节。

沙一下亚段砂体主要为滨浅湖滩坝砂，部分为三角洲前缘水下分流河道砂（图 2-11）。

本区储层主要为河道砂和滩坝砂，为岩性和构造－岩性油气藏的形成提供了十分有利的条件。

二、窄陡型沉积斜坡带的沉积特征

以二连盆地乌里雅斯太凹陷南洼槽东斜坡带阿尔善组和腾一下亚段为例。该斜坡带窄陡，宽度为 6.2km，坡度为 13.3°。因坡度较大，其水动力条件较强，沉积物较粗，常发育扇三角洲及湖底扇沉积。同时该斜坡带发育有多级断层坡折带，这些坡折带控制沉积砂体及其相带展布。

阿尔善组沉积期，该斜坡带发育苏布和木日格两大扇三角洲（图 2-12）。岩性主要为砂砾岩、含砾砂岩、中粗砂岩、细粉砂岩及泥质粉砂岩，以砂砾岩为主要储层。其中以扇三角洲前缘分流水道微相储层物性最好（表 2-2）。通过对 12 口井 123 块样品统计，前缘分流水道微相储层以砂砾岩为主，单层厚度较大，一般为 3~5m，最厚达 12m，其孔隙度一般为 7.5%~10%，平均为 8.8%，渗透率一般为 $(1~7) \times 10^{-3} \mu m^2$，具有较好的储集性能。例如，木日格扇三角洲前缘水道微相的太 61、太 47 等井，测试原油日产量为 10t 左右。

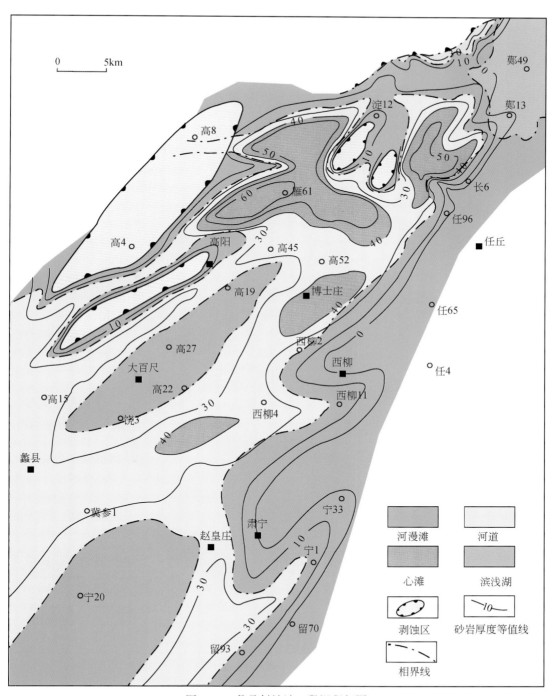

图 2-10　蠡县斜坡沙二段沉积相图

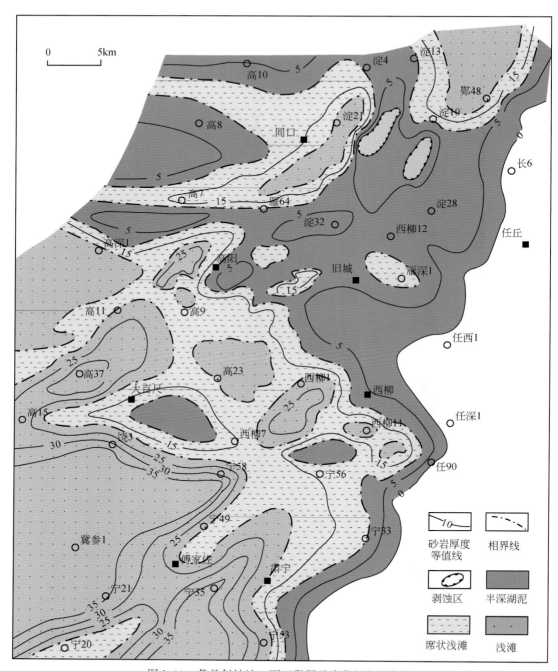

图 2-11 蠡县斜坡沙一下亚段尾砂岩段沉积微相图

图例说明：

- 砂岩厚度等值线
- 剥蚀区
- 席状浅滩
- 相界线
- 半深湖泥
- 浅滩

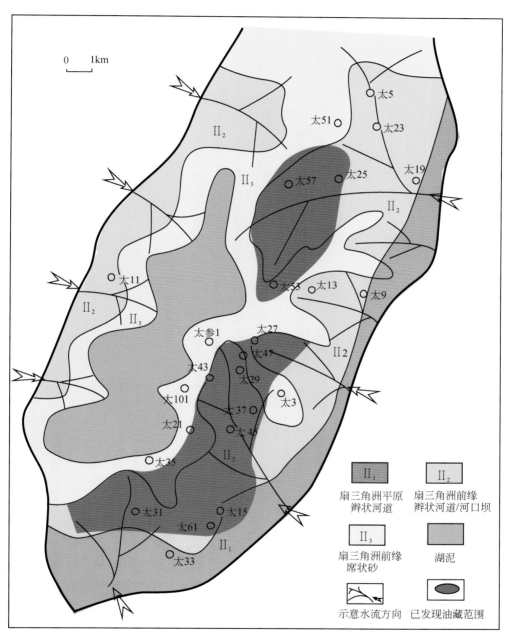

太5
太51 太23
太57 太25 太19
太11 太53 太13 太9
太参1 太27
太43 太47
太29
太101 太37 太3
太21 太45
太35
太31 太15
太61
太33

II₂
II₃
II₂ II₃
II₂
II₂
II₂
II₁

0 1km

| II₁ | | II₂ | |
扇三角洲平原 辫状河道 | | 扇三角洲前缘 辫状河道/河口坝 | |

II₃
扇三角洲前缘 席状砂

湖泥

示意水流方向

已发现油藏范围

图 2-12 乌里雅斯太凹陷阿尔善组沉积相图

表 2-2　阿尔善组木日格扇三角洲储层物性统计表

井号	埋深/m	岩性	沉积相带	孔隙度/%	渗透率/$10^{-3}\mu m^2$
太15	1500	含砂砾岩	平原相	10	<1
太37	1700	含砾中粗砂岩	前缘水道	10~15	100~260
太29	2050	含砾中粗砂岩	前缘水道	9	37
太101	2300	粉细砂岩	前缘楔状砂	6	<1

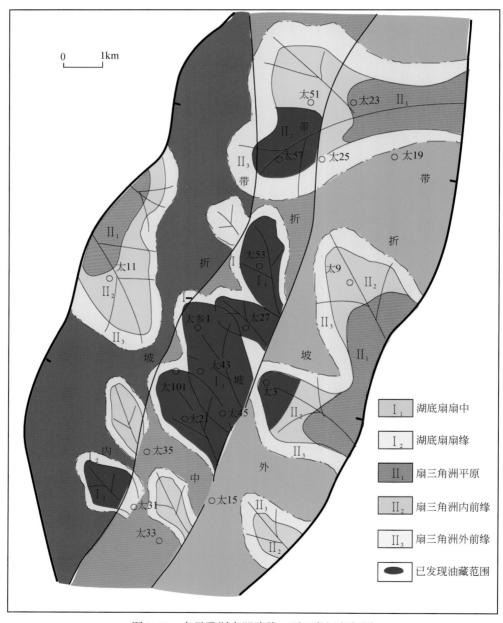

图 2-13　乌里雅斯太凹陷腾一下亚段沉积相图

— 34 —

腾一下亚段沉积期，随着湖盆的稳定下沉，发生了大规模的湖侵，各类砂体向湖岸退缩。在南洼槽西部陡带发育小型水下扇，南北两端分别发育扇三角洲，而东部斜坡带主体部位则发育了以湖底扇为主的沉积体（图2-13）。这些湖底扇沿坡折中带成群分布，自南而北有太35、太21、太参1、太27、太53等湖底扇。湖底扇砂砾岩有杂基支撑砾岩、颗粒支撑砾岩、块状砂岩、卵石砾岩、叠覆递变砂砾岩等，具有明显深水重力流沉积特征。

腾一下亚段湖底扇砂砾岩体具有近物源、粒级粗、厚度大等特征。其成分成熟度、结构成熟度低。成分成熟度指数一般仅为0.15~0.25，岩屑含量高，一般为65%~75%；分选性较差，磨圆度以次圆—次棱状和次棱状为主。填隙物含量一般为8.5%~14%，主要成分为泥质杂基和方解石。储集类型为孔隙型，但岩石中孔隙所占的比例较少，面孔率一般为0~3%，孔隙直径小，喉道窄，配位数低，连通性较差，非均质性较强。储层物性以特低孔特低渗和低孔低渗为主。内扇主沟道和中扇辫状沟道中上部的砂砾岩和中粗砂岩的面孔率较高，最高可达10%以上，是湖底扇最有利的储集相带（表2-3）。例如，太21井扇体厚101m，面孔率<1%~12%，一般为3%~10%；孔隙直径为10~250μm，一般为40μm；连通系数为0~6，一般为4~6；喉道半径为0.04~91.69μm，一般为0.4μm；有效孔隙度一般为8%~12%、有效渗透率一般为（1~28）×10^{-3}μm^2。

表2-3　乌里雅斯太凹陷腾一下亚段湖底扇砂砾岩物性统计表

砂组	砾岩体名称	沉积相	平均孔隙度 /%	平均渗透率 /10^{-3}μm^2	样品数 /块
I	太参1 湖底扇	中扇辫状沟道	10.8	2.4	46
		内扇漫溢	8.3	1.5	11
	太21 湖底扇	中扇辫状沟道	13.1	1.1	4
II	太21 湖底扇	内扇主沟道	9.1	0.55	72

第三节　构造特征

一、基底结构特征

随斜坡带所处的大地构造背景不同和基底剥蚀程度的不同，基底结构和基岩性质也不同。例如，辽河拗陷西部凹陷西斜坡带，虽然处于地台基底，但由于地台构造层遭受剥蚀程度不同，所以其基底既有地槽褶皱基底的太古界花岗片麻岩，又有地台基底的中元古界碳酸盐岩，为形成不同类型的潜山油藏奠定了基础。又例如，冀中拗陷霸县凹陷文安斜坡带为地台基底，其地层为古生界石炭—二叠系煤系碎屑岩和奥陶系碳酸盐岩。中国东部地区箕状断陷斜坡带基底大都为地台基底的中、新元古界和古生界碳酸盐岩及煤系。煤系地层具有一定的生烃能力，是斜坡带上的一套基底烃源岩。

二、盖层构造特征

斜坡带经历过多次构造运动，经受过左旋剪切、右旋剪切应力场的作用。由于斜坡带基底埋藏浅，刚性强，属于较稳定的块体。相对来讲，较陡坡带的构造变动要弱些。

褶皱变形主要为鼻状构造。这些鼻状构造的轴向与斜坡带的走向近乎垂直或斜交。它的形成，据中国东部地区的资料分析：燕山期在左旋剪切应力场的作用下，受到北西—南东向的挤压，产生北东向和北西向的共轭剪切断裂。在断裂的断棱部位形成北西向的古梁子，并控制沉积，在古梁子部位沉积薄，两侧沉积厚。后期又经受右旋剪切应力场的作用，受到北东—南西向的挤压，加之差异压实作用叠加其上，使之形成一系列的北西向的鼻状构造。另外，在斜坡带的低部位，由于顺向同生断层的滑脱作用，在断层的下降盘形成逆牵引背斜或半背斜，如辽河拗陷西部凹陷西斜坡的欢喜岭地区，发育有9个逆牵引背斜，沿断层下降盘呈串珠状展布（童晓光，1984）。

三、构造运动特征

斜坡带与断陷盆地一样，都经历过相同的构造运动。断陷盆地构造运动的特征，既不同于地槽型盆地以褶皱运动为主，构造运动十分强烈；又不同于地台型盆地（克拉通盆地）以震荡运动为主，构造运动比较和缓。其以差异升降运动为主，构造运动比较强烈。一般在断陷盆地发育的过程中，有三次主要的构造运动：一是断陷盆地与下伏基底之间。一般断陷盆地形成之前，均经历过地壳拱升，遭受剥蚀的过程，断陷盆地不整合上覆在地槽或地台基底之上。例如，二连断陷盆地不整合上覆在古生代地槽基底之上，而渤海湾盆地则不整合上覆在地台基底之上。二是在断陷盆地发育的过程中，当一个断陷期结束时，地壳产生挤压隆升，断陷消亡。例如，中国东部渤海湾盆地和二连盆地这次构造运动发生在燕山运动Ⅱ幕，即中、晚侏罗世之间。这次构造运动以水平运动为主，产生强烈的褶皱、逆断层和火山喷发活动，并改造前期的断陷和产生新的断陷。三是发生在断陷盆地发育的晚期，即由断陷期向拗陷期转化之间。这次构造运动是断陷盆地一次主要的构造运动，以挤压隆升为主，并发生构造反转。这次构造运动是断陷盆地主要构造形成期和定型期，同时也是油气主要运移期。例如，中国东部渤海湾盆地、江汉盆地、苏北盆地、珠江口盆地等这次构造运动发生在喜马拉雅运动Ⅱ幕，即新近纪和古近纪之间。而二连盆地这次构造运动发生在燕山期早白垩世晚期，即赛汉塔拉期与腾格尔期之间。

除上述三次主要构造运动之外，盆地还发生过多次构造运动，其构造运动性质多表现为差异升降运动或块断翘倾运动为主。

例如，在冀中拗陷，受燕山和喜马拉雅运动的影响，区内经过多次抬升、剥蚀和沉降作用，形成了多个沉积间断和角度不整合，主要有二个区域性沉积间断和三个局部性沉积间断。其中区域性的规模沉积间断为沙三段与沙四段之间、古近系与前古近系之间，多形成区域性的角度不整合面；局部性沉积间断是东营组与沙一段之间（岔河集）、沙一段与沙二段之间（冀中中南部）、沙二与沙三段之间（廊固凹陷、雁翎地区）。以上五个不整合面的存在，影响了地层沉积的发育和地层岩性油气藏的形成与分布。

在二连盆地，阿尔善组和腾格尔组之间、腾格尔组和赛汉塔拉组之间、上、下白垩统之间、新近系与第四系之间等发育了多个区域性的不整合。

四、断裂特征

（一）主要断裂特征

斜坡带发育有两组主要断裂：一是断层的走向与斜坡的走向一致。按倾向不同又可以分为两种情况：一种情况是断层的倾向与斜坡的倾向相反，与断陷边界主断层的倾向相同。这组断层一般与边界主断层同时发生，把基底切割成若干个翘倾断块。活动时间较早，结束时间也早，基本上在断陷期末就停止了活动。对上覆的沉积盖层有一定的控制作用。因此，下部可以形成断块山，上覆盖层可以形成披覆背斜、断块或鼻状构造。另一种情况是：断层的倾向与斜坡的倾向相同，与边界主断层的倾向相反。这组断层形成的时间有两种情况：当平衡式的拉伸时，在坡底产生平衡断层。这种断层形成时间比边界断层形成稍晚。并常与边界断层形成深断槽，使生油层的厚度增大，成熟度提高，油气资源丰富，如二连盆地阿南凹陷的善南断槽、吉尔嘎朗图凹陷的宝饶断槽等。在断层的下降盘还可以形成逆牵引背斜。据童晓光分析，逆牵引背斜的形成与断距的大小有关，如辽河拗陷西部凹陷的西斜坡欢喜岭地区产生逆牵引构造的断距都在 200m 以上。另一种情况是：由于块体的翘倾和沉积盖层的滑脱作用所形成，并自坡顶向下，活动时间逐渐变新。这组断层的规模较大、延伸长、断距大，有时可以形成断层坡折带，对沉积有一定的控制作用。二是与斜坡带走向垂直或斜交的断层。这组断层在斜坡带上一般不发育，断层的规模不大，延伸较短，断距小。有时这组断层可以起到沟通油源的作用，作为油源断层，如文安缓坡带的台山断层等。这类断层一端深切生烃洼槽；另一端连接圈闭，油气通过侧向运移到圈闭中聚集成藏。

李丕龙等（2003）研究认为，同向断层是斜坡带常见的断层组合形态，分布较为广泛。这种生长断层的发育与沉积和沉降速度的增大有关，凹陷沉降速度的增大起着加大沉积表面倾斜率的作用，倾角加大造成水平分力增加，从而导致饱含水的未固结的沉积物沿平行走向线滑塌，并向下倾方向移动，在倾角变大的地方形成盆倾断层。由于下降盘沉积物的质量不断增大，从而使断裂活动继续进行，其运动速度与沉积物质量的增加成正比。图 2-14 反映了区域性同向生长断层的形成过程。当沉积物在由斜坡带较平缓地带起向下倾的更陡的斜坡上沉积时，沉积物的水平分量增加，形成断层 A；由于地形较低的断层下降盘堆积了较厚的沉积物，增大的质量促使下降盘继续活动，断层上部的运动具有垂直和水平两个分力，但是向断层底部，由于垂直力被塑性页岩吸收，而使整个运动均为水平分力。随着沉积作用的继续进行，沉积体向外堆积，从而使斜坡平缓带向湖盆方向推进，并依次形成断层 B、C、D。到断层 D 形成时，倾角加大的地方已向下倾的方向突进了许多。这时断层 A 以下的下倾方向上已经沉积了一个很大的沉积块体，这个大的沉积体使断层 A 趋于稳定，直到水平运动完全停止，而垂直方向的运动也随之停止。例如，济阳拗陷的孤北洼陷南斜坡（图 2-15）、车镇凹陷南斜坡等都发育此类断层组合。

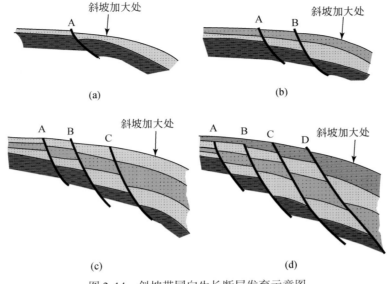

图 2-14　斜坡带同向生长断层发育示意图

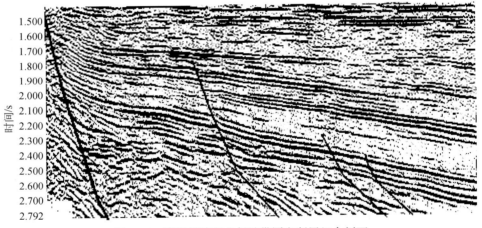

图 2-15　济阳拗陷孤北斜坡带同向断层组合剖面

（二）断层的封闭与开启

1. 断层的封闭与开启的影响因素

断层的封闭与开启可以说是世界级的难题。前人的研究表明，影响断层的开启与封闭性的因素很多，归纳起来主要有 9 种。

（1）断层活动期与断层封闭性。油气聚集期停止活动的断层，特别是停止活动时间较长的断层，多数情况下对油气起封堵作用；而油气聚集期活动的断层常具开启性，使油气沿断层通道由高势区向低势区运移，或自深层向浅层纵向运移，这是因为断面一般都是曲率或大或小的曲面，断层两盘在相对位移后很难完全重合，某些部位会形成一定的裂隙，所以在断层活动期及其后的一个短时期内，断层处于开启状态。断层活动强度越大，释放的能量越大，断裂带附近的应力差和压力差也就越大，越易导致油气沿断层纵向运移（刘泽容等，1998；张勇等，2002；邱荣华，2006）。

（2）断层力学性质与断层封闭性。根据断层的力学成因可以将断层分为张应力作用下产生的正断层，压应力作用下的逆断层和扭应力作用下的平移断层或称走滑断层。不同性质的断层对油气的封堵能力差异很大。

一般张性断层表现为开启性，压性断层表现为封闭性，还要根据其他因素进行综合判断。即使同是正断层，断层力学性质表现也存在差异。对于顺向正断层来说，表现为拉张力；而对于反向正断层来说，表现在断层面上为压力（图2-16）。

断裂控油机理模式	示意图	断裂特征及控油结果							
		应力环境	生长特征	封闭性	圈闭条件	控油机理	油气藏位置	形成油气藏难易	与区域盖层关系
浅层顺向断裂控油模式	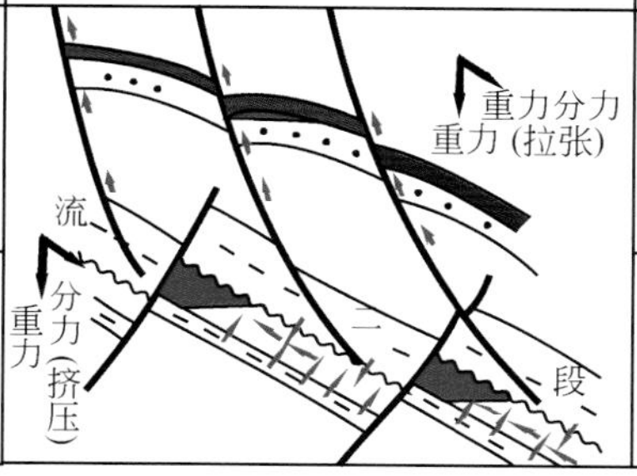	张性	长期的沉积活动	开启	不易形成圈闭	疏导油气运移散失	断裂上盘	不易形成油气藏，取决于上盘圈闭合度	位于区域盖层之上，与生储盖层匹配差
深层反向断裂控油模式		压性	长期静止	封闭	可形成多种类型的断层圈闭	遮挡油气聚集成藏	断裂下盘	容易形成油气藏	位于区域盖层之下，与生储盖层匹配好

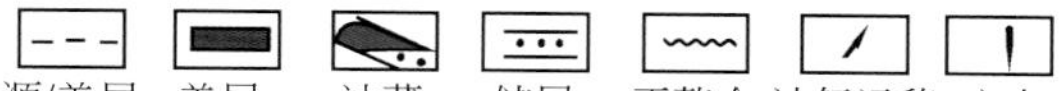

图2-16　顺向断层和反向断层控油模式对比图（罗群和庞雄奇，2008）

走滑断层两盘岩块平面长距离相对错动，紧密摩擦和研磨往往使断面形成大量泥，并且断面承受的压应力较大，多呈闭合状态，所以油气不易于沿走滑断层纵向运移。例如，断裂带具有走滑性质的东濮拗陷和辽河东部凹陷，前者探明油气储量全部赋存于沙河街组，后者探明油气储量的80%赋存于沙河街组；渤中拗陷及邻区处于引张伸展区，有利于油气向浅部运移，该区的主力含油气层系是新近系和古近系东营组（覃克和赵密福，2002）。

（3）断距大小与封闭性。罗群和庞雄奇（2008）研究认为断距大小决定断块圈闭聚集油气的程度，断距太小和太大都不利于油气成藏。当断距小于目的层厚度时，油气不能在目的层内大量聚集；断距大于区域性盖层厚度时，油气不能在区域性盖层下成藏。有利于油气富集成藏的最有利断块是它们的断距介于目的层厚度和区域盖层厚度之间。统计表明（图2-17），40个深层断块中有90%以上属有效圈闭（断距介于目的层厚度和区域盖层厚度之间）；而38个浅层断块中有70%以上属于无效断块（断距小于目的层厚度或断距大于区域性盖层）。

（4）断面倾角与断层封闭性。断面的紧闭程度可用断面所受正压力大小来衡量，断面的紧闭程度与断面倾角成反比和深度成正比，是影响断层垂向封闭性的重要因素。其计算公式为

$$P = (\rho_r - \rho_w)0.009876H\cos\theta \tag{2-1}$$

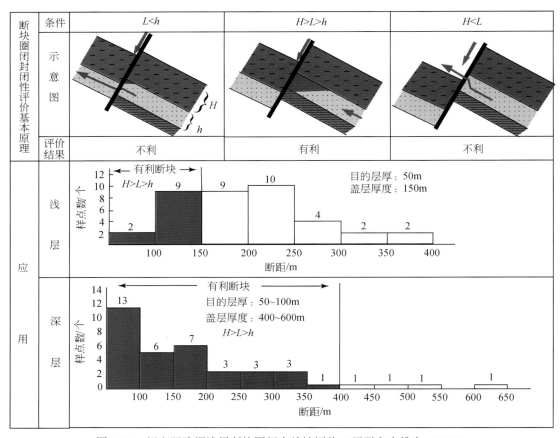

断块圈闭封闭性评价基本原理	条件	L<h	H>L>h	H<L
	示意图			
	评价结果	不利	有利	不利

图 2-17 福山凹陷深浅层断块圈闭有效性评价（罗群和庞雄奇，2008）

式中，P 为断面所受的正压力（MPa）；H 为断面埋深（m）；ρ_r 为上覆地层的平均密度（g/cm³）；ρ_w 为地层水密度（g/cm³）；θ 为面倾角。

在上覆地层厚度一定的情况下，正压力与断层倾角成反比关系，倾角越小，正压力越大，断层封闭性越好；反之，断面倾角越大，断层趋向开启，封闭性差。根据金湖凹陷汉涧斜坡带断层封闭性统计，断面倾角小于 30°，断层封闭性好；断面倾角大于 30°，断层封闭性差。

经实验得知，泥岩在压力作用下，当压力为 5 ~ 10MPa 时开始发生塑性形变，当压力为 15 ~ 18MPa 时达到屈服极限，只要断层面基本准确，断层中分布有多层泥质、页岩等韧塑性岩层，当压力超过屈服极限，断层面必定能形成垂向上的封闭。当断面压力小于 5MPa 时，断面一般很难形成较强的封闭性。断面紧闭程度与断面所受到的压力大小有关（图 2-18）。断层面在大多数情况下是一倾斜面，由断层面受力分析可以得到上盘地层（G）的静岩压力为 $G\cos\alpha$，即

$$P_1 = G\cos\alpha \tag{2-2}$$

式中，P_1 为上盘对断面的压力；G 为上盘的重量；α 为断层面的倾角。

由于断层上盘的地层孔隙水对断层面产生的静水压力由其下伏的地层孔隙水承担，因

此断面受到的正压力，即

$$P_1 = 0.00987h(\rho_r - \rho_w)\cos\alpha \tag{2-3}$$

式中，P_1 为断面正压力（MPa）；h 为断层面至地表的高程（m）；ρ_r 为上盘岩层的平均密度（g/cm³）；ρ_w 为地层水的密度（g/cm³）；α 为断层面的倾角。

当为正断层时，区域主应力 σ_3 对断面产生的力为

$$P_2 = \sigma_3\sin\alpha\cos\beta \tag{2-4}$$

式中，P_2 为区域主应力（σ_3）对断面产生的压力（MPa）；α 为断层面的倾角；β 为区域主应力与断面倾向的夹角。

所以断面上的总压力 $N = P_1 + P_2 = 0.00987h\ (\rho_r - \rho_w)\ \cos\alpha + \sigma_3\sin\alpha\cos\beta$；对逆断层来说，断面上的总压力 $N = P_1 + P_2 = 0.00987h\ (\rho_r - \rho_w)\ \cos\alpha + \sigma_3\sin\alpha\cos\beta$，只是 P_2 的符号有正负差异。当发育正断层时，σ_3 为负值，尤其是在断层活动时期，断面所受的正应力很小，断层开启。付广等在1997年利用该方法估算了断层的封闭能力并取得了较为满意的结论（阎福礼等，2000）。

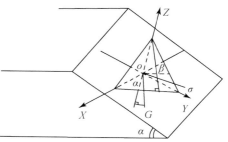

图2-18　重力、区域主应力联合作用下断层面正压力示意图

在忽略区域应力的情况下，按照断层封闭需要15MPa的压力，地层密度取2.7 g/cm³，地层水密度取1 g/cm³推算，地层埋深1000m时地层倾角不能大于18°，地层埋深2000m时地层倾角不能大于60°，地层埋深3000m时地层倾角不能大于70°。如果考虑区域应力的影响，所需要的角度会更小。

（5）断层泥与断层封闭性。"砂—砂"对接封堵油气现象的最早发现者是Perkins（1961），他认为泥岩在滑动过程中注入到砂岩里，形成了不渗透的物质，导致断层封闭；Weber等（1978）则明确指出了泥岩涂抹对断层封闭的重要性；Bouvie等在1989年提出了用"泥岩涂抹潜力"判断断层的相对封闭程度，并指出泥岩涂抹潜力主要与泥岩层厚度和断距有关。其表达式为

泥岩涂抹潜力 = 目的层段的泥岩层总厚度的平方 / 涂抹距离　　　　(2-5)

实际上，泥岩涂抹潜力只适用于断面剪切型的涂抹。

Lindsay等于1993年提出了泥岩涂抹因子的计算方法，它与泥岩层的厚度、层数成反比，而与断距成正比。

泥岩涂抹因子 = 涂抹距离 / 泥岩层的总厚度　　　　(2-6)

该方法意欲模拟以塑性方式被拖曳进断层带或注入断层带的不渗透性物质的影响，因此泥岩的位置与泥岩沾污因子有直接关系，它主要用于那些低围压下进入断层带内的弱压实沉积物，泥岩沾污因子适用于压入型的涂抹。

Yielding等（1997）提出了断层泥比率（SGR）的计算方法。断层泥比率法就是在断层位移段内测定泥和页岩所占的比例，用上盘或下盘均可以测定。

断泥比 = 泥岩总厚度 / 断距　　　　(2-7)

该方法使用的前提条件是把进入断层带的非渗透性物质作为断层泥。它提供了一种更

"平均"化或"夸张"化的断层封闭性评价方式。适合于厚的非均质碎屑岩层序。

泥岩涂抹的成因有四种：一是被断泥页岩层在断裂活动时，被挤入断裂带内而形成；二是在断层活动过程中，砂岩地层划过泥页岩表面被泥页岩沾污或涂抹形成；三是断层活动过程中两盘相互错动，将两盘被断的岩石、岩体研磨成为极细的类似泥状物质；四是因泥岩的塑性流动，沿断层两侧发生剪切变形而形成。从国内外研究的现状来看，主要侧重于来自泥页岩层的泥岩涂抹研究，而对其他几种情况目前仅能给予定性分析（赵密福，2004）。

泥岩涂抹研究中普遍忽略的一个问题是断层活动时期与成岩期的时间匹配问题。在成岩早期，泥岩易于塑性流动，当断层活动时，必然会造成泥岩沿断面的大量拖曳现象，导致泥岩更大范围的涂抹断面。也就是说，泥岩涂抹更可能在浅层发生，因为那里的泥岩是欠压实的（Knott，1993）。

（6）岩性配置与断层封闭性。这是决定断层是否具有侧向封堵能力的重要条件之一，也是经典断层封闭性研究的主要手段，尤其在较浅部位，断层力学性质为张性或张扭性，断裂带厚度较薄或不能连续分布，断层两侧岩石直接接触时，这种断层封闭性研究方法显得非常重要。一般认为，当断层两盘砂岩与泥岩对接时，断层封闭性好；当砂岩与砂岩对接且有相同或相近的排驱压力时，断层封闭性差；当断层两侧接触的砂岩具有不同排驱压力时，断层的封闭程度取决于封堵砂岩的排驱压力与储集层的排驱压力之差（郑秀娟和于兴河，2004）。

Allan（1989）通过作图法，比较直观、准确地判断断层两侧的岩性配置及断层面物质涂抹的情况，用来评价断层的侧向封闭性。但需要说明的是，断面图的制作需要绘制详细的地层与断层面相交的几何形态，而这些图的绘制是非常困难的，为此，Knipe（1997）提出了岩性配置研究"两步作图"的观点：第一步仅生成简单的岩性并置图（仅考虑断距和岩性，而不考虑沿断层走向构造形态的变化）；第二步对那些可能"泄露"窗的位置，制作详细的断面图。以岩性配置理论为基础，吕延防和孙章明（1995）提出了砂泥对接概率的方法，为勘探区块判断断层的封闭性，提供了一种近似可行的方法。

岩性配置作用的基础是基于下述的一些假设：第一，断层带本身不具封闭性；第二，断层、圈闭和运移的关系取决于断层两盘地层的并置关系。但大量的实例证明，这种假设明显与实际情况不符。这是因为岩性配置的研究，基于断层带或断层面不对油气起封堵作用的基础上。但事实上，由于受断层错动过程中构造应力的作用，使断层两盘岩石发生破裂、变形，或者发生塑性构造流动，甚至出现重结晶作用，产生碎裂岩或糜棱岩系列的构造岩。这些物质填充在断层两盘之间，分割断层两盘，使其以"带"接触，这种现象在中国西部尤为常见。此时断层的封闭性，不仅取决于断层两盘的岩性，还取决于断层带本身的岩石物性，但这方面的研究还未引起足够重视（赵密福，2004）。

（7）断裂带充填物与断层封闭性。断层能否形成封闭，在一定程度上应取决于断裂带填充物的成分，而断裂带填充物的成分又受断层错开地层岩性控制。若错开地层以泥岩为主，断裂填充物也应以泥质成分为主，则断层封闭性好。

（8）成岩作用与断层封闭性。根据后期成岩封闭机理可知，即使断裂带以砂质填充为主，也可以通过 SiO_2 和 $CaCO_3$ 沉淀胶结形成侧向封闭。断层的活动开启致使地下或地表流体沿断层自下而上或自上而下渗滤运移，由于温度和压力的改变，可造成 SiO_2 和 $CaCO_3$ 的溶解和沉淀，即地下流体在沿断层自下而上的运移过程中，石英沉淀，方解石溶解；而地表流体在沿断层自上而下的运移过程中，方解石沉淀，石英溶解。正是由于 SiO_2 和 $CaCO_3$ 的沉淀堵塞了断裂带岩石内的渗漏空间，在断层侧向上形成封闭（李文学和张志坚，2005）。

（9）最大水平主压应力方向与断层走向的夹角与断层封闭性。现今最大水平主压应力方向与断层走向夹角越大，断层封闭性越好；反之越差。根据现场经验，二者夹角为 67.5°~90°时封闭性最好，为 45°~67.5°时封闭性好；为 22.5°~45°时封闭性较差，为 0°~22.5°时，不具封闭性，可作为渗流通道。在不同部位和不同层位，断层的走向和现今最大水平主压应力方向都会发生变化，二者夹角相应改变，因此必须分部位、分层位评价断层封闭性（陈永峤等，2003）。

以上这些因素，对不同地区、不同地质背景和不同断层所起的作用是不相同的。而且单一因素很难正确评价断层的封闭性。

2. 断层的封闭与开启综合评价方法

通过对冀中拗陷文安斜坡、束鹿凹陷西斜坡、蠡县斜坡和二连盆地的吉尔嘎朗图凹陷斜坡带、洪浩尔舒特凹陷斜坡带、乌里雅斯太凹陷斜坡带上封闭断层和开启断层的分段统计发现，封闭的顺向断层，在统计的 35 条断层中，有 20 条封闭的断层，占 57%；15 条开启的断层，占 43%。同时进行了砂岩厚度、泥岩厚度、砂泥比、断层断距和泥岩涂抹系数等参数的统计表明：断层断距对封闭性有着重要影响，从断层断距与封闭性关系图（图 2-19）上看，封闭断层的断距通常较大，一般大于 50m，而开启断层的断距一般小于 120m，但两者之间没有明显的分界线。而从泥质含量与断层断距之间的关系来看，并不是泥岩越多就一定封闭，不封闭的断层位于黑线之上，而封闭断层的泥质含量多位于黑线之下（图 2-20）。

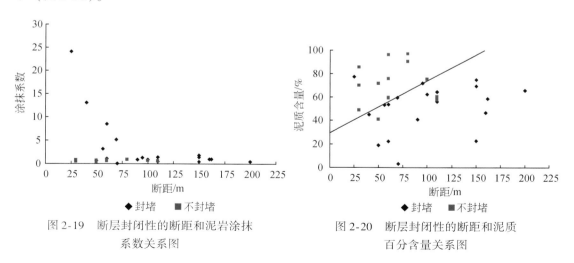

图 2-19　断层封闭性的断距和泥岩涂抹　　　　图 2-20　断层封闭性的断距和泥质
　　　　　　系数关系图　　　　　　　　　　　　　　　　百分含量关系图

从断层的涂抹系数和砂泥比两项参数统计来看，封堵断层和不封堵断层的泥岩涂抹系数和砂泥比参数很难将断层封闭性体现出来（图 2-21）。

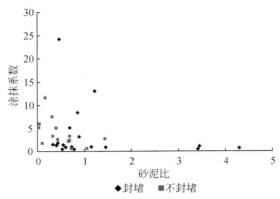

图 2-21 断层封闭性的砂泥比和泥岩涂抹系数关系图

因此，断层封闭性的评价尤其是顺向断层封闭性评价问题，并不是单一参数能够决定的，在泥岩少的地层中也有封闭的情况，在泥岩多的地层中也有不封闭的时候，确定断层封闭性也是比较难的问题。

近年来，不少学者考虑到断层封闭性由多个因素共同决定，并依据它们对断层封闭性贡献的大小，提出了模糊数学综合评判方法。计算模型建立：①主因素决定型 M（∧，∨）；②主因素突出型 M（·，∨）；③加权平均型 M（·，+）。

研究表明，所选择的研究因素泥岩涂抹系数影响较大，各因素所占权重相当，因此以加权平均型作为计算模型最优（表 2-4）。

表 2-4 太 47 断层封闭性单因素权重系数

影响因素（U）	U1	U2	U3	U4	U5	U6
权重系数（Wi）	0.2	0.2	0.2	0.25	0.1	0.05

通过对太 47 井—太 3 井剖面上部 10 层碎屑岩的综合评判（图 2-22、表 2-5），第 2 层

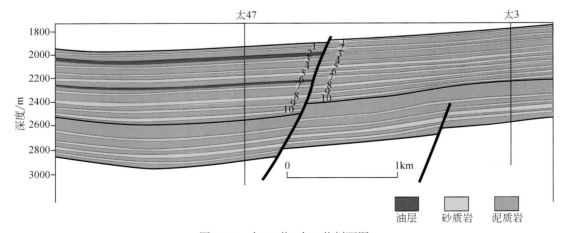

图 2-22 太 47 井–太 3 井剖面图

和第 6 层是含油的，断层在此段是封闭的，而其他的层中不含油，可能是不封闭的。从结果来看，第 2 层和第 6 层的综合参数都大于 0.7，而其他各层都小于 0.7。这也说明了模糊综合评判方法的可用性。

表 2-5　太 47 剖面模糊评价表

项目			U1	U2	U3	U4	U5	U6	M（−，+）
太 47 剖面	上盘	1	0.25	0.2	0	0.1	0.05	0.025	0.525
		2	0.25	0.2	0	0.1	0.05	0.025	0.825
		3	0.25	0.2	0.2	0.1	0.05	0.025	0.425
		4	0.25	0.2	0.1	0.1	0.05	0.025	0.325
		5	0.25	0.2	0	0.1	0.05	0.025	0.425
		6	0.25	0.2	0	0.1	0.05	0.025	0.725
		7	0.25	0.2	0.1	0.1	0.05	0.025	0.425
		8	0.25	0.2	0.1	0	0.05	0.025	0.325
		9	0.25	0.2	0	0	0.05	0.025	0.525
		10	0.25	0.2	0.1	0	0.05	0.025	0.525
	下盘	1	0	0.1	0.2	0	0.05	0.025	0.375
		2	0	0.1	0	0	0.05	0.025	0.175
		3	0.125	0.1	0.2	0	0.05	0.025	0.5
		4	0.125	0.1	0	0	0.05	0.025	0.3
		5	0.125	0.1	0.1	0	0.05	0.025	0.4

此外，断层封闭性是一个综合性的工程，利用手工计算的数据耗时费力。目前针对断层封闭性已有商业软件，最常见的如 Traptester 6.0 和 Petrel 2010 版本。

第四节　坡折带特征

一、综述

坡折带（slope belt）原是地貌学概念，指地形坡度突变的地带。由于古地形突变，形成可容纳空间，当物源沉积物搬运至此产生卸载，往往使沉积相带和沉积厚度发生突变，对层序地层的发育、砂体的展布和地层岩性油气藏的形成具有重要的控制作用。

坡折带一般由坡折、坡脚和斜坡三部分组成（图 2-23）。

坡折（slope break）或坡折脊（slope-break ridge）：指地形由缓变陡的转折点连线，为上凸的脊。

坡脚（slope-toe）或坡折槽（slope-break through）：指地形由陡变缓的转折点连线，为下凹的槽。

斜坡（slope）或陡坡带（steep slope belt）：指从坡折到坡脚之间的坡度较陡的地带，其上倾和下倾方向都会迅速变缓。

坡折带的研究，最早是从被动大陆边缘陆架坡折带研究开始的。在南美、西非及墨西哥湾等海相被动大陆边缘盆地，陆架坡折带低位体系域的油气藏勘探中获得成功，从而促

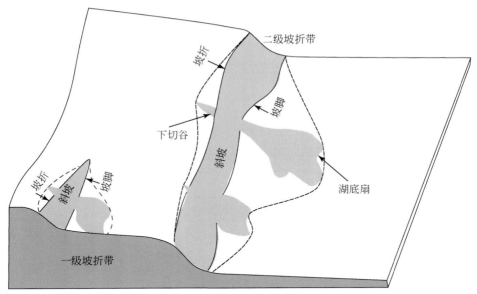

图 2-23 坡折带组成特征模式图

进坡折带的研究。随着陆相湖盆地层岩性油气藏勘探的深入，我国许多学者（林畅松等，2000；王英民等，2002；2003；张善文等，2003；杜金虎，2003；李丕龙等，2004）对陆相湖盆坡折带进行了较系统的研究和有益的探讨。一部分学者从陆相断陷盆地出发，分析了同沉积断层对沉积、层序地层和砂体分布等的控制作用，因而提出了"断坡带"（或断裂坡折带）并总结了断坡带的特点（林畅松等，2000）。归纳起来断坡带具有以下四个特点：

（1）断坡带是古构造枢纽带，明显地控制古地形的变化；主控断裂的生长指数，一般为 1.4~2.0。

（2）断坡带是沉积体系域的分界线，是沉积相带的变化线，是砂体分布的突变线。在低水位期，断坡带以下常是低位体系域发育区，以上是下切谷和剥蚀发育区；在高水位期，断坡带是浅水区与较深水区的分界，如三角洲平原与三角洲前缘带的分界。由于断坡带上下沉降的差异性，导致断坡带以下砂体的层数和厚度明显加大，沉积旋回增多。

（3）断坡带的分布是有规律的。断陷盆地同生断层十分发育，尤其是同生基底断层相当发育。这些断层的分布规律性较强，一般从陡坡带到缓坡带发育有控凹边界断层→断阶断层→洼槽边缘断层→斜坡边缘断层。这些大型的同沉积断层往往形成断裂坡折带。

（4）断坡带有利于圈闭和油气藏的形成。既有利于构造油气藏的形成，如同生断层下降盘逆牵引背斜油气藏；又有利于地层岩性油气藏的形成，如岩性上倾尖灭油气藏和各类扇体油气藏等，与断坡带的关系十分密切。

随着勘探工作的深入和大规模的地层岩性油气藏勘探工作的开展，人们又发现和识别了沉积、侵蚀坡折带（王英民等，2002），因此，将坡折带分为构造、沉积和侵蚀坡折带三大类型。构造坡折带又分为断层坡折带、褶皱坡折带（费宝生和汪建红，2004）和挠曲坡折带。沉积坡折带的研究也更加深入。随着油气勘探工作的发展，坡折带的研究日益深入；随着坡折带研究的深入，反过来又促使地层岩性油气藏勘探的发展。

二、坡折带类型

根据大量勘探实践和研究，陆相湖盆坡折带，按照成因机制，可以将其分为三大类（王英民等，2002）。

（一）构造坡折带

这类坡折带是由构造活动所形成的坡折带，又可以细分为断层坡折带、褶皱坡折带和挠曲坡折带（费宝生和汪建红，2004）。

1. 断层坡折带

断层坡折带是断陷盆地中最常见的坡折带类型。由于同沉积断层活动造成地形上坡度的突变，往往在断层的上盘沉积厚度增大，并控制层序的发育和沉积相带的展布。断层坡折带一般发育在构造的转折部位或构造沉积的分区处。由箕状凹陷的陡坡至斜坡，主要发育有控凹边界断层→断阶断层→控洼断层→斜坡控洼断层等同沉积断层所形成的断层坡折带及其他部位同沉积断层所形成的断层坡折带（图2-24）。

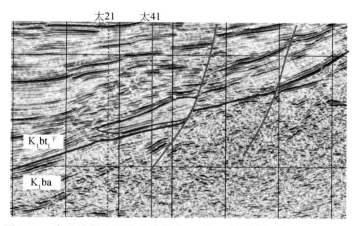

图2-24　乌里雅斯太凹陷南洼槽太41井区断层坡折带–沉积关系图

2. 褶皱坡折带

由于构造活动形成的背斜、鼻状等褶皱构造，塑造地形上的高带，限制后期沉积物的分布。例如，二连盆地乌里雅斯太凹陷苏布鼻状构造的北翼形成的扇三角洲砂体岩性上倾尖灭油藏，南翼为湖底扇岩性上倾尖灭油藏。这种坡折带，一般沿背斜、鼻状构造的侧翼分布。

3. 挠曲坡折带

在单斜构造背景上，由于非挤压作用的构造活动使岩层产生膝状弯曲，地形坡度发生突变所形成的坡折带（图2-25）。增加可容纳空间，使沉积相带和厚度在坡折下方发生变化。这种坡折带多分布在斜坡构造带上。

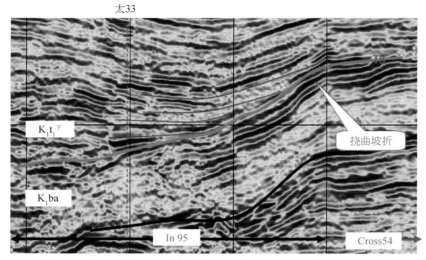

图 2-25　乌里雅斯太凹陷南洼槽太 33 井区挠曲坡折带–沉积关系图

（二） 沉积坡折带

这类坡折带分布较广泛，它可以在多种情况下形成。一是在台地或生物礁体的边缘容易形成沉积坡折带（王英民等，2003）。在断陷盆地中的变换构造带，往往形成地形上的台地或低隆起，在其边缘易于形成沉积坡折带。二是沉积坡折带可以由断层坡折带演化而来。在前期，由于断裂活动形成断层坡折带；后期断层停止活动，但地形上仍然存在坡度变化带，在其下方也易于形成沉积坡折带，如二连盆地乌里雅斯太凹陷洼槽中的沉积坡折带（图 2-26）。三是沉积的差异压实作用而造成地形坡度突变，如三角洲平原、三角洲前缘的分流河道与分流河道间，由于分流河道砂体发育，厚度大，而分流河道间泥岩相对发育，差异压实作用造成地形坡度突变，形成沉积坡折带。

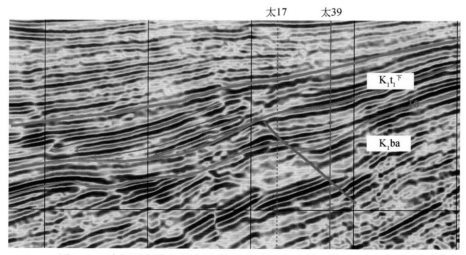

图 2-26　乌里雅斯太凹陷南洼槽太 17 井区沉积坡折带–沉积关系图

（三）侵蚀坡折带

侵蚀坡折带是由于风化、侵蚀等外力地质作用造成的地形坡度突变。一般发育在湖盆发育的早期和湖盆发育的晚期。这两期构造活动的强度大，地层遭受剥蚀强烈，持续的时间长，所形成的侵蚀坡折带规模大。而在成盆的过程中，构造活动相对和缓，地层遭受剥蚀相对较弱，持续的时间相对较短，因此，侵蚀坡折带规模相对较小。侵蚀坡折带是产生在沉积之前形成的（图2-27）。此外，这类坡折带还应包括潜山构造所形成的坡折带。

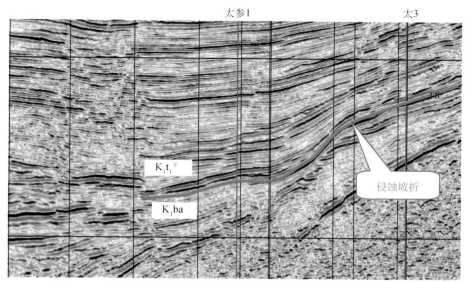

图2-27　乌里雅斯太凹陷南洼槽太参1井区侵蚀坡折带–沉积关系图

三、坡折带的作用

（一）坡折带对层序的控制作用

影响沉积层序的主要因素有：构造运动、海（湖）平面升降、沉积物的供给和气候的变化等。构造运动影响了坡折带的形成和发育；还间接影响了剥蚀速率、沉积物类型、沉积物供给方向和速率，乃至气候条件。海（湖）平面升降影响了基准面的变化，而基准面的变化直接影响了坡折带的可容空间。因为可容空间的大小取决于基准面与地表面的差值。沉积物的供给和气候条件决定了沉积类型、沉积的展布及地层叠置的样式。对于断陷盆地而言，一般陡坡带的构造活动比斜坡带和洼槽带构造活动强烈。因此，坡折带下方可容空间大，沉积层序更发育。

断层坡折带对层序的控制作用十分明显。例如，济阳拗陷古近系每个三级层序由下向上依次发育低位体系域、湖侵体系域和高位体系域（李丕龙等，2004）。每个层序发育的初期，断层活动强烈，盆地基底快速下陷，地形高差大，剥蚀作用强，沉积物供应充足，在坡折带的下方发育了低位体系域（图2-28）。随着断层活动减弱，沉积物充填，湖平面开始缓慢上升，形成初始湖泛面。之后湖平面不断上升，可以越过断层坡折带，到达断层上升盘，形成最大湖泛面，发育了湖侵体系域。最大湖泛面形成后，断层基本停止活动，沉积物供给速率大于可容空间的增大速率，湖岸线向盆地中心后退，发育了高位体系域。当断层再次强烈活动时，开始发育下一个层序的低位体系域。也就是说每个层序的早期断层强烈活动，中晚期断层基本不活动，断层活动强烈时也就是低位体系域的发育时期。

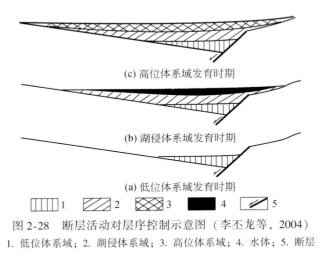

(c) 高位体系域发育时期

(b) 湖侵体系域发育时期

(a) 低位体系域发育时期

| | 1 | | 2 | | 3 | | 4 | | 5 |

图 2-28　断层活动对层序控制示意图（李丕龙等，2004）

1. 低位体系域；2. 湖侵体系域；3. 高位体系域；4. 水体；5. 断层

（二）坡折带对沉积相带和砂体的控制作用

1. 坡折带对沉积作用的控制

由于坡折带是地形坡度的突变带，因此对沉积有明显的控制作用，主要表现在以下二个方面。

（1）坡折带控制沉积物的供给速率和沉积物的性质。由于坡折带沉降剖面斜率的大小，势必影响沉积物的供给速率。斜率越大，水动力越强，沉积物供给速率越快。同时坡折带高差大小，也影响坡折带上方的剥蚀强度，物源区与汇水区势能的大小，影响沉积物的供给速率和性质。高差越大，上方剥蚀越强，势能越大，沉积速率越快，沉积厚度越大，沉积物的粒度越粗，分选性越差。这反映在不同盆地之间的差异，同一个盆地同一个凹陷的陡坡和斜坡的差异及同一坡折带不同时期的差异。例如，二连盆地控凹边界同沉积断层多为旋转式平面断层，断层的倾角较大，一般为 40°～50°，断层基底断距大，一般为 2000～5000m。因此，所形成的断层坡折带的高差大，坡折带沉降剖面的斜率大，沉积物供给速率大，沉积物的粒度粗，分选差，沉积厚度大，成藏条件相对较差。现以吉尔嘎朗图凹陷北部边界罕尼断层坡折带为例，足可见一斑。罕尼断层走向 NE50°，倾向 SE140°，倾角 50°，长度 60km，断开层位 T_3—T_{11}，T_7 层断距 200～800m，T_{11} 层断距 1800～3200m。在该断层坡折带的下方发育了水下扇沉积，其中下白垩统腾一段扇中亚相砂砾岩储层厚度 89m，单层一般厚度 2～5m，最厚 9.5m。砂砾岩碎屑成分较杂，以中酸性喷发岩块为主，多呈次圆-次棱角状，分选中等，颗粒以杂基支撑，为泥质、泥-灰质胶结。储层物性较差，据吉 60 井油层的岩石物性统计，大直径岩样分析，孔隙度 6.6%～14.1%，平均 9.1%，垂直渗透率 (0.16～61.9)×10^{-3} μm^2；小岩样分析，孔隙度6.3%～

16.1%，平均10.9%，水平渗透率（0.01～85.0）×10⁻³μm²，总平均孔隙度10.8%，属低孔特低渗透储层。

对同一个凹陷而言，陡坡带较斜坡带构造活动相对较强，形成的沉降剖面的斜率、物源区与汇水区势能差相对较大，沉积物粒度相对较粗，因此发育了冲积扇、扇三角洲等沉积；而斜坡带则相反，沉积物粒度相对较细，主要发育辫状河及滨岸类等沉积。

（2）坡折带控制沉积的展布。坡折带对沉积展布的控制，主要表现在物源的方向上。主要有两种情况：一是物源供给方向与坡折带的走向近乎垂直。其中又可以分为来自上倾方向的物源和来自下倾方向的物源。当来自上倾方向的物源时，在坡折带的下方形成串珠状分布的扇体，呈现下倾尖灭；当来自下倾方向的物源时，则形成上倾尖灭的砂体。二是物源供给方向与坡折带走向近乎平行，则沿坡折带的下方形成长条形的砂体展布，如渤海湾盆地冀中拗陷大王庄东断层坡折带，在断层的根部形成负地形，河流因势利导，沿平行坡折带的走向形成长条状河道砂岩体（图2-29）。

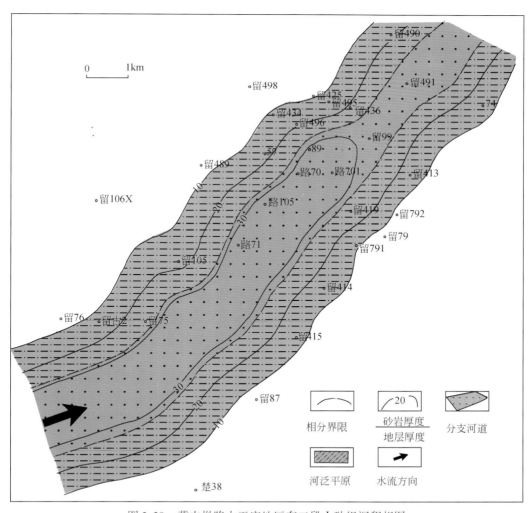

图2-29　冀中拗陷大王庄地区东二段Ⅰ砂组沉积相图

2. 坡折带对沉积相和砂体的控制作用

如前所述，坡折带的发育改变了古地貌形态，增加了盆地可容纳空间，影响了沉积物体积的分配，控制了地层厚度的变化和沉积体系域的发育部位，造成了沉积相带的分异和砂体分布的差异。一般在陡坡带断层坡折带的下方发育有水下扇、浊积扇与低位扇三角洲；在湖平面明显下降的情况下，有可能形成平行于坡折带走向的沿断槽发育的重力流水道砂体或长条状河道砂体。在斜坡带坡折带的下方，当坡折带坡降较小时，往往发育有低位扇三角洲或浊流沉积体系；当坡降较大，又有明显的湖平面下降时，河流下切携带沉积物直接在深湖区沉积下来，往往形成湖底扇沉积。并伸入到深湖相泥岩中构成良好的生储盖组合。

例如，二连盆地乌里雅斯太凹陷南洼槽东坡坡中带木日格断层坡折带，据钱铮等（2002）研究，腾一下亚段Ⅳ砂组在坡折带的上方发育了下切谷充填体（补给水道微相）；下方发育了湖底扇砂砾岩体，并伸入到较深湖亚相中。由于地形坡度的突然变化，导致沉积物的搬运方式发生改变，由牵引流转变为重力流的搬运方式，形成了成排分布的重力流扇——湖底扇群（图2-30）。这些扇体的分布受坡折带的样式、产状、湖盆地形、物源供给、古气候及古水流等因素的影响，主要受斜交状坡折带的控制，并遵循沟扇对应关系；同时受坡折带的产状和盆底几何形态的空间组合的控制，一般坡折带的产状越陡，砂体的厚度越大，如太29井区古斜坡倾角为12°，砂体增厚部位在太43井附近，最厚可达40m；太53井区古斜坡倾角为18°~20°，砂体增厚部位位于坡脚，最厚可达50m，呈楔状向下倾方向减薄、尖灭。盆底地形越陡，砂体推进的距离越远，如太参1井区盆底地层倾角为8°，砂体从坡折带向前推进约5km；太53井区盆底地层倾角为5°，砂体从坡折带向前推进3~4km。腾一下亚段发育了三期扇体，其规模、位置、形态及叠置关系都有所不同。砂砾岩扇体的成分成熟度低，砾岩的成分主要为中基性火山岩砾，以块状中粗砾岩为主，磨圆度呈次圆状，粗杂基支撑。砂砾岩体储层厚度大，非均质性强，储层物性相对较差。储层厚度可达101~149m；其中以中扇辫状沟道和内扇主沟道微相储层物性相对较好，面孔率最高可达10%以上，平均为1.5%~5.3%。有效孔隙度一般为8%~12%，渗透率一般为（1~28）×$10^{-3}\mu m^2$，为低孔特低渗储层。

又例如，二连盆地吉尔嘎朗图凹陷洼槽中沉积坡折带控制三角洲前缘席状砂体。在沉积坡折带的下方发育了下白垩统腾二段三角洲前缘叠瓦式席状砂微相。由于受湖平面升降的影响，不同时期的席状砂体在剖面上呈进积型或退积型叠瓦式分布。加之受波浪的淘洗作用的改造，储集性能得到改善，且与上倾方向的砂体互不连通，有利于形成岩性油藏。

再例如，冀中拗陷饶阳凹陷中南部大王庄东断层坡折带对河道砂的控制。冀中拗陷在古近纪沙一上亚段和东营组沉积时，处于断陷萎缩期，湖盆发育衰退，进入准平原化沉积期，发育以河流相沉积为主。此时，大王庄东断层持续活动。大王庄东断层是一条同生二级断层，断层走向北东，倾向南东，断面上陡下缓，倾角30°~40°，长度35km。它发育于古近纪早期，长期继承性活动，至东营组沉积末期活动减弱，明化镇组早期停止活动。T_4层断距为500~800m，最大超过1000m；T_3层断距为300~600m，最大超过700m；T_2层断距为100~150m，最大超过200m。平面断距呈现出中间大，南北两端小的特点。在东营组沉积时，在断层的根部形成负地形。与断层斜交的新河—饶阳古河流体系流经此处

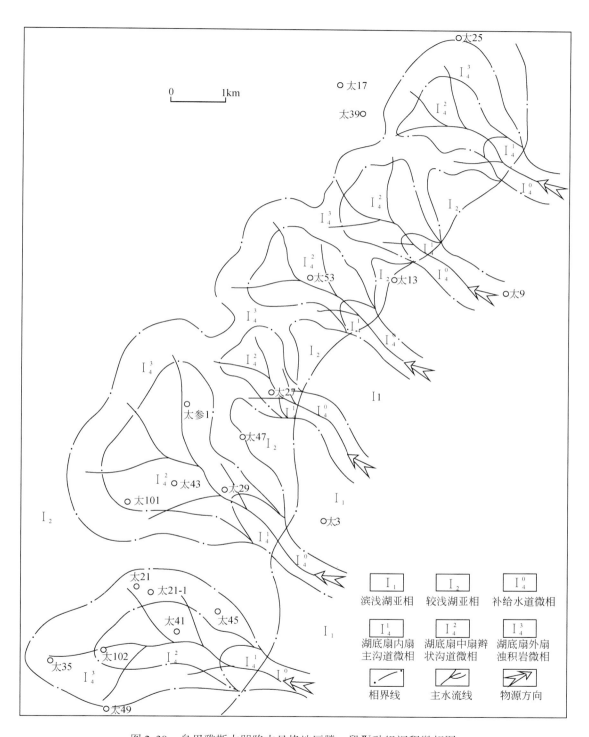

图 2-30　乌里雅斯太凹陷木日格地区腾一段Ⅳ砂组沉积微相图

时，河流因势利导，改道沿断层根部发育，形成带状的侵蚀河道。沉积了一套河流相沉积，向东南斜坡减薄、尖灭。其中以边滩、点砂坝储层发育，砂岩单层厚度大，最大可达14m，油层累积厚度可达40m；河漫滩砂，单层厚度薄，一般为2～5m。储层主要为含砾砂岩、砂岩、细砂岩。据路70井东一段长石细砂岩分析资料，其中石英含量平均40.2%，长石含量平均41.8%，岩屑含量平均18%，胶结物含量平均11.6%。碎屑颗粒为次圆状，分选好，以方解石胶结为主。油层物性好，孔隙度为17.4%，平均22.8%，渗透率为$(50\sim375)\times10^{-3}\mu m^2$，平均$190.8\times10^{-3}\mu m^2$，为中高孔高渗透储层。

综上所述，坡折带具有明显的控层、控相、控砂等作用，为地层岩性油气藏的形成，提供了重要的圈闭和储集条件。

四、斜坡带坡折带的分布特征

断陷盆地的坡折带在不同地区、不同时期的发育和分布特征是不相同的。斜坡带的坡折带的分布具有自己的特征。

（一）断层坡折带最发育

断陷盆地伸展活动随着断裂活动开始而开始，随着断裂活动的结束而停止，一般是从盆地（或拗陷）边缘开始，向盆地中心发育，因此断裂分布是有规律性的。当凹陷比较开阔时，伸展运动的方式是以推进式向前发展，形成一组与边界断层倾向相同的断层；当凹陷比较狭窄时，伸展运动的方式是以平衡式向前发展，形成与边界断层倾向相反的平衡断层。一般从凸起边缘至斜坡带，发育有控凹边界断层、断阶断层（或缺）、控洼断层（或缺）、中央构造带边界断层（或缺）、斜坡控洼断层（图2-31）。这些断层多数是同沉积断层，从而形成断层坡折带，控制沉积的发育。特别是窄陡型沉积斜坡带具有坡度陡、宽度窄、离物源近、沉降速率大等特点，斜坡带上往往形成多级断层坡折带，如二连盆地乌里

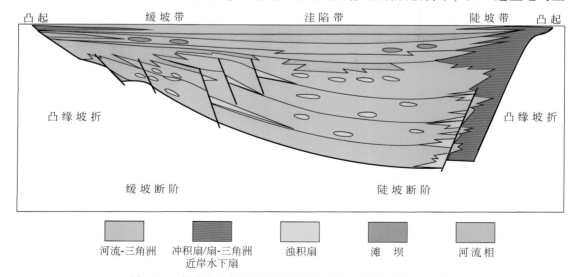

图2-31　断陷盆地断层坡折带剖面模式图（李丕龙等，2004）

雅斯太凹陷东部斜坡带上发育有三级坡折带。

（二）褶皱坡折带发育于鼻状构造或背斜构造两翼

褶皱形成的鼻状构造或背斜构造，它可以形成正地形或负地形，从而影响后期沉积的发育和分布。从断陷盆地所见到的褶皱构造大都为正地形，局部背斜或鼻状构造形成地形上的高带，限制了沉积的发育和分布，如二连盆地乌里雅斯太凹陷斜坡上的苏布鼻状构造形成地形上的高带，限制来自陡坡带物源的扇三角洲沉积的发育，因此在鼻状构造的北翼形成了腾一段扇三角洲岩性上倾尖灭油藏；在鼻状构造的南翼找到了腾一段湖底扇砂砾岩上倾尖灭岩性油藏。

（三）侵蚀坡折带发育于差异升降运动强烈的地段

由于构造运动，使地壳抬升，产生差异的升降活动，地层遭受不同程度的剥蚀，形成了山峦起伏、沟壑纵横的地貌景观，造就了侵蚀坡折带。在侵蚀强烈的地区，有时可以下切至下伏烃源层，并通过侵蚀面沟通下面烃源层形成的油气运移至上覆层圈闭中，聚集成藏。同时在不整合面上下形成地层超覆、地层不整合和潜山圈闭，形成相应的油气藏。例如，二连盆地乌里雅斯太凹陷下白垩统腾一段与阿尔善组之间的不整合面的下面，由于阿尔善组遭受强烈的剥蚀、风化、淋滤，使早期形成的阿尔善组扇三角洲砂体储集性能得到了改善。从而又在侵蚀坡折带的下面又找到了阿尔善组地层不整合面油气藏。

（四）沉积坡折带分布较广泛

这类坡折带分布较广泛，在断陷盆地中的变换构造带、断层坡折带废弃区和岩相过渡带等古地貌存在差异的地方均可形成。由于地形的差异，造成沉积砂体向坡折带边缘的上倾尖灭，是地层岩性油藏发育的有利区带。

第三章 斜坡带油气分布与富集规律

斜坡带以其特定的构造背景，特有的沉积、储层特征，形成了独特的成藏风格和油气分布与富集规律。

第一节 宽缓型沉积斜坡带是油气区域分布的有利区

如前所述，按成因将斜坡带分为沉积斜坡带、构造–沉积斜坡带和构造斜坡带三类，再结合形态特征，又将沉积斜坡带细分为平台型沉积斜坡带、宽缓型沉积斜坡带和窄陡型沉积斜坡带。研究发现，这三类斜坡带分属不同类型的断陷盆地，前二者属于主动式断陷盆地，这类断陷盆地是地幔上隆和构造应力联合作用的结果，断陷盆地的拗陷中心与地幔隆起呈镜像关系。断陷的规模大，湖盆开阔，多形成宽缓型沉积斜坡带，如渤海湾盆地等后者属于被动式断陷盆地，这类断陷盆地是远程构造应力作用的结果，断陷盆地的拗陷中心与地幔隆起不呈镜像关系。断陷的规模小，湖盆较狭窄，常形成窄陡型沉积斜坡带，如二连盆地等。这两类沉积斜坡带具有不同的成藏特征，且油气的丰度也存在差异。

其中平台型沉积斜坡带、宽缓型沉积斜坡带和先期属宽缓型沉积斜坡带后期反转形成的构造–沉积斜坡带是油气区域分布的有利区带。

一、具有丰富的油源条件

平台型沉积斜坡带、宽缓型沉积斜坡带处于比较宽阔的湖盆，烃源岩发育，同时紧邻生烃洼槽是油气运移的指向，油气资源丰富。或者斜坡带本身就在生烃区内，如冀中拗陷饶阳凹陷蠡县斜坡带、济阳拗陷东营凹陷南斜坡带、辽河拗陷西部凹陷西斜坡带等，这较其他类型斜坡带，烃源条件更为优越。

例如，冀中拗陷饶阳凹陷蠡县斜坡带中北段沙一下亚段，发育一套咸水–半咸水型浅湖–较深湖亚相的富氢页岩、鲕状灰岩、泥质白云岩和暗色泥岩组成的烃源层。斜坡北段富氢页岩厚度为 $10 \sim 25m$，向南逐渐减薄尖灭。该套烃源岩有机质丰度高，其有机碳含量平均 1.07%，最高可达 3.28%，总烃含量 $1000mg/kg$，为一套低熟油烃源层，是斜坡带的重要油源之一。

济阳拗陷南斜坡带油源主要来自深部生烃洼槽——牛庄洼槽、博兴洼槽及斜坡带沙四上亚段烃源层（李丕龙等，2003）。沙四上亚段生油岩以灰质页岩、灰色白云质泥岩、深灰色泥岩为主，夹薄层油页岩、白云岩、白云质灰岩、鲕状灰岩、膏岩，富含生物化石。属于半咸水型沉积环境。据资源量评价结果，沙四上亚段生烃量达 $186 \times 10^8 t$，排烃量为 $28 \times 10^8 t$，为斜坡带的重要油源之一。油气主要通过断层和不整合面运移通道向斜坡带圈闭中运移聚集成藏。

二、发育优质储层

由于平台型沉积斜坡带、宽缓型沉积斜坡带宽而平缓，因此沉积物搬运距离相对较远、颗粒相对较细，成熟度较高。主要发育有滨浅湖滩坝（生物滩）和（辫状河）三角洲砂体，且为该类斜坡带的主要储集体。例如，冀中拗陷饶阳凹陷蠡县斜坡。

前文叙及，沙二段砂体主要为河流相-三角洲平原亚相沉积，岩性剖面表现为不同粒级的砂岩与红色泥岩构成的正旋回，近源处岩性粗，可见含砾砂岩和砂砾岩。储层以河道砂为主，单砂层厚度一般为 5～10m，砂地比一般为 40%～60%。主要为岩屑长石砂岩和长石砂岩，具有中等成分成熟度和中等偏高的结构成熟度，碎屑颗粒间的填隙物含量较高，主要为泥质和碳酸盐。粒间溶孔和粒内溶孔较发育，具有较好的储集性能，孔隙度平均为 13.8%；渗透率平均为 $42.8 \times 10^{-3} \mu m^2$，主要为中孔低渗和低孔低渗型储层，少量中孔中渗型储层。

沙一下亚段砂体主要为滨浅湖滩坝砂和部分三角洲前缘水下分流河道砂。三角洲相主要分布在斜坡的南段，以水下分流河道发育为主。滨浅湖滩坝相主要发育于沙一下亚段下部，在斜坡北段广泛分布。不同类型的滩坝沉积层在纵向上与湖相泥岩间互出现、多期叠加，形成了呈椭圆状连片分布的滨浅湖滩坝群。砂质滩坝相砂体是该区主要的储层，岩石类型主要为长石砂岩和岩屑长石砂岩，岩屑含量相对较少，具有中等的成分成熟度和结构成熟度，储集空间相对较发育，主要为粒间溶孔和粒间孔。孔隙度平均为 15.7%；渗透率平均为 $64.2 \times 10^{-3} \mu m^2$。总体上为中孔中渗和中孔低渗储层。

又例如，济阳拗陷东营凹陷南斜坡带主力含油层沙四上亚段发育了以滨浅湖相滩坝砂为主，局部发育有粒屑碳酸盐岩的有利储层，为大油田的形成奠定了基础。

再例如，辽河拗陷西部凹陷西斜坡带，沙二、三段发育了 3 个三角洲砂体和 1 个水下扇砂体。砂岩最大厚度达 150m，从而为形成稠油层单层厚度可达数十米，层数达数十层，含油井段长达数百米奠定了基础。

三、发育丰富多彩的圈闭类型

宽缓型沉积斜坡带，发育有多种圈闭类型：有背斜、断鼻、断块、潜山、地层超覆、地层不整合、岩性和构造岩性等复合圈闭。

（一）构造圈闭

1. 背斜圈闭

随着断层下降盘沉积物不断加厚，在重力的滑动作用下形成滚动背斜。在辽河拗陷西部凹陷西斜坡欢喜岭地区发育有 9 个滚动背斜，沿断层下降盘呈串珠状展布。这些滚动背斜紧临油源，常形成小而肥的高产油气藏。

2. 断鼻圈闭

宽缓型沉积斜坡带鼻状构造往往比较发育，如冀中拗陷蠡县斜坡带从北向南依次发育同口-博士庄鼻状构造、高阳-西柳鼻状构造和大百尺-赵皇庄鼻状构造；冀中拗陷霸县凹陷文安斜坡带从北向南依次发育有苏桥鼻状构造、史各庄鼻状构造、长丰镇鼻状构造和议论堡鼻状构造；济阳拗陷东营凹陷南斜坡带从西向东依次发育有金家–樊家鼻状构造、纯化鼻状构造、草桥鼻状构造和王家道口鼻状构造等。这些鼻状构造与断层遮挡，形成断鼻圈闭和相应的油藏。

3. 断块圈闭

以顺向翘倾断块和反向翘倾断块及垒堑相间的构造样式为主（图3-1）。

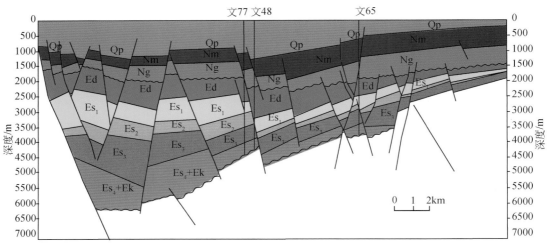

图3-1　文安斜坡过文77井和文65井地质解释剖面（中部）

（二）地层岩性圈闭

1. 潜山圈闭

由于宽缓型沉积斜坡带发育在比较开阔的断陷中，这类断陷在伸展活动过程中，往往以推进的方式发展，产生与边界主断层平行倾向相同，并切割基岩块体的正断层，使基岩块体发生翘倾，从而形成块断山。当波及斜坡带时，则在斜坡带上与其他地质背景相配合形成潜山圈闭。例如，文安斜坡带苏桥反向正断层形成的苏桥潜山构造带；辽河拗陷西部凹陷西斜坡带反向正断层形成的潜山构造带，并与东南倾的北西向断层相配合，造就了数个断块山。后期断块山的东侧发育了一组东倾的重力滑动断层，把翘倾断块山改造成为地垒山，被古近系沙河街组三、四段生油层覆盖，形成古潜山圈闭和相应的油气藏。自北而南分布有曙光中新元古界碳酸盐岩古潜山油藏，杜家台中元古界石英砂岩古潜山油藏，齐家、欢喜岭太古界花岗片麻岩古潜山油藏等（图3-2）。

2. 地层超覆圈闭

由于多期的构造活动和沉积的变迁，斜坡带常形成地层超覆和退覆，因此，地层超覆是斜坡带常见的圈闭类型，如辽河拗陷西部凹陷西斜坡带北段高升地区沙四段地层超覆圈闭和相应的油藏等。

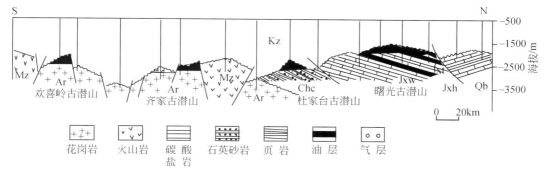

图 3-2 曙光–欢喜岭潜山油藏序列剖面图（胡见义等，1991）

3. 地层不整合圈闭

由于多期的构造活动，造成了多期次不整合面或沉积间断，为地层不整合圈闭的形成创造了条件，如东营凹陷南缓坡带金家地区沙四段、沙二段、沙一段地层不整合圈闭和相应的油藏。

4. 岩性圈闭

主要有岩性尖灭、岩性透镜体和粒屑灰岩岩性圈闭等。例如，冀中拗陷饶阳凹陷蠡县斜坡北段潜山围斜坡折带岩性尖灭和砂岩透镜体圈闭（图 3-3）；济阳拗陷东营凹陷南斜坡带东段砂岩、碳酸盐岩透镜体岩性圈闭及相应的油藏等，以及辽河拗陷西部凹陷西斜坡带北段沙四上亚段粒屑灰岩岩性圈闭等。

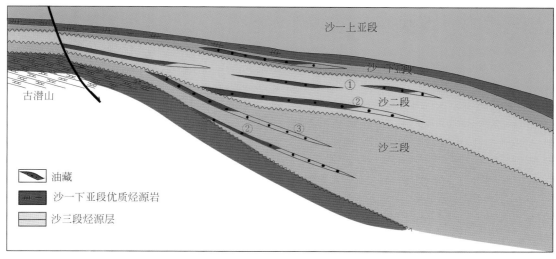

图 3-3 蠡县斜坡北段潜山围斜坡折带地层岩性圈闭和油藏模式图
①岩性油藏；②地层超覆油藏；③地层不整合油藏

（三）复合圈闭

复合圈闭最常见的是构造岩性圈闭，如冀中拗陷饶阳凹陷蠡县斜坡中段发育一系列北东向同向和反向断层，形成垒堑相间的地质结构，与北东东向为主发育的砂体斜交，常形成岩性、构造岩性圈闭和相应的油藏（图3-4）。又例如，辽河拗陷西部凹陷西斜坡带东段，在鼻状构造背景上的浊积砂体，砂体厚度大，约150～500m，一般厚300m。储层物性好，孔隙度一般为20%～30%，渗透率为几百到几千毫达西。向西砂层尖灭，东部又被东掉的大断层封闭，形成了断层-岩性复合型圈闭和相应的油藏，上有气顶下有底水。

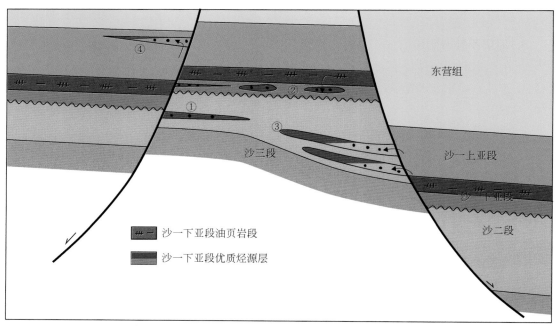

图3-4　蠡县斜坡中北段地垒带上构造岩性油藏模式图
①断鼻断块型构造油藏；②上源下储式岩性油藏；③旁源侧储式岩性油藏；④下源上储式岩性油藏

四、找到了众多的大中型油气田

勘探实践表明，目前找到的大中型油气田大都分布在这类斜坡带。例如，辽河西部斜坡带面积1000余平方公里，约占凹陷面积一半以上。该带发现了从基底太古界、元古界到古近系沙河街组、东营组直至新近系馆陶组10套含油层系，探明曙光–欢喜岭油田面积300km²，探明储量7.9×10⁸t，是一个复式油气聚集区（张文昭，1997）。东营凹陷南部斜坡已在古生界、古近系和新近系等多套含油气层系，发现了金家油田、大芦湖油田、博兴油田、小营油田、乐安油田、王家岗油田和八面河油田等，探明和控制储量4.5×10⁸t，占断陷总储量的23%（李丕龙等，2003）。其中乐安油田和八面河油田为亿吨级的大油田，该带是油气富集的斜坡带。

冀中拗陷饶阳凹陷蠡县斜坡新发现三级石油储量达亿吨。另外，在霸县凹陷文安斜坡带、车镇凹陷斜坡带和惠民凹陷斜坡带均找到了数千万吨级储量。

综上所述，平台型沉积斜坡带、宽缓型沉积斜坡带和构造沉积斜坡带油源丰富、优质储层发育、圈闭类型众多，是油气区域分布的有利区。

第二节　鼻状构造是斜坡带油气聚集最有利的场所

一、鼻状构造的形成和分布

如前所述，斜坡带的构造不发育，主要发育一些鼻状构造，因此研究鼻状构造的形成和分布，对斜坡带油气藏的形成和分布具有十分重要的意义。

按鼻状构造的成因可分为两大类，即受构造作用形成的鼻状构造和受成岩作用形成的鼻状构造。

（一）构造作用形成的鼻状构造

构造作用形成的鼻状构造，又可分为断层差异活动、构造反转和压剪应力作用的三类鼻状构造。

1. 断层的差异活动形成的鼻状构造

控凹（洼）的边界断裂，往往是由多条呈雁行式或侧列式的断层组成，每条断层控制一个洼槽的形成，且这些断层的断距中间大、两端小，在两条断层的侧接处沉降量小，则形成一个具有基岩卷入的鼻状构造。与此同时，在斜坡一侧，在两个洼槽之间也形成一个鼻状构造。这种成因的鼻状构造在二连盆地各主要断陷均可见到，不仅是构造油气藏的主要聚油背景，也是地层岩性油气藏的聚油背景，且多分布在侧接控凹边界断层的下降盘和两个洼槽间的斜坡带上。

2. 构造反转形成的鼻状构造

在断陷盆地发育的过程中，在断陷期后期至拗陷期，由拉张断陷转向挤压隆升时，控凹（洼）边界断层由正断层转为逆断层，产生正反转构造。例如，巴音都兰凹陷在陡带发育有巴Ⅱ号、巴Ⅰ号鼻状构造即是其例。另外，在海拉尔盆地乌尔逊凹陷也见有反转的鼻状构造。这种反转鼻状构造主要分布在洼槽的边缘部位反转断层的下降盘。

3. 压剪应力作用形成的鼻状构造

冀中拗陷新生代受右旋剪切应力场的作用，产生北东—南西向的挤压，在斜坡带形成北西向的鼻状构造，如霸县凹陷文安斜坡带上发育的议论堡、长丰镇、史各庄和苏桥鼻状构造即是这种类型的代表。这种类型的鼻状构造主要分布在宽缓的斜坡带上。

另外，在走滑断层的受阻段，也可以形成鼻状构造。

（二）成岩作用形成的鼻状构造

1. 差异压实作用形成的鼻状构造

砂砾岩局部快速堆积、叠加、厚度大，在成岩过程中经差异压实，形成沉积鼻状构造。如辽河拗陷西部凹陷西斜坡带高升油田是一个由沙三段浊积砂岩体形成的鼻状构造（张文昭，1997）；冀中拗陷廊固凹陷大兴断层下降盘沙三段砂砾岩体，也时有发现。另外，在鄂尔多斯克拉通盆地东坡延长组局部砂岩体形成的鼻状构造，屡见不鲜。

2. 火山岩形成的鼻状构造

例如，辽河拗陷西部凹陷西斜坡高升地区古新统房身泡组玄武岩所形成的宽缓的鼻状构造，再如松辽盆地深层断陷营城组火山岩体鼻状构造和背斜构造也十分发育。

二、鼻状构造的作用

（一）鼻状构造是斜坡带油气运移的指向

斜坡带上的鼻状构造一般向生烃洼槽倾伏，鼻状构造脊处于低势带是油气运移的重要指向和途径，若上倾方向有遮挡条件，就可形成鼻状构造油气藏或构造岩性复合油藏。

（二）鼻状构造影响沉积的分布

鼻状构造塑造地形上的高带，限制后期沉积物的分布。例如，二连盆地乌里雅斯太凹陷苏布鼻状构造的北翼形成的扇三角洲砂体岩性上倾尖灭油藏（图 3-5）和南翼为湖底扇岩性上倾尖灭油藏。又例如，辽河拗陷西部凹陷西斜坡带高升地区鼻状构造，始新世沙四期处于半封闭的湖湾区，沉积了粒屑灰岩、白云质灰岩等碳酸盐岩，为后期粒屑灰岩油藏的形成奠定了基础（王庆丰和夏玉文，1997）。

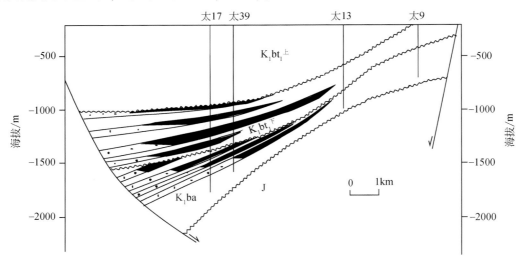

图 3-5　苏布鼻状构造翼部扇三角洲砂体上倾尖灭图

（三）鼻状构造是斜坡油气藏形成的重要构造背景

油气藏的形成，无论是构造油气藏或是地层岩性油气藏，几乎都需要良好的聚油构造背景，否则烃源岩生成的分散油气难以聚集成为有工业价值的油气藏。特定构造背景与各种类型储集体有机配置，可形成多种类型构造–岩相带，并控制油气运移与聚集，从而形成不同类型油气藏和油气聚集带。尤其是在斜坡带上是形成地层岩性圈闭的重要条件，因为只有岩性尖灭线、地层超覆线与构造等高线或断层线相交，才有可能形成地层岩性圈闭或复合圈闭。例如，二连盆地巴音都兰凹陷宝力格油田，阿四段扇三角洲前缘亚相分流河道微相砂岩依附于反转鼻状构造，形成上倾尖灭，油藏的底界受构造控制，从而形成构造–岩性复合油藏。又例如，二连盆地乌里雅斯太凹陷苏布腾一段扇三角洲岩性尖灭油藏是依附于苏布鼻状构造而成藏；木日格腾一段湖底扇岩性尖灭油藏是依附于木日格鼻状构造而成藏等。

三、鼻状构造是斜坡带油气聚集的有利场所

勘探实践表明，鼻状构造是斜坡带上的正向构造，是油气区域运移指向，控制着斜坡带上油气的分布。例如，冀中拗陷蠡县斜坡从北向南依次发育同口–博士庄鼻状构造、高阳–西柳鼻状构造和大百尺–赵皇庄鼻状构造，油气主要围绕鼻状构造分布。冀中拗陷霸县凹陷文安斜坡上，苏桥鼻状构造、史各庄鼻状构造、议论堡鼻状构造和长丰镇鼻状构造为油气的主要分布区域。

在济阳拗陷东营凹陷南斜坡，金家–樊家鼻状构造控制了金家、正理庄及大芦湖 3 个油田；纯化鼻状构造带控制了纯化、梁家楼和小营油田；草桥鼻状构造控制了乐安油田；王家道口鼻状构造带控制了王家岗油田和八面河油田（图 3-6）。另外，还有沾化凹陷南斜坡罗镇鼻状构造沙四段砂砾岩体油气藏等。

综上所述，鼻状构造是斜坡带上油气聚集最富集的场所。

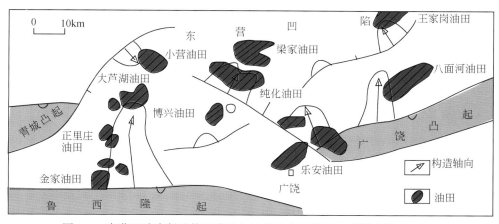

图 3-6　东营凹陷南斜坡构造背景与油田分布关系图（尚明忠等，2004）

第三节　基底反向断裂带是斜坡潜山油气藏形成的有利带

一、基底反向断裂带的形成与分布

断陷盆地在伸展的过程中，当断陷开阔时，前方遇到的阻力小则以波浪式向前推进，产生与边界断裂同倾向的断裂。当波及斜坡带时，在斜坡带上形成反向断裂带和掀斜断块从而为斜坡带潜山的形成创造了条件。这种反向断裂带一般发育在斜坡带的坡中部位，如文安斜坡带苏桥反向断裂带、辽河拗陷西部凹陷西斜坡带欢喜岭-曙光反向断裂带等。若断陷狭窄，前方遇到的阻力大则以平衡式发展，则在边界断裂的对面产生一条与边界断裂倾向相反的平衡断裂，与边界断裂共同控制深断槽的发育，从而限制断陷的伸展。

二、斜坡带潜山油气藏形成条件

现以苏桥潜山油气藏为例，论述斜坡带潜山油气藏形成条件。

苏桥潜山油气藏位于冀中拗陷中部霸县凹陷东侧文安斜坡上，该带南北长近 70km，东西宽 15～20km，面积约 1200km²。1982 年 11 月苏 1 井首次在潜山奥陶系获得高产油气流，从而揭开了文安-苏桥地区潜山油气勘探的序幕，继而钻探苏 4 井、苏 6 井及苏 16 井获得成功，发现了冀中拗陷第一个斜坡潜山油气藏。

（一）地层特征

苏桥潜山钻井揭露的最老地层为下古生界奥陶系，为一套稳定的海相碳酸盐岩沉积，总厚度在 800m 左右。

奥陶系之上覆盖的为石炭—二叠系海陆交互相煤系地层，厚度 860～1062m；中生界主要分布在潜山带东侧断槽内，是一套河流相的棕红色砂泥岩互层；古近系由西向东超覆于古生界、中生界不整合面之上，厚度 2000m，为河、湖相砂泥岩地层；新近系为河流相泛滥平原沉积，厚度为 1500～2000m。

（二）构造特征

文安斜坡是霸县凹陷的东斜坡，地层区域性西倾。纵向上具有双层结构，潜山面以下地层受到强烈剥蚀，致使斜坡低部位出露地层老，高部位出露地层新，自低向高依次为奥陶系、石炭—二叠系和中生界；潜山面之上古近系、新近系则层层超覆，而且西厚东薄，形成斜坡。

断层是形成潜山的关键因素。区内主要发育两组断裂，一组为北北东向，另一组是北西西向，两组断裂几乎呈"十"字形直交（图3-7）。

北北东向断裂近于平行斜坡走向，主断层是苏桥断层，该断层是反向正断层，断面东倾，呈北北东方向延伸，规模很大，长约40km，断距1000～1600m。断层上升盘潜山持续拱升，形成了苏桥西倾单面山；断层下降盘则持续沉降，形成了断槽，断槽内保存了较厚的石炭—二叠系和中生界泥质岩类，是潜山带的主要封堵层。

北西西向断裂近于垂直斜坡走向，横切斜坡，把潜山分割成块，是区内南北分块的主

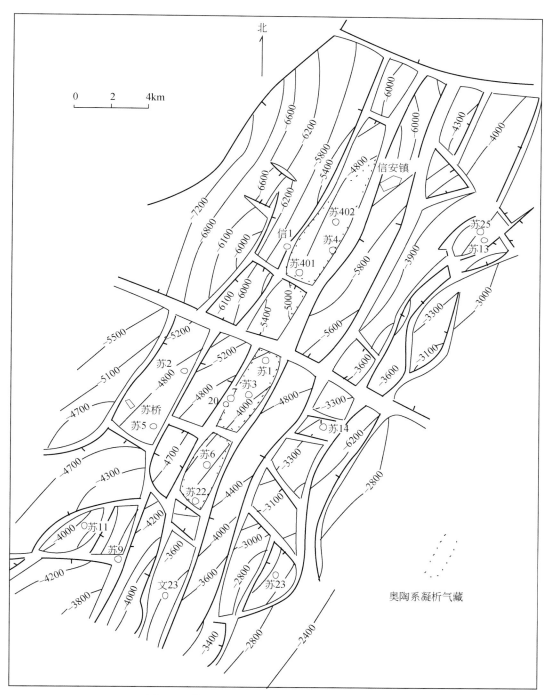

图 3-7　苏桥潜山奥陶系顶面构造图（单位：m）

要断层，其中台山断层和信安镇断层规模较大，长度 30~40km，向西一直延伸到霸县深凹槽，断距 600~1200m，其作用是将北北东走向的潜山带横切成了许多断块并形成潜山圈闭，其中已形成油气藏的主要圈闭有苏 1、苏 4、苏 6、苏 49 等断块；并且它们还是沟通油气源和油气运移的重要通道断层，对潜山油气藏的形成有重要作用。

苏桥潜山的构造发育史，自古生代到新生代，经历了一个由区域性东倾到区域性西倾的翘翘板式的构造运动，其发育可分为两个主要时期。

1. 斜坡剥蚀期（古近纪以前）

古近纪沉积前，文安斜坡为区域性东倾，斜坡西部中生界及其以下地层均遭剥蚀，石炭—二叠系和中生界地层已剥蚀殆尽，奥陶系地层也被剥蚀一部分，而斜坡东部则保存完整，此时斜坡上的断裂系统已经形成，并开始有潜山圈闭存在（图3-8）。

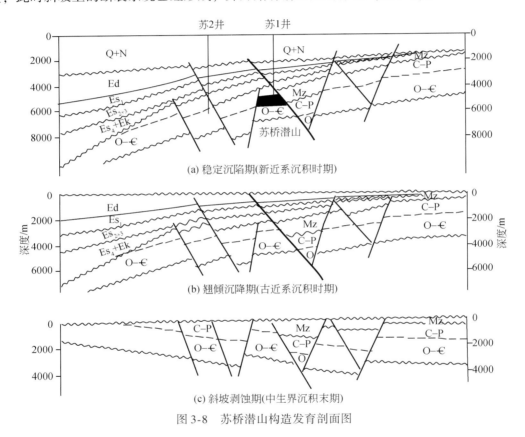

图 3-8　苏桥潜山构造发育剖面图

2. 翘倾沉降期（古近纪以来）

从古近纪早期开始，由于东部沧县隆起的上升和西部霸县凹陷的急剧沉降，文安斜坡发生了反向翘倾运动，使原来东倾的斜坡变成了西倾的斜坡，处于低部位的斜坡东部开始翘起，处于高部位的西部则开始倾没，从而形成了西倾东抬的斜坡，这一活动从孔店组沉积时期一直延续到东营组沉积时期，并使古近系形成层层超覆；此时，原有的断层持续活动，潜山进一步上升并最终形成圈闭，是潜山的主要形成时期。

（三）储集层特征

苏桥潜山油气藏的主要储集层为奥陶系上、下马家沟组和峰峰组，总厚近600m，其中有效储层厚 140m 左右，占地层厚度的 25%，岩石类型主要为灰岩和白云岩。有多种储集空间类型，起主导作用的是晶间孔、溶蚀孔、顺缝溶洞、构造缝、溶蚀缝和层间缝等，其中白云岩以孔洞为主，属基质孔隙型储集岩，灰岩以裂缝为主，为溶蚀微裂缝型储集层。岩石物性表现为低孔低渗（表 3-1），灰岩平均孔隙度 1.7%，渗透率 $1.13 \times 10^{-3} \mu m^2$，白云岩稍好，平均孔隙度 4.9%，渗透率 $1.77 \times 10^{-3} \mu m^2$。但断裂的发育大大改善了奥陶系的储集条件。油气藏内裂缝多为高角度微细裂缝，裂缝面倾角大于 60° 的占 85.6%，裂缝宽度基本小于 0.5mm，多为 0.1~0.3mm；裂缝呈多组系分布，与断层方向一致，主要为北北东和北西西向。平面上分布不均，主要集中在断层带附近。裂缝不仅是重要的储集空间和渗流通道，而且还是岩溶等次生孔隙发育的基础。

表 3-1 苏桥潜山油气藏奥陶系储集层物性表

岩类	孔隙度/%				渗透率/$10^{-3} \mu m^2$			
	最大	最小	平均	样品数/块	最大	最小	平均	样品数/块
白云岩类	20.9	0.58	4.9	60	20.7	<0.009	1.77	45
石灰岩类	7.9	0.06	1.7	191	30.2	<0.009	1.13	200

苏桥潜山带内还存在三个古水平溶蚀带，第一带位于潜山面以下 68~143m，第二带为 173~302m，第三带为 364~502m。它们也是苏桥潜山的主要储集层段。

（四）油气藏特征

苏桥潜山带上有苏 1、苏 4、苏 6、苏 16 及苏 49 五个奥陶系潜山油气藏，其特征如下：

1. 潜山腹底水块状油气藏

苏桥潜山上的各个油气藏上覆都有石炭—二叠系砂泥岩覆盖，油气藏不在潜山顶部而在潜山内部。含油气高度都小于奥陶系储集层厚度，每一个油气藏内都有统一的油气界面、油水界面和压力系统，各个块之间油气水界面不同，但都是底部为水，中部为油，上部为气。均属古潜山腹底水块状油气藏（图 3-9、表 3-2）。

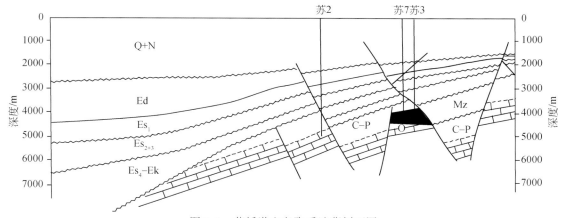

图 3-9 苏桥潜山奥陶系油藏剖面图

表 3-2　苏桥潜山奥陶系圈闭及油气藏概况表

断块名称	层位	圈闭面积/km²	高点埋深/m	圈闭幅度/m	含气面积/km²	油气界面/m	油水界面/m	气藏高度/m	油环高度/m	代表井	井段/m	日产气/10⁴m³	日产油/t
苏1	O	7.0	3800	750	6.9	4206	4357	406	151	苏1	4214.71~4268.34	6.28	58.7
苏4	O	24.5	4450	700	19.8	4954	5028	504		苏4	4746~4870	8.18	3.7
苏6	O	8.27	3800	500	4.5	3970	3982	170	12	苏6	3961.6~4400	21.60	117.6
苏16	O	3.40	4400	300	1.0	4550	4700	150	150	苏16	4580~4720	3.50	12.1
苏49	O	6.3	4650	600	6.0	5176		526		苏49	4752.01~4950.00	12.70	58.2

2. 油气藏类型为凝析气藏

苏桥潜山油气藏的类型，经用 Z 值经验公式、C_5^+ 含量法、C_1/C_5 法、A 值法、N 值法、因子法等多种方法判别，苏1井块和苏6井块为带油环的凝析气藏，苏4井块为凝析气藏，但下部有轻质油带，苏16井块和苏49井块为凝析气藏。各个块的天然气性质和原油性质见表3-3、表3-4。

表 3-3　苏桥潜山奥陶系油气藏天然气性质表

井号	井段/m	密度/(g/cm³)	CH₄/%	C₂H₆/%	C₃H₈/%	C₄H₁₀异构/%	C₄H₁₀正构/%	C₅H₁₂异构/%	C₅H₁₂正构/%	CO₂ H₂S/%	N₂/%	临界温度/K 临界压力/MPa
苏4	4740.0~4870.0	0.6496	86.84	7.52	2.47	0.42	0.60	0.19	0.07	1.40	0.49	208.06 47.59
苏1	4214.7~4268.3	0.6824	81.51	10.04	3.84	0.55	0.82	0.24	0.24	0.53	2.2	
苏6	3961.6~4400.0	0.717	82.6	6.53	3.20	0.64	1.08	0.58	0.70	1.58		
苏16	4580.0~4720.0	0.6757	83.99	8.19	2.99	0.55	0.90	0.65	1.15	1.2		211.44 46.48
苏49	4949.3~5027.0	0.7175	77.62	11.89	4.13	0.75	1.03	0.25	0.21	2.676	1.498	218.99 4.681

表 3-4　苏桥潜山奥陶系油气藏原油性质表

井号	井段/m	密度/(g/cm³)	黏度50℃/(mPa·s)	凝固点/℃	含蜡/%	含水/%	含硫/%	胶质沥青质/%
苏4	4746.0~4870.0	0.8209	1.33	−25	4.7	0.4	0.05	3.50
苏1	4214.71~4268.34	0.8543	4.47	31	15.39	6.2	0.10	10.33
苏6	3961.0~4400.0	0.7705	0.83	−35	1.90	无	0.01	0.12
苏16	4580.0~4720.0	0.7985	0.90	10	3.3	游	0.03	2.4
苏49	4949.33~5159.02	0.7927		−8		0.4		

3. 地层水矿化度高，具有良好的保存条件

苏 1 井块、苏 6 井块、苏 16 井块地层水一般矿化度为 10 000 ~ 24 000mg/L，水型为 $CaCl_2$ 型和 $NaHCO_3$ 型。苏 4 井块地层水矿化度相对较低，为 5000mg/L（表 3-5），保存条件都较好。

表 3-5　苏桥潜山油气藏地层水性质表

| 井号 | 井段/m | 总矿化度 mg/L | 主要离子/（mg/L） | | | | | | 微量成分 /（mg/L） | | 水型 |
			$K^+ + Na^+$	Ca^{2+}	Mg^{2+}	Cl^-	SO_4^{2-}	HCO_3^-	I^-	B^-	
苏 4	4 746.0 ~ 4870.0	5 078.2	1 443.8	128.3	116.6	1 765.4	537.9	1 086.2	16.9	7.6	$NaHCO_3$
苏 1	4 212.7 ~ 4 268.34	10 744	3 831.1	140.2	317	4 998.5	885.7	884.8	2.96	0	$NaHCO_3$
苏 6	3 961.6 ~ 4 400.0	24 044	6 529.4	1 863.7	474.2	13 736.9	404.7	335.6	5.1	53	$CaCl_2$
苏 16	4 561.85 ~ 4 650.0	18 313	4 819	9.5	182	230	1 000	18 332			$NaHCO_3$
苏 49	5 122.0 ~ 5 159.02	11 487.8	870.75	4 068.10	170.10	8 818.20	96.05	251.70	2.65	15.65	$CaCl_2$

（五）油气聚集的主要控制因素

1. 断层是控制苏桥潜山油气藏形成的基本条件

在一个斜坡带上，形成潜山的主要因素是断层。断层不但形成了潜山，而且也是改造储集层的重要因素。苏桥潜山带发育两组断层，北北东向断层是成山断层，北西西向断层是分块断层，两组断层共同形成了潜山圈闭，北北东向断层不但使潜山抬升，而且形成了潜山东部的封堵，它是形成潜山圈闭的关键因素。

2. 以古近系为主的混合油气源

根据油源对比研究结果，苏桥潜山油气藏的油气源来自霸县凹陷的古近系和潜山附近的石炭—二叠系煤系。气藏中天然气的 $\delta^{13}C_1$ 为 -39.44‰ ~ -35.3‰，与国内外多数典型煤成气藏的 $\delta^{13}C_1$ 具有较好的可比性。凝析油的 $\delta^{13}C$ 值为 -27.8‰ ~ -26.2‰，平均 -26.7‰，是来自石炭—二叠系的煤成油。

苏桥油气藏奥陶系原油的地球化学指标与霸县凹陷古近系原油有共同特点，均属生油母质较差的高成熟度原油，如异戊间二烯类含量较低，姥鲛烷含量大于植烷，正烷烃碳数分布为低碳单峰形，以及一些甾烷、萜烷成熟度参数均对比较好。

3. 低部位不整合面、渗透层和断层是主要的供油通道

苏桥潜山之上有石炭—二叠系砂泥岩覆盖，古近系原油难以进入潜山，但西倾的潜山侵蚀斜坡则为古近系供油创造了条件，在霸县洼槽深部，奥陶系不整合面可以和古近系生油岩大面积直接接触，油气可以从低部位先进入奥陶系，然后沿奥陶系灰岩渗透层再往东运移而聚集于潜山内幕圈闭中。另外，横切斜坡的北西西向断层一直延伸到了霸县凹陷的中心，因此断层也是重要的供油通道。

另外，如辽河拗陷西部凹陷西斜坡带潜山油气藏沿反向正断裂，自北而南分布有曙光、杜家台、齐家、欢喜岭潜山油气藏。斜坡带潜山油气藏分布，一般沿斜坡带反向断裂带呈带分布。

第四节　坡折带是斜坡带地层岩性油气藏形成的有利区

一、坡折带的形成与分布

如前所述，斜坡带坡折带往往比较发育，并发育有多种类型，包括断层坡折带、侵蚀坡折带、褶皱坡折带、沉积坡折带等。特别是断层坡折带，往往发育有多级断层坡折带。例如，二连盆地乌里亚斯太凹陷东斜坡带发育的三级断层坡折带（图 3-10）。

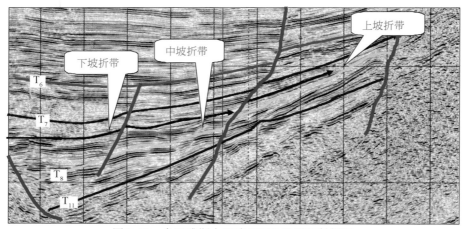

图 3-10　乌里雅斯太凹陷 IN370 地震反射剖面

二、坡折带与地层岩性油气藏

由于坡折带控制了沉积相带和沉积厚度的变化；控制了储层的发育和地层岩性圈闭的形成，因此，坡折带与地层岩性油气藏的形成关系十分密切。例如，二连盆地乌里雅斯太凹陷，凹陷结构简单，为西断东超单断断超式凹陷。构造圈闭、断层均不发育；储层主要为砂砾岩，物性差；原油产量低，勘探工作停滞不前。后来通过凹陷结构研究，在结构相对简单的斜坡构造带上，发现了多级坡折带（杜金虎等，2002）。从而对坡折带进行研究，在斜坡带上发育有三级坡折带，在斜坡带的北部发育有侵蚀坡折带和褶皱坡折带；在斜坡带的南部发育有断层坡折带等多种类型坡折带。在木日格构造和苏布鼻状构造的南翼受断层坡折带控制的高位域湖底扇砂砾岩储层，厚度大、分布广，并插入较深湖相生油泥岩中。其上被湖泛泥岩复盖，形成理想的生储盖组合。因此，在斜坡中坡折带找到了下白垩统腾一段湖底扇砂砾岩上倾尖灭木日格岩性油藏（图 3-11）。

通过进一步深入研究，不断扩大勘探战果。在紧邻木日格构造的北部苏布鼻状构造，受褶皱坡折带的控制。在鼻状构造的南翼找到了腾一段湖底扇砂砾岩上倾尖灭岩性油藏；在鼻状构造的北翼又找到了来自陡坡的物源扇三角洲前缘砂体上倾尖灭的岩性油藏。同

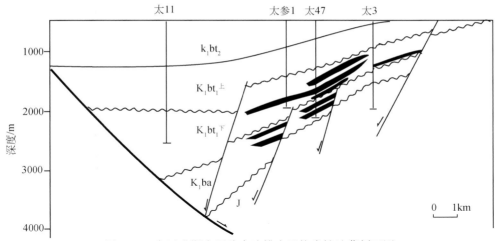

图 3-11　乌里雅斯太凹陷南洼槽木日格岩性油藏剖面图

时，在北部侵蚀坡折带下面，即下白垩统腾一段与阿尔善组之间的不整合面的下面，由于阿尔善组遭受强烈的剥蚀、风化、淋滤，使早期形成的阿尔善组扇三角洲砂体储集性能得到了改善。从而又在侵蚀坡折带的下面找到了阿尔善组地层不整合面油气藏。

由此可见，在乌里雅斯太凹陷东斜坡坡折带找到了受多种坡折带类型控制的多种地层岩性油气藏类型的复式油气聚集带，储量规模达 $5000 \times 10^4 t$ 级以上。

又例如，二连盆地中部吉尔嘎朗图凹陷东斜坡带低部位产生一条与边界断层相向而掉的平衡断层。沿断层的走向在地形上形成一条断层坡折带。在断层坡折带的下方，发育了腾一段下部湖底扇岩性油气藏（图 3-12）。

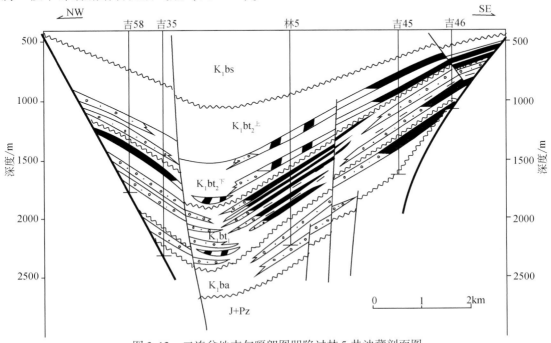

图 3-12　二连盆地吉尔嘎朗图凹陷过林 5 井油藏剖面图

综上所述，斜坡带各种类型的坡折带均控制了沉积相带、沉积厚度的展布和储层的发育，以及地层岩性圈闭及其油气藏的形成。因此，坡折带是斜坡带勘探地层岩性油气藏的有利方向，尤其是对于构造简单，断层不发育，无明显的构造圈闭的断陷盆地斜坡带。大量勘探实践表明，寻找、分析坡折带是勘探这类斜坡带油气藏的重要切入点。

第五节　小型断陷斜坡带可以形成陡带物源岩性油气藏

斜坡带既有来自斜坡带方向的物源，又有来自陡坡带的物源；既可形成下倾尖灭，又可形成上倾尖灭。来自陡坡带的物源往往易于形成上倾尖灭岩性油气藏，如二连盆地乌里雅斯太凹陷，在东斜坡带苏布构造上形成腾一段扇三角洲上倾尖灭岩性油气藏；洪浩尔舒特凹陷东洼槽来自陡带的物源在西部斜坡努格达地区形成洪10井区阿四段扇三角洲上倾尖灭岩性油气藏；南襄盆地泌阳凹陷的西北斜坡，以核三段扇三角洲砂岩上倾尖灭油气藏为主体的复式油气藏，探明叠加含油面积31.8km²，是亿吨级大油田（王寿庆等，1997）。

现以南襄盆地泌阳凹陷西北斜坡双河油田为例，论述这类油藏形成的地质条件。

一、极佳的生、储、盖配合是形成大油田的基础

古近纪渐新世核桃园期是湖盆发育的鼎盛时期，沉积了一套巨厚的烃源岩，有效烃源岩厚达1700m，分布面积500km²以上，占凹陷面积的50%以上。有机质丰度高，有机碳平均为1.66%，氯仿沥青"A"0.25%，总烃921mg/kg；母质类型好，以Ⅱ₁型和Ⅰ型干酪根为主；地温梯度高，廖庄期末古地温梯度为4.48℃/100m，成熟门限深度浅，为1500m左右，具有很好的烃源条件，油气资源丰富。

同时，烃源层与储层在空间上有良好的配置关系。烃源层单位厚度10~25m，砂岩单位厚度5~10m，二者呈大面积交互式沉积，使烃源层排烃程度高。

储层主要为核三段扇三角洲砂体，由东南向西北方向呈扇形展开，减薄直至尖灭。砂体分布范围广，叠加面积较大，可达100km²。储层岩性主要为砂岩及少量砾岩。砂岩多为长石不等粒砂岩、岩屑长石砂岩等，砂岩单层厚度大，一般5~20m，多呈块状。

储集空间类型主要有残余粒间孔、粒间溶孔、粒内溶孔、裂隙及微孔隙等，其中以次生粒间溶孔为主。孔隙结构，孔喉半径大，半径均值2~28.1μm，最大连通孔喉半径可达75μm，且孔喉分布的主峰位与渗透率贡献值频率分布的峰位大体一致，表明大多数油层主要是由连通性好的大孔道组成，具有很高的渗透能力。

储层物性中等，平均孔隙度为18.8%，平均渗透率为716×10⁻³μm²，属中孔中高渗储层。

在核三段顶至核二段底发育了厚达100~200m区域性泥岩盖层，为小凹陷形成大油田提供了得天独厚的生、储、盖条件。

二、扇三角洲砂体与鼻状构造相匹配和后期构造的抬升是砂岩上倾尖灭油藏形成的关键

整个双河油田是一个由北西向南东平缓倾伏的鼻状构造，西北抬起为单斜（图3-13）。

构造轴向315°~340°，两翼不对称，东北翼缓，3°~7.5°；西南翼稍陡，9°~15°，最大闭合高度450m，构造面积约50km²。构造南翼发育11条规模不大的正断层，其中5条走向北西，倾向北东；4条走向北东，3条倾向北西，1条倾向南东，2条近东西走向。长度0.2~2.75km，落差4~138m，这些断层对油层有一定的分割作用。

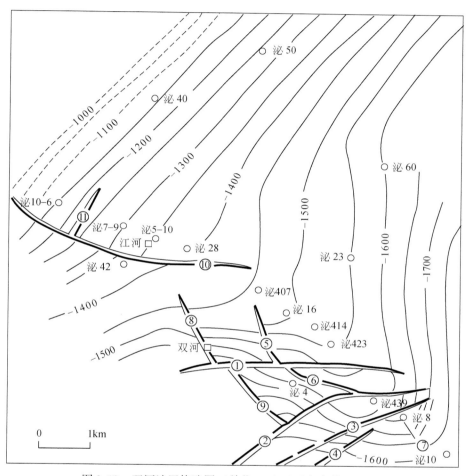

图3-13　双河油田构造图（单位：m）（王寿庆等，1997）

核三段自平氏入湖的扇三角洲复合砂体呈叠瓦状退复式沉积，形成了一系列自东南向西北方向尖灭的砂体。渐新世廖庄期后期，由于区域抬升，因西北斜坡受唐河凸起的影响抬升幅度最大，致使砂体由下倾尖灭变为上倾尖灭。当岩性尖灭线与鼻状构造等高线、或断层线、或岩性物性变化线在平面上相交形成圈闭（图3-14），从而形成以砂岩上倾尖灭圈闭为主体的多种圈闭类型和相应的油气藏类型（图3-15），是油藏形成的关键。

砂岩上倾尖灭油藏占油田总储量的2/3以上（表3-6）。而鼻状构造倾伏端的断鼻、断块油藏仅占油田总储量的30.4%。

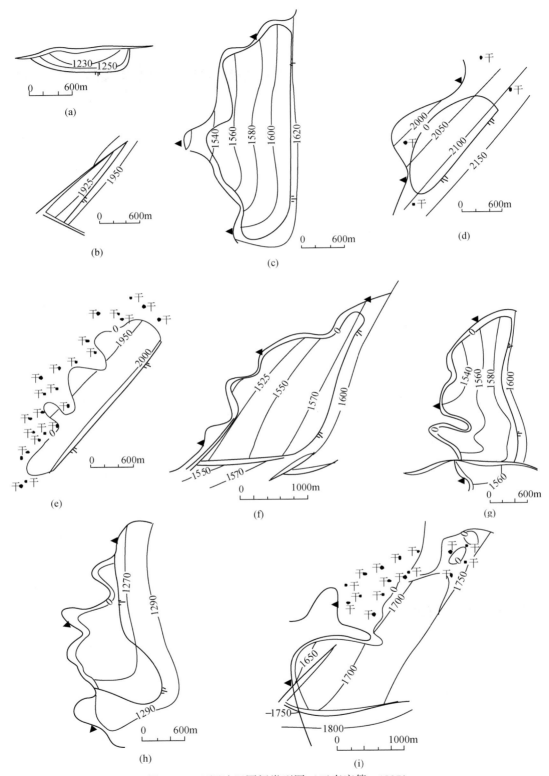

图 3-14 双河油田圈闭类型图（王寿庆等，1997）

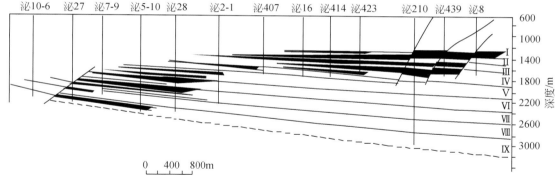

图 3-15　双河油田油藏纵切剖面图（王寿庆等，1997）

表 3-6　双河油田油气藏圈闭类型统计表

类型	亚类型	占总地质储量/%		油组
构造型	1. 断鼻圈闭	30.2	30.4	Ⅰ～Ⅳ
	2. 断层圈闭	0.2		Ⅷ～Ⅸ
岩性型	3. 砂岩上倾尖灭圈闭	6.6	10.7	Ⅱ～Ⅸ
	4. 砂岩上倾尖灭-成岩圈闭	3.0		Ⅳ～Ⅸ
	5. 成岩圈闭	1.1		Ⅴ～Ⅸ
复合型	6. 砂岩上倾尖灭-鼻状构造圈闭	11.9	58.9	Ⅰ～Ⅴ
	7. 砂岩上倾尖灭-断鼻圈闭	12.7		Ⅳ
	8. 砂岩上倾尖灭-断层圈闭	33.7		Ⅴ～Ⅸ
	9. 断层-成岩圈闭	0.6		Ⅴ～Ⅷ

三、成油期与成岩阶段次生孔隙发育期的配置是油气富集的重要因素

本区储层储集空间以次生粒间溶孔为主，次生孔隙发育带深度在 1000～2000m；而生油门限深度为 1500m。成油期与次生孔隙发育期的有机配置，使生成的大量油气源源不断地运移到砂岩次生孔隙中，是油气富集的重要因素。

第六节　斜坡带的坡中部位油气藏类型多、油气富集程度高

斜坡带是断陷盆地油气运移的指向和聚集的有利场所。由于斜坡带不同构造部位的沉积构造条件差异，具有不同的成藏风格，因此，不同的构造部位发育有不同的油气藏类型（图 3-16）。

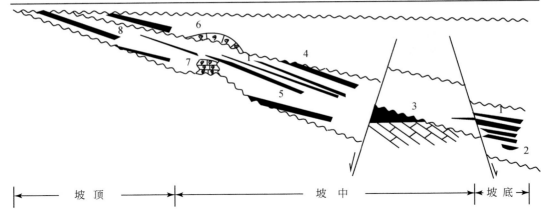

图 3-16 斜坡带地层岩性油气藏分布模式图

1. 岩性尖灭油藏；2. 透镜体油藏；3. 潜山油藏；4. 地层不整合油藏；5. 地层超覆油藏；6. 粒屑灰岩油藏；
7. 生物礁油藏；8. 地层稠油封堵油藏

一、坡底成藏特征和油气藏类型

（一）成藏特征

1. 油源特征

坡底处于斜坡带的低部位，紧邻生油洼槽，油气资源丰富。油气通过渗透层或断层直接接触进入圈闭成藏。

2. 储层特征

发育有扇三角洲前缘亚相和低位扇等多种储层类型。例如，二连盆地吉尔嘎朗图凹陷东斜坡带坡底在断层坡折带的下方，发育了腾一段下部湖底扇砂体。而在腾一段晚期至腾二段早期，受沉积坡折带的控制，坡折带的下方发育了扇三角洲前缘席状砂体。扇三角洲前缘席状砂体往往受到波浪的改造作用，使储集性能改善，储层物性更好。

3. 圈闭特征

发育有滚动背斜、断块、岩性等多种圈闭类型。例如，辽河拗陷西部凹陷西斜坡带在坡底盆倾断层的下降盘，随着沉积物不断加厚，在重力的滑动作用下形成滚动背斜。在西斜坡欢喜岭地区发育有 9 个滚动背斜，沿断层下降盘呈串珠状展布。又如二连盆地吉尔嘎朗图凹陷东斜坡坡底发育有湖底扇和席状砂等岩性圈闭和相应的油藏。

（二）油气藏类型

油气藏类型主要有滚动背斜油气藏和岩性油气藏等。

二、坡中成藏特征和油气藏类型

坡中处于斜坡带的中部，是斜坡带的主体部位。成藏条件优越，油气藏类型多，油气最富集，灌满程度高，油质好。

（一）成藏特征

1. 油源特征

除了来自生烃洼槽的油气源外，还有来自斜坡带本身的油气源，如宽缓型斜坡带辽河拗陷西部凹陷西斜坡带本身就在生油区内；饶阳凹陷蠡县斜坡沙一段低熟油、东营凹陷南斜坡沙四段低熟油；霸县凹陷文安斜坡基底石炭系煤系地层生成的油气等，为斜坡提供了充足的油气资源。油气通过不整合面、断层和渗透层运移到圈闭中聚集成藏。

2. 储层特征

斜坡带坡中部位发育了多种类型的储层。由于坡中一般处于浅湖—滨湖亚相沉积环境，来源于斜坡高部位的三角洲、扇三角洲、冲积扇及河流相砂体等经湖浪的改造作用，往往形成沿岸线分布的滩坝砂体，储层物性好，如饶阳凹陷蠡县斜坡沙一段滩坝砂体；东营凹陷南斜坡沙四段的滩坝砂体，成为油气有利的储层。当处于封闭或半封闭的湖湾时，还可以形成生物灰岩或粒屑灰岩储层，如辽河西部凹陷西斜坡高升粒屑灰岩油藏的储层。还发育有基底碳酸盐岩和变质岩裂缝性储层等，如文安斜坡奥陶系灰岩储层和辽河西斜坡碳酸盐岩和变质岩裂缝性储层。

3. 圈闭特征

坡中是斜坡带圈闭最发育的部位，一般发育有断鼻、断块、潜山及其披覆背斜、地层不整合、地层超覆、岩性，以及构造岩性等复合型圈闭。

（二）油气藏类型

该带主要有断鼻油藏、断块油藏、潜山油气藏、地层不整合油藏、地层超覆油藏、岩性油藏，以及构造岩性等复合型油气藏等。

三、坡顶成藏特征和油气藏类型

坡顶离油源区较远，离物源区近，因此，油气运移的距离较远，保存条件较差，油质较稠。

（一）成藏特征

1. 油源特征

坡顶处于斜坡带的高部位，紧邻凸起，本身不具备生油条件，油源主要从生烃洼槽或斜坡的低部位，通过不整合面或断层或渗透层运移而来。

2. 储层特征

离物源区近，常发育众多的冲积扇砂砾岩体等储层。

3. 圈闭特征

伴随着盆地的升降，形成多个地层不整合面和地层超覆尖灭带，从而形成地层不整合和地层超覆圈闭；同时，该带处于斜坡的边缘，地层剥蚀严重，一方面使油气散失；另一方面又可以形成稠油封闭的地层不整合圈闭，为油气聚集创造条件，如辽河拗陷西部凹陷西斜坡自曙光油田至欢喜岭油田南段，延伸长达40km的稠油封堵带，为大型稠油油藏奠定了基础。

另外，还发育有构造地层等复合圈闭，如乌里雅斯太凹陷东坡坡顶太15构造地层圈闭。

（二）油气藏类型

该带油气藏类型主要有：地层超覆、地层不整合、岩性油藏，以及稠油封闭、构造岩性、地层岩性、构造地层等复合油藏。

例如，东营凹陷南斜坡带发育有馆陶组、沙一段及孔店组地层超覆油藏；在金家地区发育有沙河街组地层不整合油藏。在辽河拗陷西部凹陷西斜坡发育有稠油封闭的地层不整合油藏（图3-17）。该油藏层位主要是沙四段和沙二段，为三角洲沉积，厚度大层数多，单层厚度可达数十米；自曙光油田至欢喜岭油田南段，延伸长达40km，储量规模大。

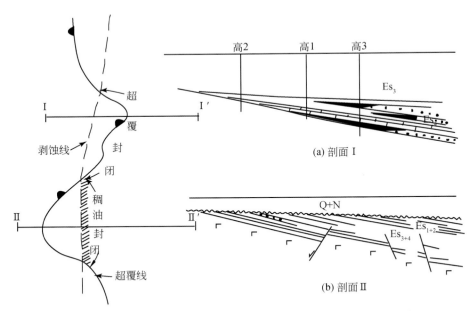

图 3-17 西部斜坡带稠油封闭的地层不整合油藏和地层超覆油藏示意图（张文昭，1997）

在二连盆地乌里雅斯太凹陷东坡坡顶发育有太15构造–地层油藏等（图3-18）。

— 78 —

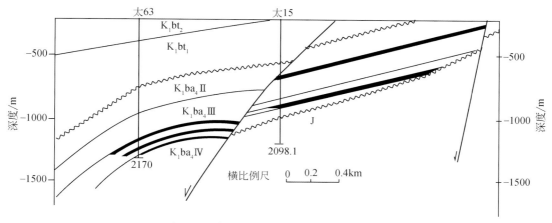

图 3-18　乌里雅斯太凹陷太 15 油藏剖面图

第四章 斜坡带油气成藏机理

第一节 斜坡带油气输导体系

油气输导体系是斜坡带油气成藏研究的重要内容，下面以蠡县斜坡带为例，讨论斜坡带的油气输导体系。与其他断陷盆地的斜坡带不同，蠡县斜坡带不整合面不发育，因此主要油气输导体为砂体和断层。

一、断层输导体

（一）断层平面特征

蠡县斜坡断层总体上不发育，缺乏基底大断裂，断层规模整体较小，区内主要发育北西向和北东向—北东东向两组断裂（图 4-1）。北西向断层发育时期相对较早，主要是受燕山运动影响形成于沙四段—孔店组沉积之前，至沙三段沉积后逐渐停止活动，具有早生早衰的特点。北东向断层发育时期相对较晚，主要是受喜马拉雅运动影响形成于沙三段沉积之前，至东营组沉积之后逐渐停止活动，具有相对晚生晚衰的特点。

1. 北西向断裂体系

北西向早期断裂体系发育期在晚白垩世至古近纪早期，断层走向以北西向为主，近乎垂直于斜坡走向，表现为早生早衰。此类断层主要有五尺断层、出岸断层和雁北断层等。这期断裂对区内基本地质结构的形成具有重要的作用，断层掉向各不相同，形成垒堑相间的构造格局。由于有的断层上升盘地层抬升较高，在地形上形成了北西向古梁子。并控制了古近系早期的沉积。随后，在差异压实作用下形成了北西向鼻状构造。

2. 北东向—北东东向断裂体系

北东向中后期断裂体系形成于古近纪渐新世中后期（沙二—东营期），断层延续期较长，部分断层活动可延续至中、上新世（馆陶–明化镇期）。此类断层数量大，规模小，一般最大落差仅数百米，断层向下消失或终止于早、中期断层。在右旋应力场作用下由于剪切作用，引起了北东—西南方向的挤压，使北西向断层变成压性结构面，而北东向断层变成张性结构面。北东向断层切割北西向鼻状构造，两者相互叠置，形成了蠡县斜坡北东向断裂带与北西向鼻状构造相叠置的基本构造形态。

（二）断层剖面特征

1. 断面形态

蠡县斜坡发育的断层断面形态主要为两种，一种为旋转平面式断层，是本区的主要断

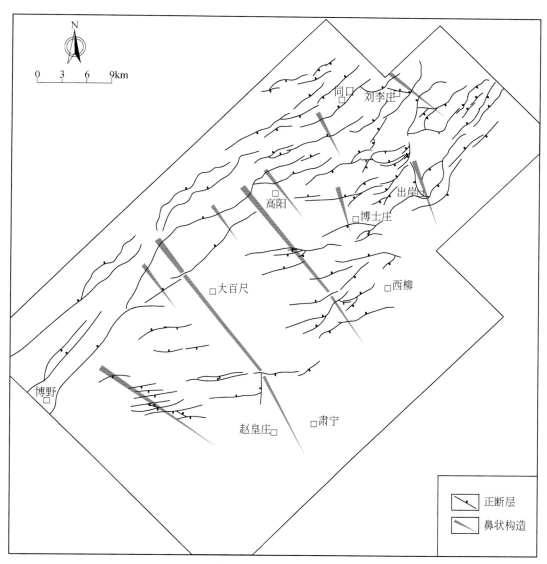

图 4-1 蠡县斜坡 T₄ 反射层断裂分布图

层类型；另一种为铲式断层，如高 50 断层，此类断层发育较少。

2. 剖面组合样式

蠡县斜坡发育的众多断层在剖面上形成了阶梯状、地堑与地垒、"Y"字形及反"Y"字形、复合"Y"字形及复合反"Y"字形和"入"字形等多种组合样式（图 4-2）。

（1）阶梯状剖面组合样式。由一组倾向一致、相互平行、断层平直、呈不等间距排列的断层而组成，称为多米诺式阶状系。此种剖面形式发育在高阳断裂构造带、同口地区及雁翎南构造。

（2）地堑与地垒。两条（组）走向基本一致的相向倾斜的非旋转平面式正断层控制一个共同的下降盘，这种断陷称为"地堑"；两条（组）走向基本一致的背向倾斜的非旋

剖面组合样式	图示
"Y"字形 反"Y"字形	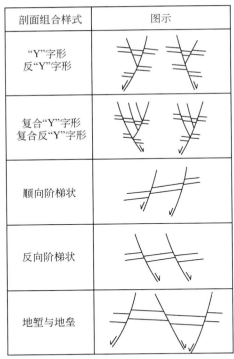
复合"Y"字形 复合反"Y"字形	
顺向阶梯状	
反向阶梯状	
地堑与地垒	

图 4-2　蠡县斜坡带断层剖面组合样式

转平面式正断层控制一个共同的上升盘，这种凸起称为"地垒"。地堑与地垒通常相伴出现。西柳地区多发育此种构造样式，博士庄地区的高36—西柳9井区就发育了高36断垒、高45断槽等垒堑相间的构造样式，另外雁翎南发育不典型的垒堑相间构造样式——刘李庄砾岩、白庄子潜山两垒夹一堑。

（3）"Y"字形及反"Y"字形剖面样式。由两条掉向相反或相同的断层在平面上相交而成"Y"字形或反"Y"字形。主要为后期发育的断层呈"Y"字形或反"Y"字形交于继承发育的断层上，或继承发育的断层与早期发育后期衰减断层呈"Y"字形相交。此种剖面样式多发育在赵皇庄、西柳、博士庄-雁翎南构造，如赵皇庄地区东掉的北东向展布的宁52断层与北西向展布的宁49断层相交形成典型的反"Y"字形断层。

（4）复合"Y"字形及复合反"Y"字形剖面样式。由多条掉向相反或相同的断层在平面上相交而成"Y"字形或反"Y"字形。主要为后期发育的断层呈"Y"字形或反"Y"字形交于继承发育的断层上，或继承发育的断层与早期发育后期衰减断层呈"Y"字形相交。此种剖面样式多发育在西柳、博士庄-雁翎南构造。

（5）"入"字形。在剖面上的表现形式为后期发育的断层呈"入"字形交于继承发育的断层上或继承发育的断层与早期发育后期衰减断层呈"入"字形相交，这种样式的断层主要发育在西柳地区、任西洼槽逆牵引背斜构造带和雁翎断裂披覆背斜构造带上。

（三）断层活动性分析

蠡县斜坡带断层发育主要分早晚两期，早期发育的北西向断裂主要在晚白垩世至古近纪早期活动，具早生早衰的特点，断层仅见于沙四段—孔店组和基底。该期断层主要控制着中生界与古近系沉积，以及北西向鼻状构造的形成。

晚期发育的北东—北东东向断裂又可细分为两类。

第一类多形成于燕山期末或喜马拉雅期早期，古近纪继承性发育，直至新近纪逐渐停止活动。该期断层主要控制着古近系、新近系沉积洼槽和北东向构造带的形成，主要有任西断层——控制任西洼槽的发育，鄚东断层——控制鄚州洼槽和淀南地区鄚西背斜的形成，白庄子西断层及刘李庄东断层——形成分割刘李庄构造和白庄子构造的古近系断槽（雁翎断槽）。

第二类除高阳、大百尺等几条断层在古近纪早期便开始剧烈活动外，大多数断层的主要活动期均在古近纪渐新世（沙二—沙一期），至东营期末逐渐减弱（图4-3）。另外，可能有部分北东东向断层活动可延续至中、上新世（馆陶-明化镇期）。此类断层数量大，规模小，一般最大落差仅数百米，断层向下消失或终止于早、中期断层。其中，北东向西掉反向正断层主要分布在高阳–同口地区，如高阳断层、大百尺断层、雁61西断层和高20断层等。北东东向正断层（大多数为反向正断层，少数为正向正断层）主要发育在西柳、赵皇庄及博士庄地区。这些北东向与其伴生或补偿的北东东向断层切割北西向鼻状构造，形成了大百尺、高阳、西柳和雁翎东等构造带，成为油气聚集的最有利的区带。

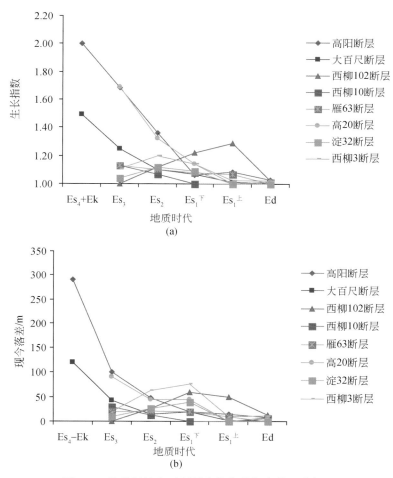

图4-3　蠡县斜坡主要断层生长指数与古落差分析图

二、砂岩输导体

蠡县斜坡与凹陷一样，也经历了早期充填、中期深陷、后期萎缩、晚期再扩展直至消亡的湖盆演化过程，以及西高东低、南高北低的古地貌特征。整体上沙四期为快速充填沉积，沙三早期由于冀中拗陷持续沉降，发育了较大规模的较深湖—浅湖亚相沉积。沙三晚期，拗陷抬升，以大面积边缘粗碎屑扇体和滨浅湖亚相粗粒沉积为主。至沙二期，由于拗陷持续抬升，湖域面积继续缩小，规模巨大的冲积扇、辫状河三角洲和扇三角洲沉积在蠡县斜坡广泛发育。沙一早期，湖盆进入断拗沉积阶段，湖盆再次扩大，形成了以湖相暗色泥岩、页岩、钙质砂岩和鲕状灰岩为主的特殊岩性段。

（一）沙三段砂岩输导体

沙三段沉积可分为两个阶段，其中，沙三下—中亚段为断陷深陷期，此时期湖域规模最大，主要以较深湖和滨浅湖沉积为主，砂岩发育规模较小。沙三上亚段沉积时期处于构造抬升、湖盆萎缩开始，主要以辫状河、辫状河三角洲沉积为主，东部近洼槽处以滨浅湖沉积为主，物源主要为西南和西北方向。砂岩以河道砂、分流河道砂为主，整个沙三段砂岩厚度由西向东逐渐变薄，变化幅度较大，一般在十几米至近百米，平均45m左右，在斜坡的西南部最厚达120m以上，在西柳-出岸地区以及同口地区厚度均在60m以上，而在整个高阳-大百尺地区厚度也明显较薄，一般在60m以下，在赵皇庄鼻状构造和西柳鼻状构造向洼槽的倾伏部位厚度急剧减小，在40m以下（图4-4）。砂地比多为16%～55%，

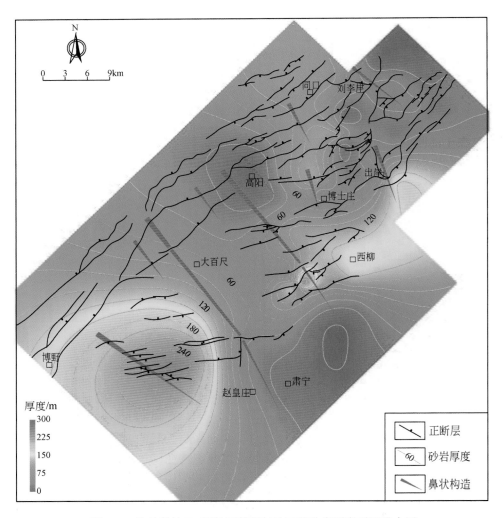

图4-4　蠡县斜坡 T$_4$ 反射层断裂与沙三段砂岩厚度平面叠合图

平均34%左右。沙三段孔隙度平均为 14.2% ~ 18.9%，渗透率平均为（50.34 ~ 85.6）× $10^{-3} \mu m^2$。因此，沙三段砂岩厚度分布不均，在靠近主力生油洼槽处，累计砂岩厚度很薄，来自洼槽的油气难以经沙三段砂体侧向输导至斜坡中上部。

（二）沙二段砂岩输导体

沙二段沉积时期处于湖盆萎缩阶段，湖域规模小，物源主要来自西南和西北两个方向，沉积相主要以辫状河沉积为主，局部地区河漫滩发育。沙二段砂岩以河道砂为主，基本上沿斜坡走向呈南西—北东向分布，斜坡上沙二段砂岩厚度一般在 15 ~ 85m，平均近 50m 左右。砂地比多为 25% ~ 55%，最大可达 70%，平均 40% 左右。砂岩发育区主要在斜坡西北部同口地区、博士庄地区和淀南地区以及南部博野地区，砂岩厚度多在 60m 以上，而在赵皇庄、大百尺、高阳地区砂岩厚度相对较薄，厚度多在 20 ~ 60m 左右（图4-5）。

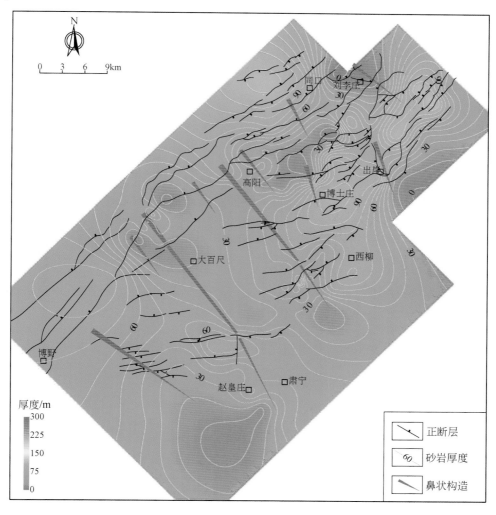

图 4-5　蠡县斜坡 T_4 反射层断裂与沙二段砂岩厚度平面叠合图

沙二段砂岩孔隙度平均为12%～19%，渗透率平均为（10～80）×10^{-3}μm^2。因此，沙二段砂岩厚度整体较厚，砂地比较大，物性比较好，又紧邻沙一下和沙三段烃源岩，具有较好的输导油气的能力。

（三）沙一下亚段砂岩输导体

沙一下沉积时期处于湖侵时期，物源主要来自西南方向，除西南部发育有小范围的三角洲前缘沉积外，其余大部分地区均以滨浅湖和较深湖沉积为主。沙一下亚段砂岩仅在赵皇庄西南地区十分发育，厚度可达60m以上，而在其他大部分地区均在50m甚至30m以下，向东北方向逐渐变薄甚至缺失，至高阳一带砂岩厚度已不超过10m（图4-6）。砂地比多为12%～60%，平均28%左右。沙一下亚段孔隙度平均为6%～25%，渗透率平均为（11～272）×10^{-3}μm^2。由于沙一下亚段古地貌及沉积环境的特点，其砂岩仅发育于蠡县斜

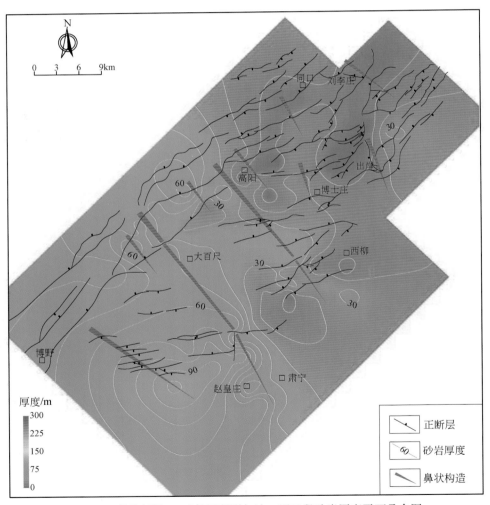

图4-6 蠡县斜坡 T_4 反射层断裂与沙一下亚段砂岩厚度平面叠合图

坡中段大百尺–赵皇庄以及高阳–西柳两个鼻状构造周围，且砂岩厚度整体较薄，不能作为油气大规模侧向运移的有利输导砂体，但是由于蠡县斜坡独特的油源特点即沙一下为其主要烃源层且在蠡县斜坡广泛分布，因此，沙一下砂岩具有近油源的优势，虽不能长距离输导油气，但仍可在局部地区短距离输导油气。

（四）沙一上亚段砂岩输导体

沙一上亚段沉积时期，湖泊范围不断缩小，沉积相以辫状河三角洲为主。砂体主要分布在南部赵皇庄和大百尺地区，主要为三角洲前缘河口坝、水下分流河道砂岩成因。沙一上亚段砂岩在大百尺–赵皇庄之间最发育，砂岩厚度可达 100m 以上，除同口—出岸以北地区砂岩厚度在 50m 以下，其余大部分地区砂岩厚度均在 50m 以上，平均 70m 左右（图 4-7）。砂地比多为 8%～50%，平均 30% 左右，孔隙度平均大于 17%，渗透率大于 30×

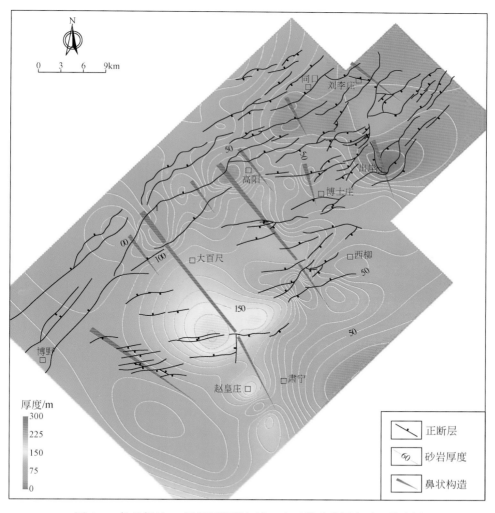

图 4-7　蠡县斜坡 T_4 反射层断裂与沙一上亚段砂岩厚度平面叠合图

$10^{-3} \mu m^2$。因此，沙一上亚段砂岩可能是蠡县斜坡最有利的区域侧向输导层。

（五）东三段砂岩输导体

东三段在赵皇庄西南地区砂岩最为发育，厚度可达120m以上，在大百尺-赵皇庄一线一直到高阳-博士庄一线砂岩厚度多在50~100m，而在北部地区砂岩厚度较薄，砂岩厚度多在50m以下（图4-8），且其孔隙度平均约11%，渗透率平均为$90 \times 10^{-3} \mu m^2$，因此，从砂岩发育程度及物性来看，东三段也可以成为有利的区域侧向输导层。

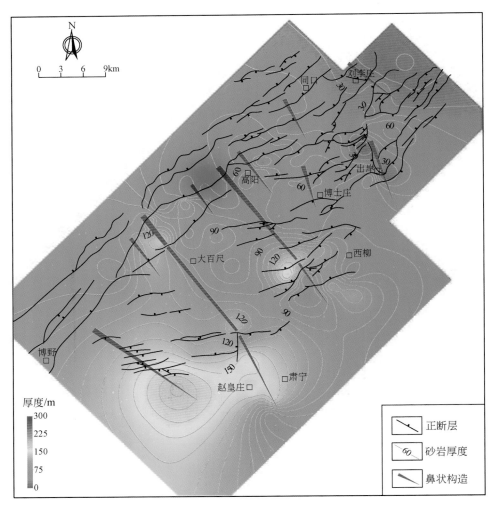

图 4-8 蠡县斜坡 T_4 反射层断裂与东三段砂岩厚度平面叠合图

三、复合输导体系

输导体系是连接源岩与圈闭的纽带，它往往是由断层、砂体及不整合面等多种单一输导要素所构成的复杂网络通道体系（谢泰俊，2000；张照录等，2000；付广等，2001）。

因此，在研究输导体系的过程中，不仅要对构成输导体系的单一输导要素进行研究，而且要注重对输导要素在三维空间的配置关系进行分析，这样才能深入刻画输导体系的分布及油气运移特征。

断层和砂体是冀中拗陷最主要的油气输导要素和汇流通道（赵贤正，金凤鸣等，2009，2010），而蠡县斜坡作为斜坡带更易发育断层—砂体复合型输导体系，因此，断层与砂体的空间组合特征直接决定了蠡县斜坡油气的运移通道与方向。

（一）复合输导体系的平面组合特征

断层与砂体的复合输导体系在不同层位具有不同的平面组合特征，沙三段主要在博士庄地区和西柳一带北东向断层和一定厚度的砂体组成了具有一定输导能力的复合输导体系（图4-4）。沙二段主要在东北部的博士庄、淀南地区，西北部的同口地区，以及赵皇庄一带，北东向断层与一定厚度的砂体组成了复合输导体系（图4-5）。沙一下亚段砂体主要在赵皇庄、高阳和西柳一带与北东向断层组成了复合输导体系（图4-6）。除了东北部的出岸和同口以北之外，沙一上亚段砂体与北东向断层组成了大面积分布的复合输导体系，其中在赵皇庄、大百尺、高阳和西柳一带最为发育，表明沙一上亚段为本区最有利的输导层（图4-7）。与沙一上亚段相似，东三段砂体与北东向断层组成了大面积分布的复合输导体系，其中在赵皇庄、大百尺和西柳一带最为发育，表明东三段为有利的输导层（图4-8）。

（二）复合输导体系的剖面组合特征

蠡县斜坡物源主要来自西南方向，顺斜坡走向，因此同一层位多期不同成因砂体在剖面上可相互叠置，但在垂直斜坡走向的方向上由于三角洲分流间湾、河漫滩形成的泥质沉积阻隔了砂体的侧向连通。因此，总体上看，蠡县斜坡砂体很难形成垂直斜坡方向的大范围连通，不利于油气沿斜坡长距离侧向运移。

蠡县斜坡发育的多条顺向或反向断层，有利于不同层位砂体沟通，断层与砂体相互配置形成多种配置模式的输导体系。根据断层活动特征及其与输导砂体的配置情况，蠡县斜坡油气输导体系组合样式可分为3种类型。

1. 斜坡外带砂体侧向—反向断层垂向复合输导体系

此类输导体系主要见于斜坡外带高阳、大百尺地区，这一地区断层规模相对较大，多条反向断层与砂体形成阶梯状组合，由于反向断层可能侧向封闭性较好，而垂向封闭性较差，因此烃源岩生成的油气一部分进入砂体进行短距离的侧向运移后受反向断层侧向遮挡而聚集，另一部分由于受断层沟通而沿垂向封闭性差的断层垂向运移至浅层砂体而聚集（图4-9）。

2. 斜坡外带砂体—断层侧向复合输导体系

该类输导体系多见于斜坡外带同口地区，这一地区断层规模相对较小，断层侧向和垂向封闭性相对较差，因此烃源岩生成的油气在进入邻近砂体后经过短距离运移受断层对盘泥质岩遮挡而聚集，或者直接进入与其对接的对盘砂体中继续运移（图4-10）。

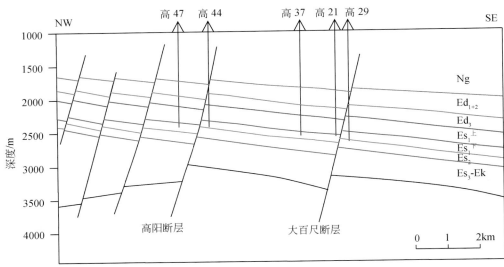

图 4-9 砂体侧向—反向断层垂向复合输导体系

（高阳断裂构造带高 47—高 29 剖面）

3. 斜坡内带砂体侧向—顺向断层垂向复合输导体系

此类输导体系多见于斜坡内带顺向断层发育的地区，由于部分顺向断层持续活动时间长，一方面使得下降盘浅层烃源岩与上升盘砂岩对接，油气进入砂体进行侧向运移，另一方面直接沟通烃源岩的顺向断层也具有一定的垂向输导能力使得油气沿断层向上运移（图 4-11）。

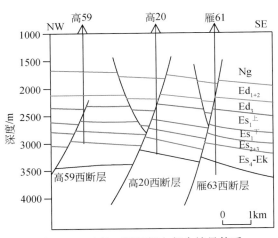

图 4-10 砂体—断层侧向复合输导体系

（同口鼻状构造高 59—雁 61 剖面）

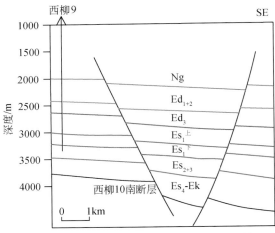

图 4-11 砂体侧向—顺向断层垂向复合输导体系

（博士庄鼻状构造剖面）

第二节　斜坡带油气运移通道与优势运移路径

油气成藏过程就是油气从烃源岩经过输导体系运移至圈闭，并在圈闭中聚集和保存的过程。油气在运移过程中优先通过高孔隙度、渗透率输导层部分的运移，即通过优势通道运移。因此确定油气运移通道，追踪油气优势运移路径是油气成藏研究的重要内容。

一、油气有效运移通道及其研究方法

（一）油气运移通道的基本特征

油气自源岩排出进入相邻的渗透性岩层以后的运移称为二次运移，主要受浮力、水动力及毛细管阻力的作用，运移的方向和聚集的部位将取决于这三种力的大小和方向（Schowalter，1979）（图4-12）。

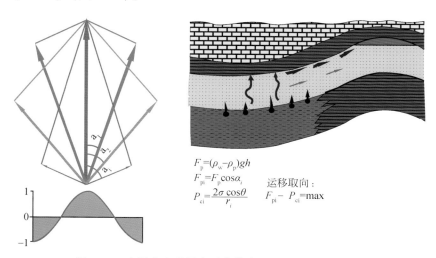

$$F_p = (\rho_w - \rho_p)gh$$
$$F_{pi} = F_p \cos\alpha_i$$
$$P_{ci} = \frac{2\sigma\cos\theta}{r_i}$$

运移取向：
$$F_{pi} - P_{ci} = \max$$

图4-12　大尺度上的最大动力模式（Schowalter，1979）

图中F_p为浮力，F_{pi}为动水条件下浮力和水动力的合力。P_{ci}为毛细管阻力。从生油层排出的油气将在生-储层的边界处开始聚集。随着油量的增加，直到连续油相或气相的浮力大到足以克服储层的毛细管力时，烃相将穿过储层向上作垂向运移，至上覆封闭层底部。当油上升到储-盖层的边界时，油将沿着该界面散开。此时，若有连续油量聚集，则油可沿着上界面向上倾方向作侧向运移。油气在实际运聚过程中由于储层非均质性的影响，油气在总体向上作侧向运移的过程中，总是寻求最大的连通孔隙或最小的排替压力的路径有效运移，也即最小阻力模式，从而决定了运移通道的曲折性和复杂性。但宏观上对于盆地范围而言，输导层是近似均质的，因此大尺度范围内油气运移指向为最大动力方向。因此从盆地上看，认为油气生成后，沿运载层垂直于走向向上倾方向运移，油气则集中在有限的运移通道上，从而使运移路径的研究成为可能。

近20年来，国内外许多学者通过地质、地球化学研究、物理模拟实验和数值模拟等

方法研究并追踪了油气运移通道和路径。这些研究表明：①当浮力驱动石油流动时，石油将沿着限定的空间运移，油气运移通道可能只占据整个输导层的1%～10%，这些通道具有一定的方向（England et al.，1987）；②油从下伏的源岩层排出后首先作垂向运移至输导层顶部，然后在输导层作侧向运移，其中只有输导层靠近顶部很小的空间才能成为油气运移的通道。一些学者通过对英国北海盆地油气运移通道剖面油气显示证实了这一点（图4-13）。从图4-13中可知，虽然输导层Etive组的厚度很大，但是仅有6m的厚度有油气显示，其中厚度小于2m的空间油气显示级别比较高，因此输导层Etive组仅有靠近顶部6m的空间为油气通道，其中靠近顶部厚度小于2m的空间为油气运移的主要通道；③在连续油气运移通道形成之前，运移速度受控于含油饱和度（亦即烃源岩排烃速率），石油前缘以间歇方式向前推进，在连续运移通道形成后，当含油饱和度基本稳定时，该通道具有使油以更大的速率运移的能力；④充注方式对油气的运移通道具有重要的影响。在连续稳态充注下，油气运移的动力主要为浮力，运移通道相对比较窄，只有输导砂层的顶部很小的区域才能成为油气运移的通道，而在幕式非稳态充注下，油气运移的动力主要为异常压力或构造作用力，运移通道相对比较宽，甚至整个输导砂层都可以成为油气运移的通道；⑤输导层油气的运移通道受控于输导层顶面或封闭层底面的三维几何形态（Hindle，1997）。一般来说，封闭层底面构造脊是流体再次运移最理想的通道。如果烃源岩的生烃能力很强，那么所产生的烃类流体很可能沿着构造脊作长距离运移并最终在合适的区域聚集成藏（龚再升和李思田，1997），一个最典型的例子就是南海北部珠江口盆地珠海组构造脊在该盆地油气成藏中起到很大的作用，这是因为珠海组地层分布稳定，砂岩为主，物性好，而与上覆的珠江组泥岩形成很好的储盖组合。

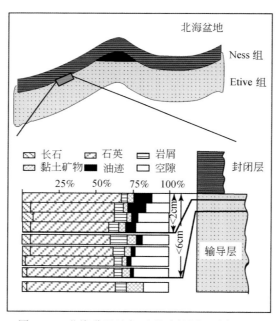

图4-13　北海盆地油气运移路径剖面油气显示

（二）油气运移通道的研究方法

目前有关油气运移通道的研究方法主要有：①地质研究法。在构造和沉积研究基础上，确定油气运移的输导体系及其特征，然后利用油源分析对比资料，探讨油气运移通道（王铁冠等，2000），此种研究方法的研究程度相对较低。②流体历史分析法。主要是利用流体包裹体和油源对比资料，并结合地质研究成果，确定油气运移通道。其中流体包裹体分析主要通过含油包裹体的丰度分析（GOI）和定量荧光分析（QGF）来确定油气运移通道，这种技术主要是近几年由澳大利亚科学和工业研究院石油资源部开发的（Liu and Eadinghon，2003）。③物理模拟法。主要通过物理模拟的手段和方法研究各种砂层和不整合面及断层中的油气运移特征，进而探讨油气运移通道（Dembicki and Anderson，1989；Catalan et al.，1992；曾溅辉等，1999，2000，2001）。④数值模拟法。在充分分析地质和地球化学基础上，通过数值模拟追踪油气运移通道。油气运移通道的三维数值模拟技术基于油气二次运移的相对能量行为，将生烃凹陷与能量场结合起来，是对流体势分析技术的重要改进（Ungerer et al.，1990；Bethke et al.，1991；石广仁，1994）。

要通过含油包裹体的丰度分析和定量荧光分析来确定油气运移路径。其基本原理在于一旦油气在输导系统中发生了运移，必然会留下各种痕迹，或者形成烃类流体包裹体，因此通过含油包裹体的丰度分析和定量荧光分析可以确定油气是否发生了运移，根据含油包裹体的丰度及荧光和定量荧光显示强度，确定油气运移通道。地质录井是通过钻时录井、岩心录井、岩屑录井、泥浆录井、荧光录井、气测录井等手段，判断井下地质及含油气情况。地质录井资料记录了地质时期油气在储集层中的分布或者运移情况，只要发生了油气的运移，那么就会在运载层或储集层中留下痕迹，在地质录井的过程中就会有录井显示。因此我们可以在地质研究基础上，根据地质录井显示级别确定油气运移路径。

根据蠡县斜坡带录井资料的具体情况将岩心录井的油气显示分为五个级别：

（1）含油：观察截面75%以上见原油，含油均匀，含封闭的不含油的斑块或条带。

（2）油浸：观察截面40%以上见原油，含油不均匀，含较多不含油的斑块或条带，有水渍感，滴水不能呈珠状或半球状。

表4-1 含油气显示与油气运移路径及油气藏形成的关系

地质录井显示	油气运移通道或路径类型	与油气藏形成的关系
含油	油气运移主要通道或路径（Ⅰ类通道）	地质历史时期为油气运移的主要路径和通道，并且在显示的层段直接形成油气藏
油浸	油气运移重要通道或路径（Ⅱ类通道）	地质历史时期为油气运移的重要路径和通道，并且在显示的层段的上倾部位形成了油气藏，或在显示的层段可能直接形成油气藏
油斑油迹	油气运移通道或路径（Ⅲ类通道）	地质历史时期发生过油气运移，为油气运移的路径和通道，但在显示的层段的上倾部位可能形成了油气藏
荧光	油气运移的可能通道或路径（Ⅳ类通道）	地质历史时期可能发生了油气运移，为油气运移的可能路径和通道，但在显示的层段的上倾部位不一定能形成油气藏

（3）油斑：观察截面上只能40%～5%见原油，含油部分呈斑块状、条带状。

（4）油迹：观察截面上只能见到零散的含油斑点，面积在5%以下。

（5）荧光：肉眼见不到原油，荧光检测有显示。

根据平面和剖面的岩心录井显示情况，并结合沉积和构造条件，可以确定油气在平面和剖面上的运移路径，进而确定油气运移通道（表4-1）。

（三）油气有效运移通道指数及其研究方法

1. 油气有效运移通道指数（HMIe）

油气从源岩排出后就进入输导层开始二次运移，大量的石油地质勘探实践和实验室模拟（Demibichi et al.，1989；Catalan et al.，1992；曾溅辉等，2000；2001）都证实油气在二次运移过程中并不从所有的输导层中通过，油气运移通道可能只占据整个输导层的1%～10%（England et al.，1987）。虽然油气显示记录了地质时期油气在输导层中运移或分布情况，但是单独利用油气显示分布及显示段厚度不能很好的反映油气运移通道。因此，提出油气有效运移通道指数（effective hydrocarbon migration pathway index，HMIe）来反映油气运移通道。所谓油气有效运移通道指数为某一输导层的油气显示段厚度与该层砂岩输导层的厚度之比值，其计算公式为

油气有效运移通道指数（HMIe）=（含油+油浸+油斑+油迹+50%荧光）厚度/砂岩输导层厚度。

考虑到荧光显示会受污染等因素影响，因此，在计算荧光厚度时取其厚度的一半作为真正的荧光显示厚度。

应用油气有效运移通道指数表征输导层真正发生油气运移的通道空间，进而反映该输导层的有效范围及输导能力。

2. 研究方法

（1）建立资料数据库。查阅地质录井资料，根据地质录井的显示情况与含油、油浸、油斑、油迹、荧光录入计算机，建立地质录井资料数据库。该数据库包括井位坐标、井号、显示井段、地质录井显示（包括含油、油浸、油斑和油迹、荧光）等。按照地质录井原理，把不同的显示级别用不同的符号表示，实际操作过程中，为了方便，又不影响结果的分析，将油斑和油迹合并为一类显示级别（表4-2）。

表4-2 含油级别符号图例

含油级别	表示符号
含油	■
油浸	★
油斑、油迹	▲
荧光	▲

（2）数据处理。在建立的数据库基础上，将所有地质录井数据进行处理，主要是计算不同油气显示级别的厚度、深度，不同的油气显示级别在总显示厚度中的比例；并计算油

气有效运移通道指数。

（3）数据分析。根据数据处理结果，通过绘图工具，绘制不同输导层的油气显示平面分布图、油气有效运移通道指数图，并结合构造图、烃源岩分布图以及沉积相图，综合分析油气有效输导体系及油气运移路径。

二、蠡县斜坡带油气有效运移通道

蠡县斜坡带的主要砂层为沙三段、沙二段、沙一下亚段、沙一上亚段、东三段和东二段，因此，主要讨论这几套砂层的油气显示和有效运移通道。

（一）主要输导砂层的油气显示特征

1. 沙三段和沙二段油气显示特征

从油气显示级别来看，沙三段油气显示主要以油斑和油迹为主，并且显示总厚度较小（图4-14），而沙二段油气显示级别普遍较高，大多数井的显示都在油斑和油迹以上，油斑、油迹和油浸显示厚度很大，且占据了总显示厚度的60%以上（图4-15）。沙三段油气显示分布比较局限，主要分布在斜坡中段赵皇庄鼻状构造以及斜坡北段博士庄和出岸鼻状构造附近（图4-16），而沙二段的油气显示分布较广，斜坡中段油气显示主要分布在赵皇

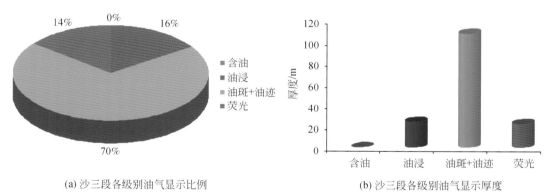

(a) 沙三段各级别油气显示比例　　　　　(b) 沙三段各级别油气显示厚度

图4-14　沙三段各级别油气显示比例与厚度图

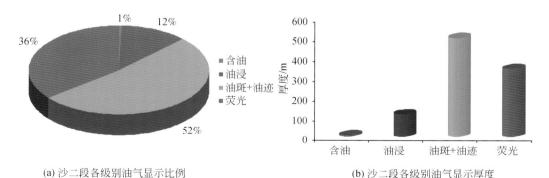

(a) 沙二段各级别油气显示比例　　　　　(b) 沙二段各级别油气显示厚度

图4-15　沙二段各级别油气显示比例与厚度图

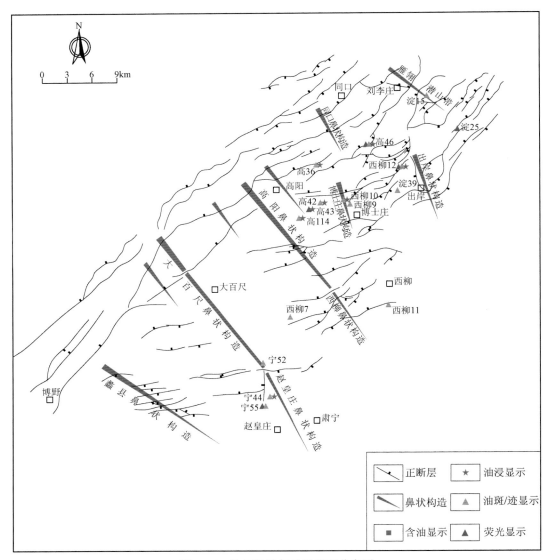

图 4-16 沙三段油气显示平面分布图

庄鼻状构造、高阳-西柳鼻状构造附近，斜坡北段油气显示分布较为分散，同口、博士庄及雁翎地区均有分布（图 4-17）。

2. 沙一段油气显示特征

沙一段可以划分为沙一下亚段和沙一上亚段，其中沙一下亚段亦是本区的主要烃源岩段。沙一下亚段和沙一上亚段油斑和油迹以上的含油显示比较多，其中沙一下亚段油斑和油迹及油浸显示可达 75% 以上，显示总厚度达到 1000 多米（图 4-18），沙一上亚段油斑和油迹以上的含油显示占到了近 80%，总显示厚度也达到了 1000 多米（图 4-19）。

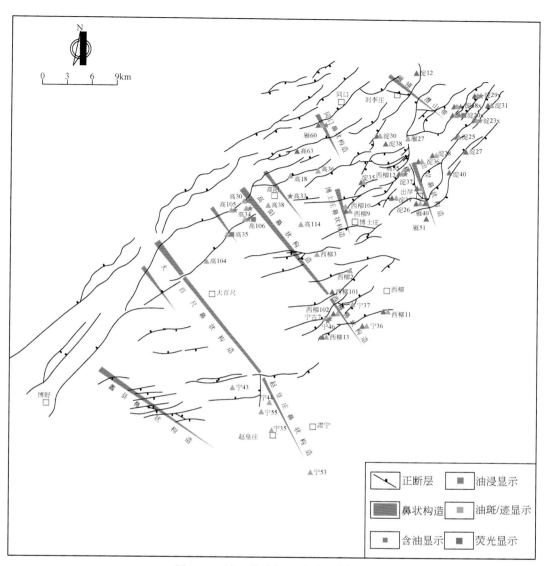

图 4-17　沙二段油气显示平面分布图

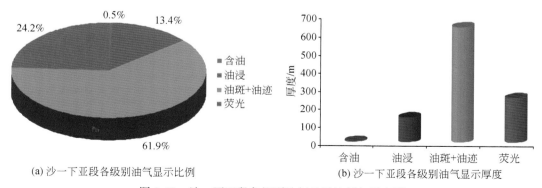

(a) 沙一下亚段各级别油气显示比例

(b) 沙一下亚段各级别油气显示厚度

图 4-18　沙一下亚段各级别油气显示比例与厚度图

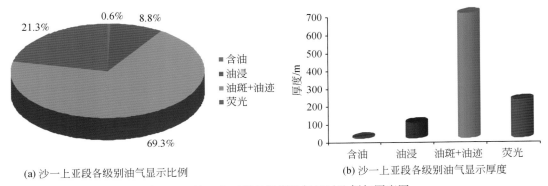

(a) 沙一上亚段各级别油气显示比例   (b) 沙一上亚段各级别油气显示厚度

图 4-19　沙一上亚段各级别油气显示比例与厚度图

　　沙一下亚段油气显示分布最为广泛，几乎在斜坡中北段都有分布，尤其以大百尺、赵皇庄、高阳、西柳及同口地区油气显示最为集中，油气显示具有沿北西向鼻状构造汇聚，沿北东向断层分布的特点（图 4-20）。沙一上亚段油气显示主要分布在斜坡中段高阳、大

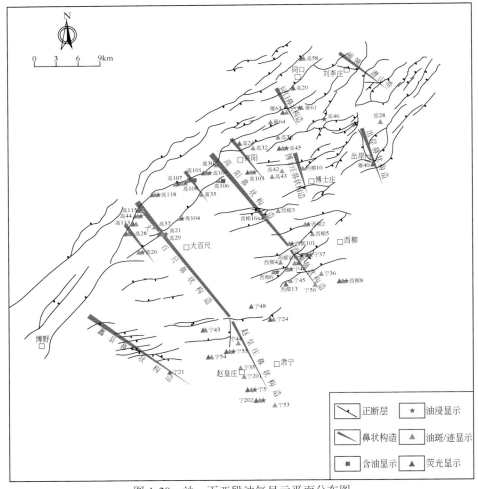

图 4-20　沙一下亚段油气显示平面分布图

百尺断裂构造带以及西柳和赵皇庄地区，而博士庄以北地区几乎未有分布（图4-21），且明显呈现出围绕鼻状构造主体和翼部以及沿北东向断裂分布的特征。

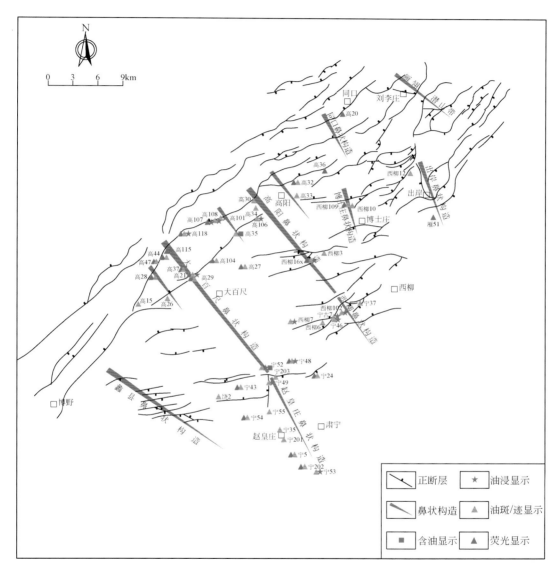

图4-21　沙一上亚段油气显示平面分布图

3. 东三段和东二段油气显示特征

东三段油斑和油迹以上级别的油气显示仅占50%左右，且显示总厚度仅200多米（图4-22），东二段油斑和油迹以上级别的油气显示也仅为50%（图4-23），且只有5口油气显示井。东三段油气显示分布范围很小，仅在大百尺鼻状构造北端和赵皇庄鼻状构造有分

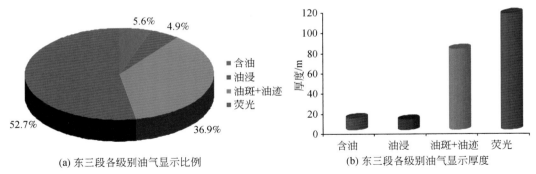

(a) 东三段各级别油气显示比例

(b) 东三段各级别油气显示厚度

图 4-22 东三段各级别油气显示比例与厚度图

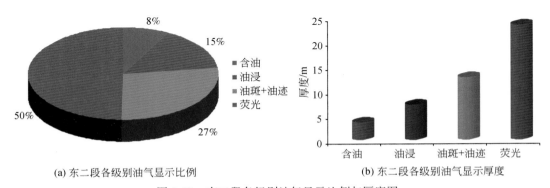

(a) 东二段各级别油气显示比例

(b) 东二段各级别油气显示厚度

图 4-23 东二段各级别油气显示比例与厚度图

布，其他地区基本没有任何的显示迹象（图4-24），而东二段油气显示仅在大百尺鼻状构造北端高阳断层附近分布（图4-25）。

（二）主要输导砂层的油气有效运移通道指数

通过统计各井的地质录井资料和主要输导砂层的厚度，利用油气有效运移通道指数公式，计算各主要输导砂层的油气有效运移通道指数（表4-3）。从表4-3可知，蠡县斜坡带沙一下亚段的平均油气有效运移通道指数最大，其次为沙二段和沙一上亚段，再次为沙三段，最小为东三段和东二段。沙三段油气有效运移通道指数均小于0.4，16口井的平均通道系数为0.16，沙二段油气有效运移通道指数比较大，最高可达0.63，53口井的平均通道系数可达0.23，沙一下亚段61口显示井的有效运移通道指数平均为0.42，最高可达0.89，沙一上亚段49口显示井的有效运移通道指数平均0.2，最高可达0.58，东三段20口井的有效运移通道指数平均仅0.08，最高也只有0.21，东二段只有5口油气显示井，有效运移通道指数最高0.24。

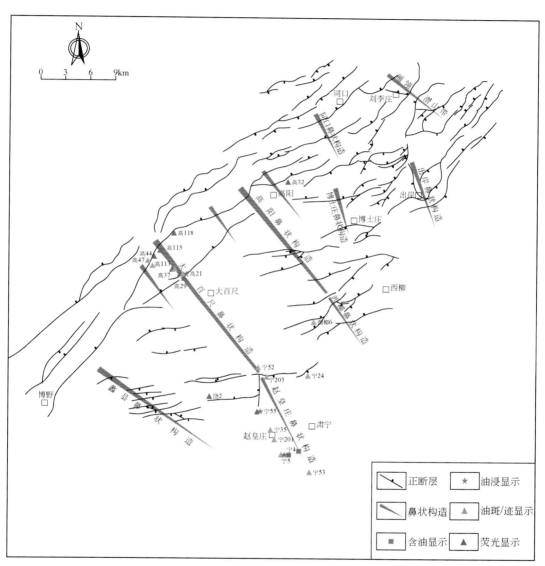

图 4-24　东三段油气显示平面分布图

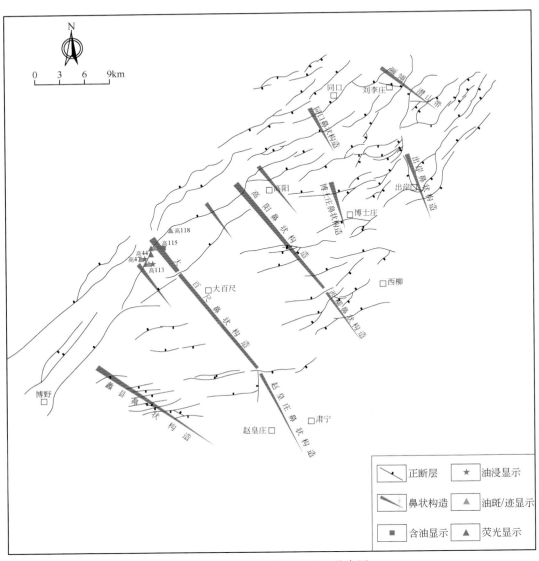

图 4-25　东二段油气显示平面分布图

表 4-3　主要输导砂层的油气有效运移通道指数（HMIe）

输导砂层	统计井数/口	HMIe 最小值	HMIe 最大值	HMIe 平均值
沙三段	16	0.01	0.39	0.16
沙二段	53	0.03	0.63	0.23
沙一下亚段	61	0.03	0.89	0.42
沙一上亚段	49	0.02	0.58	0.20
东三段	20	0.02	0.21	0.08
东二段	5	0.05	0.24	0.14

各主要输导砂层油气有效运移通道指数大小分布如图 4-26 ~ 图 4-31 所示。可知，沙三段的油气有效运移通道指数在斜坡带北段的博士庄和出岸鼻状构造附近比较大，在斜坡带中段，仅在赵皇庄鼻状构造附近比较大。沙二段油气有效运移通道指数在北部同口、博士庄地区及高阳鼻状构造高部位比较大，同时在赵皇庄鼻状构造也比较大（图 4-27）。沙一下亚段油气有效运移通道指数分布最为广泛，几乎在斜坡中北段都有分布，尤其以大百尺、赵皇庄、高阳、西柳及同口地区最为发育（图 4-28）。沙一上亚段在斜坡中段高阳、大百尺断裂构造带以及西柳和赵皇庄地区的油气有效运移通道指数比较大，而博士庄以北地区油气有效运移通道指数几乎为 0（图 4-29）。东三段仅在大百尺鼻状构造北端和赵皇庄鼻状构造油气有效运移通道指数相对较大，其他地区几乎为 0（图 4-30）。东二段仅在大百尺鼻状构造北端高阳断层附近有较小的油气有效运移通道指数（图 4-31）。

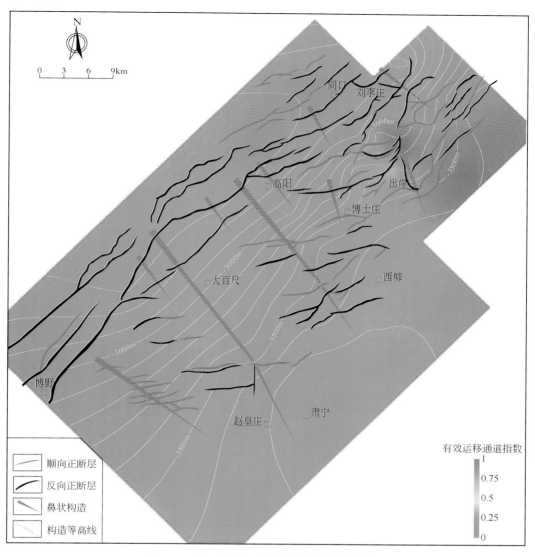

图 4-26　沙三段油气有效运移通道指数分布图

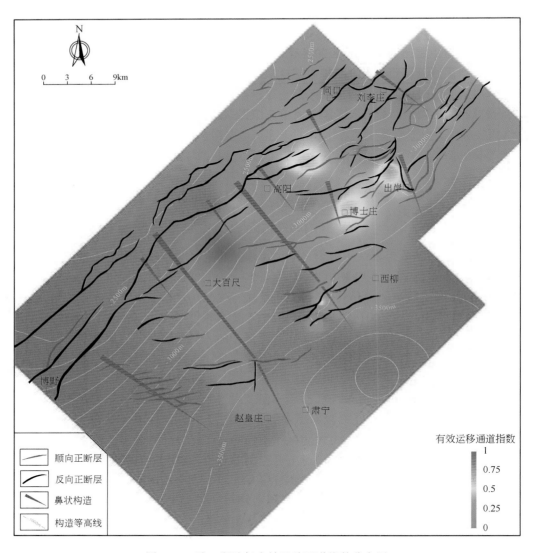

图 4-27　沙二段油气有效运移通道指数分布图

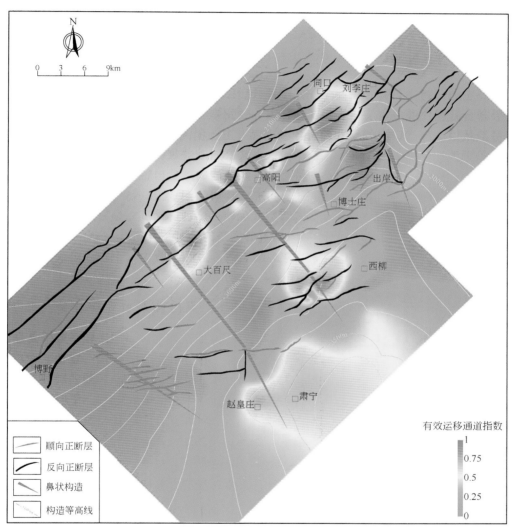

图 4-28　沙一下亚段油气有效运移通道指数分布图

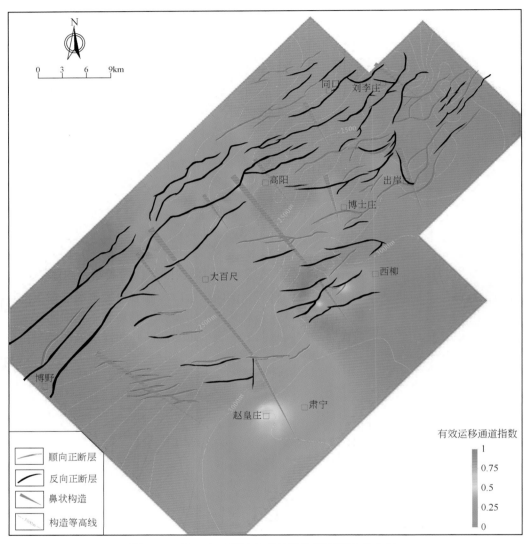

图 4-29　沙一上亚段油气有效运移通道指数分布图

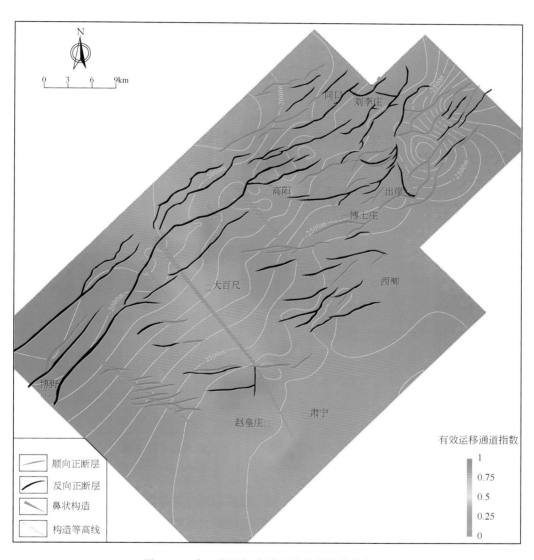

图 4-30　东三段油气有效运移通道指数分布图

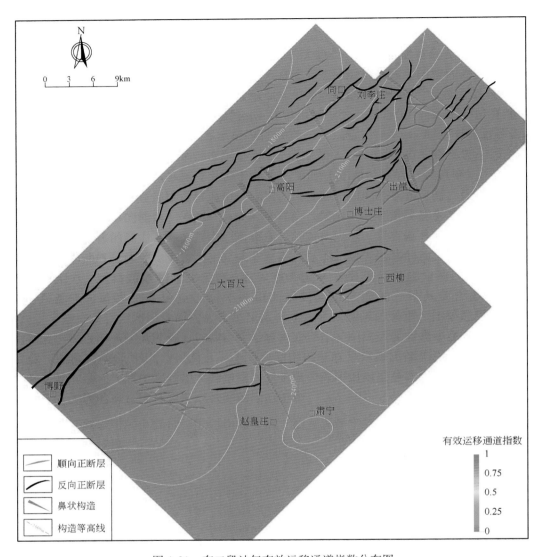

图 4-31 东二段油气有效运移通道指数分布图

（三）主要输导砂层的油气有效运移通道特征

1. 沙三段油气有效运移通道特征

沙三段油气有效运移通道分布范围比较小，主要分布在斜坡带中段赵皇庄鼻状构造以及斜坡北段博士庄和出岸鼻状构造附近（图 4-26）。

在斜坡带中段，仅在靠近沙三段有效烃源岩分布的赵皇庄鼻状构造具有油气显示和相对高的油气有效运移通道指数，表明沙三段油气运移距离比较短，北东向遮挡性断层具封闭作用，使得油气不能沿斜坡长距离运移至斜坡高部位，因此斜坡带中段赵皇庄鼻状构造沙三段油气有效运移通道主要为砂体，由肃宁洼槽沙三段烃源岩生成的油气主要沿沙三段砂体进行短距离的运移，遇北东向遮挡性断层聚集成藏（图 4-32）。

在斜坡带北段，沙三段油气显示比较广泛，主要沿斜坡中低部位的鼻状构造集中分布在博士庄和出岸地区，同时油气有效运移通道指数也比较大。根据油源对比研究结果，该区沙三段的油气主要来自沙一段烃源岩，由于该区发育几条比较大的顺向断层如西柳 10 南和白庄子断裂，使得沙一下亚段烃源岩与沙三段储层对接供油，油气在沙三段砂层中短距离运移后受上倾方向的反向断层封堵而在斜坡中低部位聚集成藏（图 4-33）。因此斜坡带北段，沙三段油气有效运移通道主要由沙三段砂体和顺向开启性断裂组成，并且沿鼻状构造（构造脊）分布。

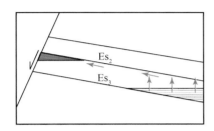

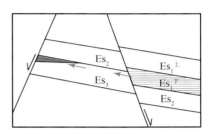

图 4-32 斜坡带中段赵皇庄鼻状构造沙 　　图 4-33 斜坡带北段沙三段
　　三段油气有效运移通道示意图　　　　　　　油气有效运移通道示意图

2. 沙二段油气有效运移通道特征

沙二段油气显示分布较广，油气有效运移通道指数比较大，油气有效运移通道主要分布在斜坡中段的赵皇庄鼻状构造、高阳–西柳鼻状构造附近以及斜坡北段同口、博士庄和雁翎地区（图 4-17，图 4-27）。

斜坡中段油气显示主要分布在赵皇庄–大百尺鼻状构造和高阳–西柳鼻状构造附近，同时油气有效运移通道指数也比较大，表明赵皇庄–大百尺鼻状构造和高阳–西柳鼻状构造沙二段砂体为油气运移通道。在南部赵皇庄鼻状构造，沙三段源岩发育但断层不发育，来自沙三段的油气垂向进入沙二段，并在沙二段砂体中侧向运移，遇封闭的反向断层并聚集成藏（图 4-34（a）），油气有效运移通道主要为沙二段砂体。

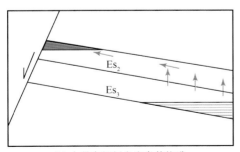

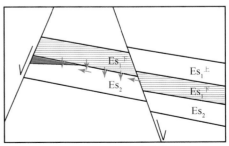

(a) 中段南部赵皇庄鼻状构造　　　　　　　(b) 北段高阳—西柳鼻状构造

图 4-34 沙二段油气有效运移通道示意图

斜坡中段北部的高阳–西柳鼻状构造以及斜坡北段的同口、博士庄及雁翎地区，靠近断层油气显示比较活跃，同时油气有效运移通道指数也比较大，显示了断层对沙二段油气的输导或封堵作用。高阳、同口和博士庄地区，由于西柳3和淀32等顺向断层的作用，导致沙一下烃源岩与沙二段砂体对接，沙一下亚段烃源岩生成的油气通过开启的顺向断层，进入沙二段砂层进行侧向运移，此外亦有部分成熟的沙一下亚段烃源岩生成的油气向下排烃，进入沙二段砂层进行侧向运移，油气在沙二段砂层经过一定距离运移后受反向断层遮挡而主要分布于斜坡中高部位，因此该区沙二段油气有效运移通道主要由沙二段砂体和/或顺向开启性断裂组成（图4-34（b））。进入沙二段砂层进行侧向运移，油气在沙二段砂层经过一定距离运移后受反向断层遮挡而主要分布于斜坡中高部位，因此该区沙二段油气有效运移通道主要由沙二段砂体和/或顺向开启性断裂组成。

3. 沙一段油气有效运移通道特征

沙一下亚段油气有效运移通道指数最大，油气显示最为广泛，几乎在斜坡中北段都有分布，尤其以大百尺、赵皇庄、高阳、西柳及同口地区油气显示最为集中，具有沿北西向鼻状构造汇聚，沿北东向断层分布的特点，而且这些地区的油气有效运移通道指数也比较大（图4-20，图4-28）。蠡县斜坡沙一下亚段以油页岩为主的"特殊岩性段"是斜坡主力烃源岩，几乎全区分布，同时沙一下亚段特殊岩性段内滩砂和下部的三角洲前缘尾砂岩较发育，这种近源优势导致了大量石油进入沙一下亚段砂岩之中，形成了斜坡上广泛的油气显示分布。由于沙一下亚段砂体相对不太发育，砂体的厚度不大，连续性相对较差，物性亦相对较差，因此沙一下亚段主要表现为源内运移或源外短距离运移的特点，油气运移通道主要为沙一下亚段砂岩，分布相对不连续，难以进行长距离的运移。

沙一上亚段油气显示和相对较大的油气有效运移通道指数主要分布在斜坡中段高阳、大百尺断裂构造带以及西柳和赵皇庄地区，而博士庄以北地区几乎未有分布，且明显呈现出围绕鼻状构造主体和翼部以及沿北东向断裂分布的特征（图4-21，图4-29）。蠡县斜坡沙一上亚段发育辫状河三角洲及河流相砂体，西南方向砂体厚度及连续性和物性都很好，受北东向断层切割形成的断—砂配置体十分有利于油气的运移和聚集，且北东向反向断层导致沙一下源岩与沙一上输导层对接，使下伏沙一下烃源岩形成垂向直接供油和侧向对接供油两种供油方式（图4-35）。因此沙一上亚段油气有效运移通道主要由沙一上亚段砂体和北东向顺向开启性断层构成，这是蠡县斜坡带最重要的油气输导通道，形成了源外较长距离侧向运移的模式。

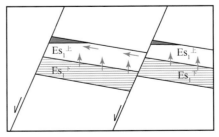

图4-35　沙一上亚段油气有效运移通道示意图

4. 东营组油气有效运移通道特征

东三段油气显示分布范围很小，油气有效运移通道指数也很小，仅在大百尺鼻状构造北端和赵皇庄鼻状构造有分布，其他地区基本没有任何的显示迹象（图4-24，图4-30）；而东二段油气显示和有效运移通道更是仅在大百尺鼻状构造北端高阳断层附近分布（图4-25，图4-31）。

东营组砂岩远离沙一下亚段烃源岩，油气若要向其中运移，必须要有断层沟通油源，因此东营组油气有效运移通道主要由东三段和东二段砂体与开启性的断层构成（图4-36）。虽然东营组砂体发育，但是由于远离油源，大部分地区断层不发育或规模较小，缺乏有效地垂向输导通道和有利的断—砂配置体系，因此总体来说，本区东营组很难形成油气有效运移通道。

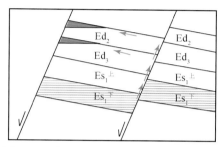

图4-36　东营组油气有效运移通道示意图

三、蠡县斜坡带油气优势运移路径

（一）烃源岩特征及有效烃源岩分布

蠡县斜坡发育有沙一下亚段、沙三段和沙四段—孔店组三套烃源岩。由于蠡县斜坡所处的饶阳凹陷受多期构造活动影响，沉积中心具有迁移性，因此，三套烃源岩形成时的湖泊发育中心及规模存在差异，同时又在沉积环境、母源输入和成熟演化等方面不同，导致这三套烃源岩在地质、地化特征以及有效分布范围上存在差别。

1. 沙一下亚段烃源岩

沙一下亚段烃源岩是研究区内最主要的烃源岩（详见第五章第一节）。根据前人研究并结合单井生烃史模拟可知，蠡县斜坡沙一下亚段暗色泥岩全部为未熟—低熟阶段，有效烃源岩主要沿高37—高38—高58一线分布（图4-37），该套烃源岩为研究区最主要的烃源岩。

表4-4　蠡县斜坡烃源岩有机质丰度及评价

层段	岩性	TOC%	S_1+S_2 mg/g	"A"/%	总烃/ppm[①]	评价
$Es_1^\text{下}$	泥岩	2.01（44）	8.61（32）	0.2251（29）	1535（23）	好烃源岩
	页岩	4.05（42）	22.75（19）	0.3978（18）	2933（14）	
Es_3	泥岩	1.05（37）	4.0（21）	0.1016（22）	670（6）	中等烃源岩
Es_4—Ek	泥岩	0.83（13）	1.1（11）	0.0449（6）	127（2）	中等烃源岩

注：括号中为样品数，其他数值均为平均值。

①ppm＝mg/L＝mg/kg。

图 4-37　沙一下亚段成熟烃源岩分布图

2. 沙三段烃源岩

沙三段烃源岩主要位于蠡县斜坡中北段近肃宁洼漕和任西洼漕部位。该套烃源岩为中等烃源岩（表4-4）。根据前人研究并结合单井生烃史模拟可知，蠡县斜坡沙三段烃源岩仅在洼漕处进入成熟阶段，成熟烃源岩主要沿宁52-西柳11-西柳12井一线分布（图4-38）。总体来看，沙三段烃源岩在斜坡地区生油能力较差，仅在任西洼槽和肃宁洼槽具有较高生油能力，为该地区第二位的烃源岩。

图 4-38 沙三段成熟烃源岩分布图

3. 沙四段—孔店组烃源岩

沙四段—孔店组烃源岩主要分布于蠡县斜坡北段东北部的较低部位，为中等烃源岩（表 4-4）。根据前人研究并结合单井生烃史模拟可知，蠡县斜坡沙四段—孔店组烃源岩仅在同口以北地区进入成熟阶段（图 4-39），是本区次要油气来源。

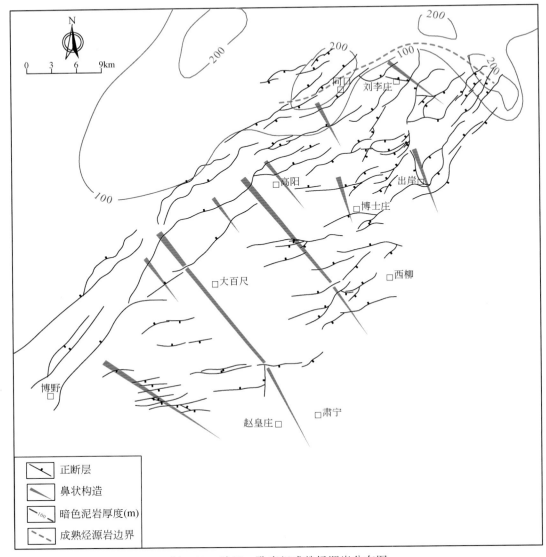

图 4-39　沙四—孔店组成熟烃源岩分布图

（二）油源对比

1. 原油类型

根据原油的物性、地化特征等可将蠡县斜坡原油划分为三种类型，即未熟–低熟原油、成熟原油和混合原油（图 4-40、图 4-41）。

（1）未熟–低熟原油：原油密度大于 0.88g/cm³；含硫量高，大于 0.5%；植烷含量

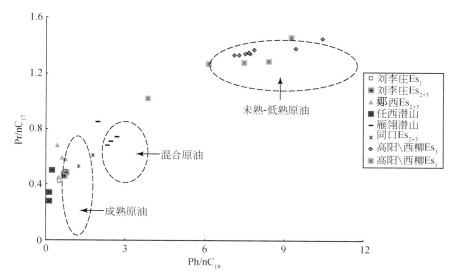

图 4-40　蠡县斜坡原油 Ph/nC$_{18}$ 与 Pr/nC$_{17}$ 关系图

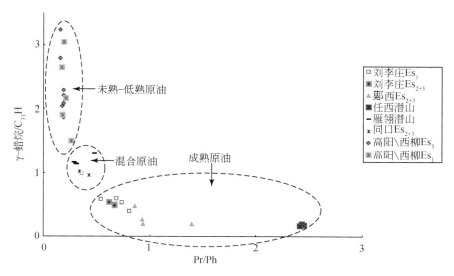

图 4-41　蠡县斜坡原油 Pr/Ph 与 γ-蜡烷/C$_{31}$HOP 关系图

高，Pr/Ph 小于 0.4，Ph/nC$_{18}$ 大于 2.0；γ-蜡烷含量高，γ-蜡烷/C$_{31}$ HOP 绝大多数大于 1.5，萜烷 Tm/Ts 较高，一般大于 3.0；原油热演化程度相对较低。此类原油在蠡县斜坡占主导地位，主要分布于斜坡中段高阳油田和西柳油田（图 4-42）。

（2）成熟原油：原油密度相对较小，一般小于 0.89g/cm³；含硫量低，小于 0.5%；植烷含量低，Pr/Ph 大于 0.40，Ph/nC$_{18}$ 和 Pr/nC$_{17}$ 一般小于 1.0；γ-蜡烷含量相对较低，γ-蜡烷/C$_{31}$ HOP 大多数小于 0.6，Tm/Ts 较低，小于 1.0。此类原油在斜坡南、北部均有分布，主要

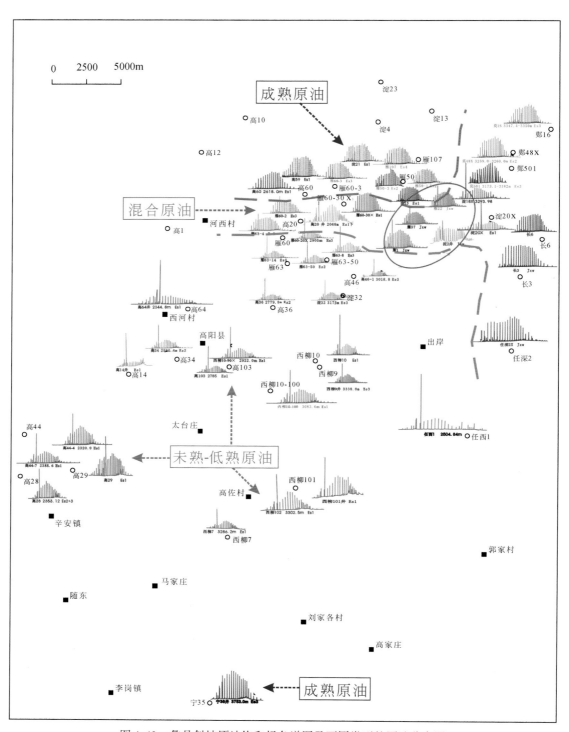

图 4-42　蠡县斜坡原油饱和烃色谱图及不同类型的原油分布图

分布在斜坡北部刘李庄油田和郑西背斜古近系、任西潜山以及南部赵皇庄地区。

（3）混合原油：原油物性和地化特征介于上述两类原油之间。Pr/Ph 小于 1.0，Ph/nC$_{18}$ 为 1.0~2.5；γ-蜡烷含量一般在 1.0 左右，Tm/Ts 为 1.0~2.0。此类原油主要分布在蠡县斜坡北部同口地区和雁翎潜山油田。

2. 油源对比

蠡县斜坡本身及其邻近各洼槽共发育沙一下亚段、沙三段和沙四段—孔店组三套烃源岩。其中，斜坡本身及东邻的任西洼槽和肃宁洼槽沙一下亚段烃源岩是最主要的油源。另外，任西洼槽和肃宁洼槽发育有沙三段烃源岩，北部白洋淀洼槽还发育一套沙四段—孔店组烃源岩。这三套烃源岩的分布范围和地化特征决定了蠡县斜坡原油的类型和分布范围。

（1）未熟–低熟原油来自沙一下亚段烃源岩。未熟–低熟原油主要产自斜坡中部高阳和西柳地区沙一上亚段、沙一下亚段和沙二段储层中，此类原油与蠡县斜坡沙一下亚段富氢烃源岩有很好的可比性。地化分析表明，此类原油以及沙一下亚段烃源岩的植烷含量很高，明显高于其他正构和异构烷烃。Pr/Ph 一般小于 0.40，Ph/nC$_{18}$ 大于 2.0。正构烷烃具有明显的偶数碳优势，主峰碳多为偶数碳，OEP 值绝大多数小于 1.0（图 4-43）。甾烷、萜烷的异构化程度低，甾烷的 20S/20（S+R）C$_{29}$ 一般小于 35%，ββC$_{29}$/∑C$_{29}$ 一般小于 30%。萜烷系列中 γ-蜡烷含量高，γ-蜡烷/C$_{31}$ HOP 大于 1（图 4-44）。这些特征说明源岩成熟度低，沉积环境为强还原、咸化–半咸化湖相。因此，蠡县斜坡中部不同产层的原油均属于未熟–低熟原油，且与沙一下亚段烃源岩可对比，而与沙三段烃源岩对比性差，研究区此类原油主要来源于蠡县斜坡沙一下亚段烃源岩。

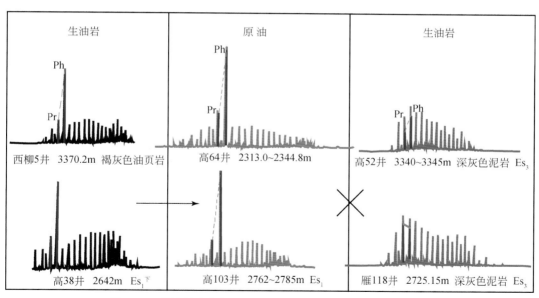

图 4-43　蠡县斜坡未熟–低熟原油与烃源岩饱和烃色谱对比图

（2）成熟原油来自不同的烃源岩。蠡县斜坡的成熟原油主要集中在北部白洋淀地区、郑西背斜等地区。尽管都属于成熟原油，但不同地区成熟原油的烃源岩有所不同。白洋淀

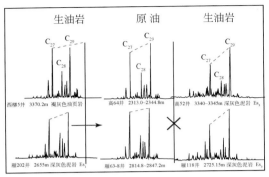 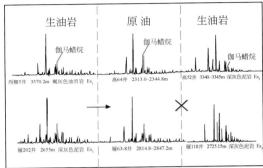

图 4-44　蠡县斜坡未熟–低熟原油与烃源岩甾烷、萜烷谱图对比图

地区成熟原油主要来自白洋淀洼槽沙四段—孔店组烃源岩，郑西背斜的成熟原油主要来自临近洼槽成熟度较高的沙三段烃源岩，赵皇庄地区成熟原油主要来自肃宁洼槽沙三段烃源岩。

（3）混源油分别来自沙一下亚段与沙三段烃源岩的混合以及沙一下亚段与沙四段—孔店组烃源岩的混合。介于高阳油田和白洋淀地区之间的同口地区的古近系原油，各项地化参数介于成熟原油和未熟–低熟油之间，其来源具有混源特征。其中，同口地区古近系原油主要来自南面高阳–西柳地区的沙一下亚段和北部白洋淀洼槽沙四段—孔店组烃源岩。原油地化参数都介于成熟原油和未熟–低熟油之间，有些参数接近沙一下亚段烃源岩，如 Pr/Ph 为 $0.29 \sim 0.43$，Ph/nC$_{18}$ 为 $1.23 \sim 2.69$（图 4-45）；而有些参数接近沙四段—孔店组烃源岩，如 Pr/nC$_{17}$ 小于 1.0，OEP 值大于 1.0 等（图 4-46）。

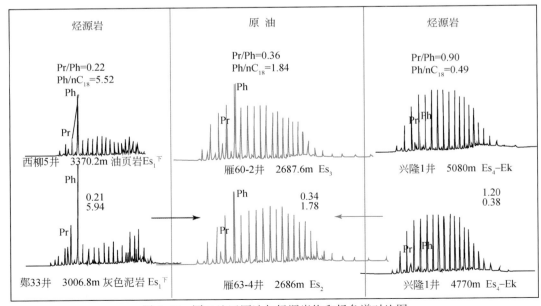

图 4-45　同口地区原油与烃源岩饱和烃色谱对比图

总之，蠡县斜坡及其周边古近系存在三种类型的原油，即分布于高阳–西柳地区的未

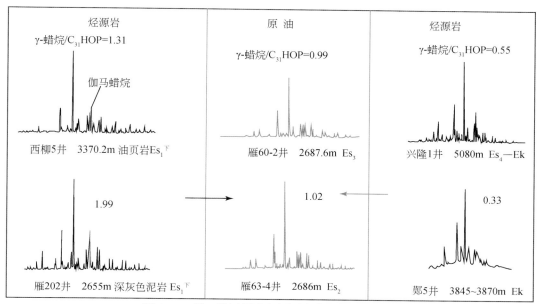

图 4-46　同口地区原油与烃源岩萜烷色谱对比图

熟–低熟油；分布于斜坡北部白洋淀地区和鄚西背斜古近系及南部赵皇庄地区的成熟原油；分布于同口地区的混源油。其中，高阳–西柳地区的未熟–低熟油主要来自蠡县斜坡沙一下亚段烃源岩；白洋淀地区（刘李庄油田）的成熟原油主要来自北部白洋淀洼槽沙四段—孔店组烃源岩，鄚西背斜附近成熟原油主要来自任西洼槽沙三段烃源岩，赵皇庄地区的成熟原油主要来自肃宁洼槽沙三段烃源岩；同口地区的混源油主要来自其南部沙一下亚段烃源岩和北部沙四段—孔店组烃源岩原油的混合。

（三）油气运移动力

通过对油层压力特征的研究，可以探讨油气运移动力类型及其大小。从图 4-47 可知，蠡县斜坡带主要为正常压力和异常负压，压力系数主要分布在 0.9～1.1，异常压力很少。

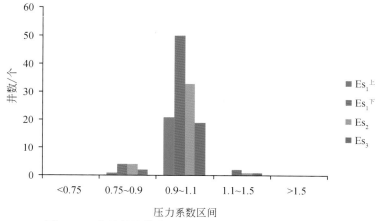

图 4-47　蠡县斜坡带主要含油层段的压力系数分布特征

同时由主要含油层段压力与深度的关系可知，各主要含油层段压力基本位于静水压力线附近，表现为正常压力特征（图4-48）。因此，蠡县斜坡带油气运移的主要动力为浮力，异常高压的作用很小。由于油气运移的动力相对较小，导致油气运移的通道主要为一些物性比较好的通道，运移距离一般都不大。

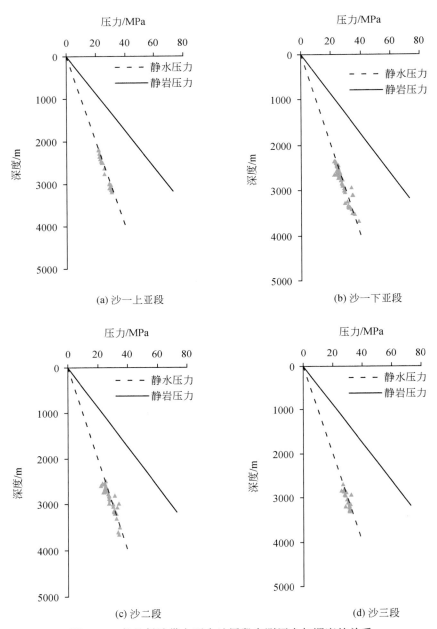

图 4-48　蠡县斜坡带主要含油层段实测压力与深度的关系

（四）油气优势运移路径

1. 不同烃源岩生成的油气优势运移路径

不同烃源岩生成的油气具有不同的优势运移路径。沙一下亚段烃源岩为本区的主力烃源岩，分布范围广。沙一下亚段烃源岩生成的未熟–低熟油主要分布在同口–博士庄鼻状构造以南，在平面上主要沿 4 条油气优势运移路径进行运移，即大百尺–赵皇庄鼻状构造油气优势运移路径、高阳–西柳鼻状构造油气优势运移路径、同口–博士庄鼻状构造油气优势运移路径和出岸鼻状构造油气优势运移路径（图 4-49）。

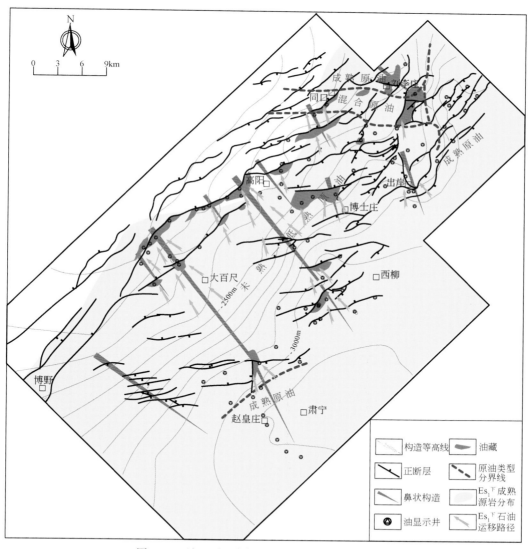

图 4-49 沙一下亚段烃源岩油气优势运移路径图

沙三段烃源岩分布比较局限，同时受油气运移通道的限制，油气运移距离比较短，油气优势运移路径主要有斜坡带中段南部的赵皇庄鼻状构造油气优势运移路径，以及斜坡带北段的博士庄鼻状构造油气优势运移路径和出岸鼻状构造油气优势运移路径（图4-50）。沙四段—孔店组烃源岩主要分布在北部的白洋淀洼槽，其油气优势运移路径主要为刘李庄鼻状构造（图4-51）。

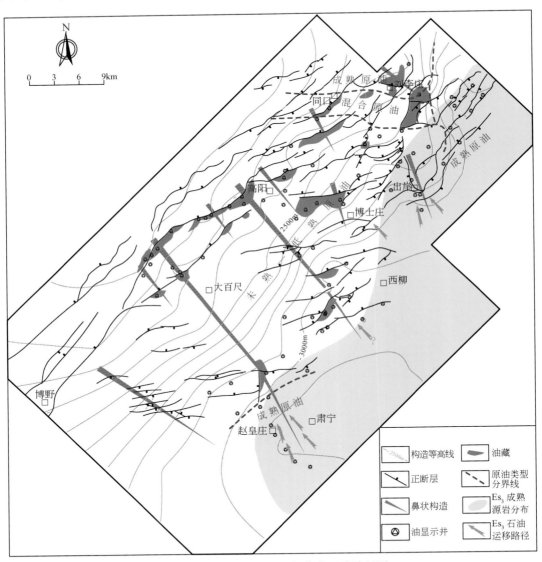

图4-50　沙三段烃源岩油气优势运移路径图

2. 鼻状构造为油气的优势运移路径

由沙三段、沙二段、沙一下、沙一上、东三段和东二段油气显示和油气有效运移通道指数图可知，各层段的油气显示主要沿大百尺-赵皇庄鼻状构造、高阳-西柳鼻状构造、同

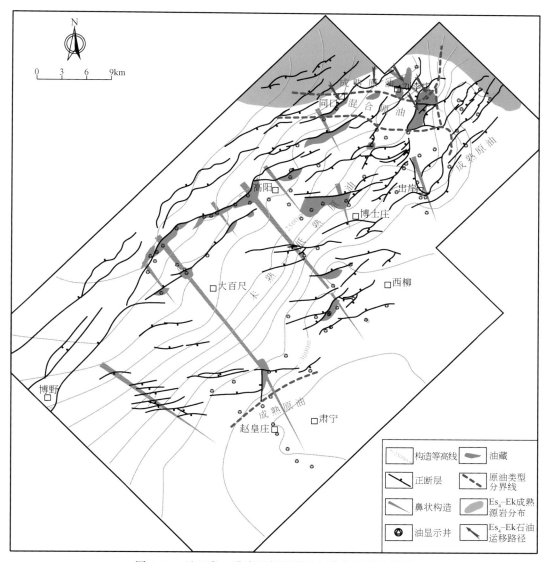

图 4-51 沙四段—孔店组烃源岩油气优势运移路径图

口–博士庄鼻状构造以及出岸鼻状构造分布，同时沿这些鼻状构造带油气有效运移通道指数相对比较大（图 4-16、图 4-17、图 4-20、图 4-21、图 4-24、图 4-25，图 4-26 ~ 图 4-31），表明这些鼻状构造为主要的油气优势运移路径。

通过对各鼻状构造剖面的油气运移特征研究，可以进一步说明鼻状构造为本区主要的油气优势运移路径。自南向北选取 3 条沿主要鼻状构造的北西—南东向剖面，分别为①大百尺–赵皇庄鼻状构造的剖面，高 47—宁 44 井；②高阳–西柳鼻状构造的剖面，高 30—西柳 102；③同口–博士庄鼻状构造的剖面，高 59—西柳 109（图4-52）。从剖面上对蠡县斜坡油气显示及有效运移通道的分布规律进行了分析。从这 3 条剖面的油气显示和油气运移

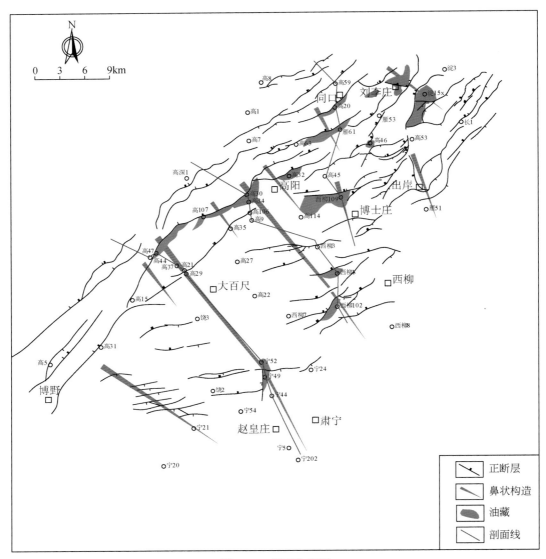

图 4-52 剖面位置图

有效通道指数可知，大百尺–赵皇庄鼻状构造、高阳–西柳鼻状构造和同口–博士庄鼻状构造剖面油气显示级别及分布均比较多，同时油气运移有效通道指数亦比较大，表明这 3 个鼻状构造为油气的优势运移路径。其中大百尺–赵皇庄鼻状构造主要为由沙一上亚段砂体和开启性断层组成的油气优势运移通道，高阳–西柳鼻状构造主要为由沙一上亚段和沙二段砂体和（或）开启性断层组成的油气优势运移通道，而同口–博士庄鼻状构造主要为由沙一下亚段和沙二段砂体和（或）开启性断层组成的油气优势运移通道（图 4-53 ～图 4-55）。

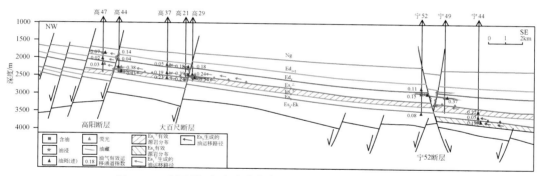

图 4-53 大百尺-赵皇庄鼻状构造剖面油气显示及运移路径

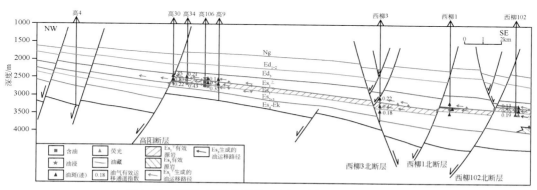

图 4-54 高阳-西柳鼻状构造剖面油气显示及运移路径

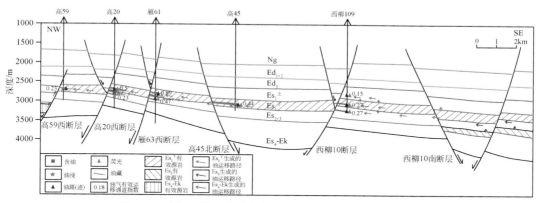

图 4-55 同口-博士庄鼻状构造剖面油气显示及运移路径

第三节 斜坡带油气运移和聚集物理模拟及成藏机理

一、模拟实验装置和实验方法

（一）实验装置

斜坡带油气运移和聚集物理模拟主要应用二维模型，实验装置如图 4-56 所示。实验装置主要由四部分组成，即模型本体、流体注入系统、测量系统和数据采集处理系统。

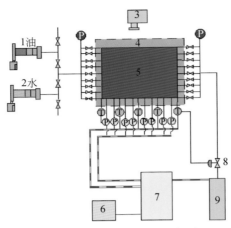

图 4-56 模拟实验装置示意图

1、2. ISCO 泵；3. 摄影机；4. 压力壳；5. 实验本体；6. 计算机；7. 数据采集系统；
8. 背压调节阀；9. 产出液收集器；P. 压力测点；T. 温度测点

流体注入系统主要有注水和注油支路。目前使用的注入泵为美国 ISCO100DX 微量注射泵。流量和注入压力大小可通过注射泵调节和计量。

测量系统主要包括注入、输出流体流量测量、温度测量和压力测量。数据采集和处理系统主要由 HP 公司 HD-2000 型数据采集器、Olympus 数据相机和计算机组成。其中温度和压力均由 HD-2000 型数据采集器采集和处理。本次实验采取室温条件进行，压力测量由压力传感器测定，根据不同的实验模型布置压力测点、油气运移和聚集图象由 Olympus 数码相机和计算机完成。

（二）实验材料和实验方法

1. 实验材料

实验用砂为沈阳玻璃珠厂生产的各种粒度的纯净白色石英砂。石英砂为亲水性，润湿角近于 0°。实验用油为中性煤油，密度为 0.76g/cm³，黏度（25℃）约 42mPa·s。为了使油水间有明显的反差，用微量天然色素将煤油染成棕红色，实验用水为蒸馏水，密度为 1.0g/cm³，黏度（25℃）1mPa·s。

2. 实验步骤

（1）根据实验内容和实验目的构造实验模型。首先将模型充满水，然后将不同粒度的亲水石英砂分层装入模型，边装边振动和压实，以便使砂子充分压实。

（2）确定孔隙度和渗透率。

（3）用平流泵向模型中注入蒸馏水，将模型中的气体驱出，直到注入量等于排出量，使模型饱和水为止。

（4）用 ISCO 泵注入油/水。根据实验情况确定油的注入量和注入速率，注入量和注入压力可通过 ISCO 泵计量，输出液的油、水量用玻璃量筒收集并读数计量。根据斜坡带的油气成藏条件，油的充注方式为连续（稳态）注入方式，即单一油相或油/水两相在某一注油速率下，连续（稳态）充注。单一烃源岩供烃时，设置单一注油口，单一油相连续（稳态）充注，实验方法与曾溅辉等（1999，2000）相同。当两套烃源岩供烃时，设置两个注油口，用两台 ISCO 泵以相同或不同的注油速率由各自的注油口向模型中连续（稳态）充注油。实验至模型中的油、水运动达到稳定，即注入量等于排出量为止。

（5）对油的运移聚集过程进行观察和摄影，同时记录注入量，注入压力以及排水量和排油量。

（6）测定含油饱和度。利用水洗法。将含油的砂放置在清水中，由于油不溶于水中，加上浮力的作用，导致油、水和砂发生分离，计量油的体积，通过计算可得到含油饱和度。

二、蠡县斜坡带油气运移和聚集物理模拟及成藏机理

（一）蠡县斜坡带油气成藏实验模型

1. 岩性圈闭油气成藏实验模型

依据蠡县斜坡中南部弱构造区岩性油气藏发育的基本特征，通过对其岩性圈闭、供烃条件和断层特征的简化，建立岩性圈闭油气成藏实验模型（图4-57），确定实验参数和实验条件（表4-5），探讨岩性圈闭油气成藏特征和成藏机理。实验模型中，F1 和 F2 为断层，考虑到断层 F1 和 F2 断距比较小，没有设计断层带及其物性，只考虑了错开断层两侧的地层。D1 和 D2 为两套地层，其中 D1 地层有供烃层，由于 F1 断层错开，分为供烃层 1 和供烃层 2 两个供烃层，两套烃源岩层各有一个注油口。D2 地层有 7 个物性相对较好的岩性圈闭，其序号分别为 S1～S7，出口由管线引出至模型上方，高于模型顶部 10cm（图4-57）。供烃层 1 和供烃层 2 的渗透率比较高，为 7816md，其目的就是使充注的油能够很快饱和供烃层 1 和供烃层 2，然后通过供烃层 1 和供烃层 2 向砂体运移，类似于烃源灶的

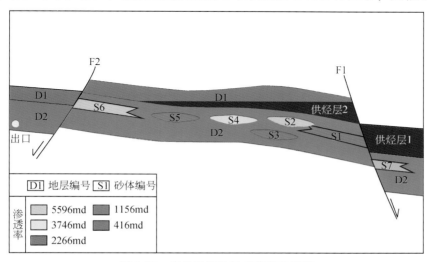

图 4-57　岩性圈闭油气成藏实验模型

作用。两个注油口的注油速率均设定为0.1mL/min。实验前，用平流泵向模型中注水以排驱模型中石英砂孔隙内的空气，待注水量基本等于排水量时，表明各砂层已饱含水，再开始向模型中注油。

表4-5 岩性圈闭成藏实验模型参数

项目	粒径/mm	渗透率/md
砂体1（S1）	0.15~0.2	2266
砂体2（S2）	0.25~0.3	5596
砂体3（S3）	0.15~0.2	2266
砂体4（S4）	0.2~0.25	3746
砂体5（S5）	0.15~0.2	2266
砂体6（S6）	0.25~0.3	5596
砂体7（S7）	0.1~0.15	1156
地层2（D2）（D1）	0.05~0.1	416
地层3（D3）（D2）	0.1~0.15	1156
供烃层1和2	0.3~0.35	7816

2. 断层与输导砂层之间物性的差异对油气运移和岩性圈闭成藏影响实验模型

依据蠡县斜坡雁翎地区油气藏发育的基本特征，通过对其岩性圈闭、供烃条件和断层特征的概化，建立断层与输导砂层之间物性的差异对油气运移和岩性圈闭成藏影响的实验模型（图4-58），确定实验参数和实验条件（表4-6），探讨雁翎地区油气成藏特征和成藏机理。实验模型中，F1为断层，模型自上至下有D1、D2、D3和D4四套地层，其中D1

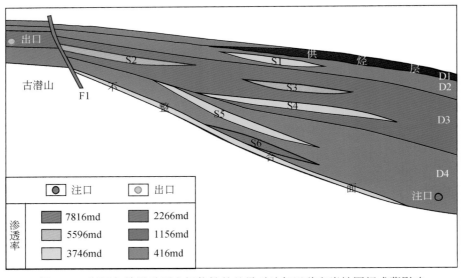

图4-58 断层与输导砂层之间物性的差异对油气运移和岩性圈闭成藏影响
实验模型示意图（图中的颜色代表实验1的物性）

地层总体物性比较低，该地层埋藏较深的部分（模型右侧）为供烃层，在该供烃层设置一个注油口，代表实际地质条件下沙一下亚段烃源岩供烃；D2 地层为一物性相对较低的地层，代表实际地质条件下的沙一下亚段砂层，其中有 1 个物性相对较好，编号为 S1 的砂体；D3 地层为一物性相对较好的地层，代表实际地质条件下的沙二段，其中有 3 个物性相对较好，编号分别为 S2、S3 和 S4 的砂体；D4 地层代表实际地质条件下的沙三段，其中有 2 个物性相对较好，编号分别为 S5 和 S6 的砂体，其下部有一个注油口，代表着沙三段烃源岩供油。D4 地层底部的 B 为一物性较好的不整合面。出口位于 D3 地层上方，由管线引出至模型上方，高于模型顶部 10cm（图 4-58）。供烃层的渗透率比较高，为 7816md，其目的就是使充注的油能够很快饱和供烃层，然后通过供烃层向砂体运移，类似于烃源灶的作用。为了便于区别不同来源的油，供烃层的油为蓝色，D4 地层注油口的油为红色。实验时，先以 0.05mL/min 的注油速率向上部（沙一下亚段）供烃层注油，待上部（沙一下亚段）供烃层基本饱和油以后，再开始以 0.1mL/min 注油速率向下部（沙三段）注油口注油。

表 4-6　断层与输导砂层之间物性的差异对油气运移和岩性圈闭成藏影响实验模型参数

项目	粒径/mm			渗透率/md		
	实验 1	实验 2	实验 3	实验 1	实验 2	实验 3
断层（F）	0.1~0.15	0.15~0.2	0.2~0.25	1156	2266	3746
地层 1（D1）非供烃层	0.05~0.1			416		
地层 1（D1）供烃层	0.3~0.35			7816		
地层 2（D2）	0.1~0.15			1156		
地层 3（D3）	0.15~0.2			2266		
地层 4（D4）	0.1~0.15			1156		
不整合面（B）	0.2~0.25			3746		
砂体 1（S1）	0.2~0.25			3746		
砂体 2（S2）	0.25~0.3			5596		
砂体 3（S3）						
砂体 4（S4）	0.2~0.25			3746		
砂体 5（S5）						
砂体 6（S6）	0.15~0.2			2266		
砂体 7（S7）	0.1~0.15			1156		

（二）岩性圈闭油气成藏过程和成藏机理

1. 油的运移和聚集过程

实验前，用平流泵向模型中注水以排驱模型中石英砂孔隙内的空气，待注水量基本等于排水量时，表明各砂层已饱含水，此时开始向模型中注油。两个注口注油速率均设定在 0.1mL/min。供烃层 1 由于被断层断下，埋深较大，先于供烃层 2 成熟和排油，因此首先向供烃层 1 充注油。当注油 126min，供烃层 1 基本充满后，开始向供烃层 2 中注油（图 4-59（a））；注油 418min，供烃层 1 的油气已经通过砂体 1 进入砂体 2 中，供烃层 2 尚未充满油（图 4-59（b））；注油 771min，供烃层 1 排出的油已经穿过砂体 2 到达砂体 2 和砂体 4 之间的地层，供烃层 2 已经充满油，开始向下部 D2 地层运移（图 4-59（c））；注油 889min，供烃层 1 和供烃层 2 排出的油已经混合进入砂体 4 中，供烃层 2 在整个与 D2 地层的接触带上向 D2 地层运移，不过离注油口越近，运移强度越大（图 4-59（d））；注油 1093min，混合的油的运移前缘已经到达砂体 5 中，同时砂体 3 和砂体 7 也开始进入油气，不过进入砂体 3 和砂体 7 中的油基本上为供烃层 1 排出的油，砂体 1 和砂体 2 随着时间的增加，含油饱和度也在不断地增加，这主要是因为它们距离两个供烃层比较近的缘故（图 4-59（e））；注油 1294min，混合的油的运移前缘已经进入砂体 6，此时砂体 3 的含油饱和度增加很大，但是砂体 7 的含油饱和度增加较小，原因是因为砂体 7 的物性较差（图 4-59（f））；注油 2200min，砂体 1 至砂体 7 都有不少的油充注，出口油水同出，系统尚未达到稳定（图 4-59（g））；注油 2761min，出口处全部出油，注口注入量和出口排出量基本相等，系统达到稳定，砂体 1 至砂体 7 含油饱和度达到最大，即使再注油，这些砂体的含油饱和度也不会再增加，实验结束（图 4-59（h））；最后拆开模型，除去模型表面的一层砂后，可以看到砂体 1 的含油饱和度要高于物性相同的砂体 3 和 5，砂体 2 含油饱和度高于

图 4-59　岩性圈闭油的运移和聚集过程

（a）注油 126min；（b）注油 418min；（c）注油 771min；（d）注油 889min；（e）注油 1093min；

（f）注油 1294min；（g）注油 2200min；（h）注油 2761min；（i）拆开模型后

物性相同的砂体 6，这是因为砂体 1 和 2 离供烃层较近，砂体 4 的含油饱和度高于砂体 5，两砂体距离供烃层的远近差不多，这主要是因为砂体 4 的物性比 5 好。（图 4-59（i））。

2. 岩性圈闭油气成藏机理分析

上述油的运移和聚集过程，揭示了岩性圈闭油气成藏机理。

（1）与烃源岩的距离大小是影响砂体成藏与否和成藏早晚的最重要因素。从图 4-60 我们可以看出，距离烃源岩比较近的砂体 1、2、4 首先充注；其次是砂体 5、3、7；距离烃源岩最远的砂体 6 最后充注，充注次序与它们的渗透率没有明显关系，而与砂体离烃源岩远近有关。

图 4-60　岩性圈闭油的充注先后次序

砂体 1 的物性差于砂体 2、砂体 4 和砂体 6，但是由于砂体 1 比砂体 2、砂体 4 和砂体 6 更靠近油源，故砂体 1 的成藏时间早于砂体 2、砂体 4 和砂体 6，并且在相同的成藏时间下，砂体 1 的含油饱和度也高于砂体 2、砂体 4 和砂体 6。

砂体 2 和砂体 6 物性一致，但是由于砂体 2 比砂体 6 更靠近油源，故砂体 2 的成藏时间远早于砂体 6，并且含油饱和度也高于砂体 6。同样，物性相同的砂体 1、砂体 3 和砂体 5 也表现出相似的规律。

（2）烃源岩有利供烃范围与砂体物性耦合控制砂体含油性，其中有利供烃范围为首要控制因素，而砂体物性为次要控制因素。

从图 4-61 可以看到，砂体 2（5596md）和砂体 4（3746md）的含油性最好，这是因为砂体在有效供烃范围内而且物性较好，为好储层；砂体 1（2266md）的含油性次之，它虽然离烃源岩最近，但是储层物性相对较差，为中等储层；再次就是砂体3（2266md）、5（2266md）和7（1156md）的含油性，它们位于有效供烃范围边缘，物性中等或较差，为中等或差储层；砂体6（5596md）的含油性最差，虽然砂体物性较好，为好储层，但是它处在有效供烃范围之外，远离烃源岩，油气供给不足，因此含油性最差。

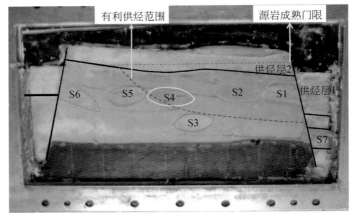

图 4-61　不同岩性圈闭含油性对比

（三）断层与输导砂层之间物性的差异对油的运移和岩性圈闭成藏影响过程及影响机理

1. 断层与输导砂层之间物性的差异对油的运移和岩性圈闭成藏影响过程

图 4-62、图 4-63 和图 4-64 分别为断层与输导砂层之间物性的差异对油气运移和岩性圈闭成藏影响实验 1、实验 2 和实验 3，不同注油时间油的运移聚集过程。图中蓝色的代表沙一下亚段生成的油，黄色的代表沙三段生成的油。可知，由于断层 F 的物性变化，导致沙一下亚段和沙三段生成的油的运移路径以及岩性圈闭的成藏的差异性。随着断层 F 的

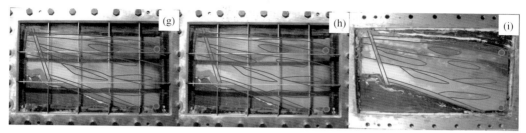

图 4-62　断层对油气运移和岩性圈闭成藏影响实验 1 油的运移聚集过程

（a）注油 415min；（b）注油 791min；（c）注油 1149min；（d）注油 1875min；（e）注油 3061min；

（f）注油 3684min；（g）注油 4576min；（h）注油 6057min；（i）拆开模型后

渗透率增加，沙一下亚段生成的油的运移通道由地层 2 向地层 3 不断扩展。油气运移通道由实验 1 的地层 2 和地层 3 向实验 2 的地层 3 以及实验 3 的地层 2、3 和 4 变化，同时各砂体的成藏特点和含油性亦变化很大。

图 4-63　断层对油气运移和岩性圈闭成藏影响实验 2 油的运移聚集过程

（a）注油 719min；（b）注油 854min；（c）注油 1672min；（d）注油 2392min；（e）注油 2766min；

（f）注油 3084min；（g）注油 3487min；（h）注油 5989min；（i）拆开模型后

2. 断层与输导砂层之间物性的差异对油气运移和岩性圈闭成藏影响机制

（1）断层与输导砂层之间物性的差异对油的运移通道和路径的影响。在实验 1，当断层的渗透率（$K=1156$md）相对小（小于地层 3 的渗透率 2266md）时，沙一下亚段生成

图 4-64　断层对油气运移和岩性圈闭成藏影响实验 3 油的运移聚集过程

（a）注油 668min；（b）注油 1246min；（c）注油 1702min；（d）注油 2467min；（e）注油 2841min；

（f）注油 3336min；（g）注油 3650min；（h）注油 4126min；（i）注油 5656min

的油主要在地层 2（D2）中运移，并通过地层 2（D2）直接经断层排出，只有很少部分油进入地层 3（D3）；沙三段生成的油主要在物性最好的地层 3（D3）中运移，并通过地层 3（D3）直接经断层排出，同时一部分油进入地层 4（D4），并在其中运移，还有少部分油进入地层 2（D2）中运移。此时，地层 2（D2）为沙一下亚段生成的油的主要运移通道，而地层 3（D3）为沙三段生成的油的主要运移通道（图 4-65（a））。

在实验 2，当断层的渗透率（$K=2266$md）中等（等于地层 3 的渗透率 2266md）时，沙一下亚段生成的油首先进入供烃层下方的地层 2（D2），然后再进入物性最好的地层 3（D3），并通过地层 3（D3）直接经断层排出；同时由沙三段生成的油亦通过地层 4（D4）很快进入物性最好的地层 3（D3），并与沙一段生成的油混合，直接经断层排出，此时物性最好的地层 3（D3）同时为沙一下亚段和沙三段生成的油的主要运移通道（图 4-65（b））。

在实验 3，当断层的渗透率（$K=3746$md）较大（大于地层 3 的渗透率 2266md）时，沙一下亚段生成的油除了一部分在地层 2（D2）中运移，并通过地层 2（D2）直接经断层排出之外，还有一部分油进入物性最好的地层 3（D3），并通过地层 3（D3）直接经断层排出；沙三段生成的油除了一部分在物性最好的地层 3（D3）中运移，并通过地层 3（D3）直接经断层排出之外，同时一部分油进入地层 4（D4），并通过地层 3（D3）直接经断层排出，没有油进入地层 2（D2）中运移。此时，地层 2、3 和 4 均为油的运移通道，其中地层 2（D2）为沙一下亚段生成的油的主要运移通道，地层 4（D4）为沙三段生成的油的主要运移通道，而物性最好的地层 3（D3）同时为沙一下亚段和沙三段生成的油的主要运移通道（图 4-65（c））。

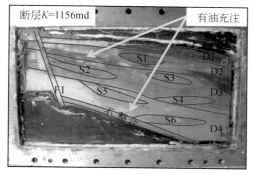

(a) 实验1

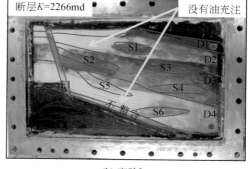

(b) 实验2

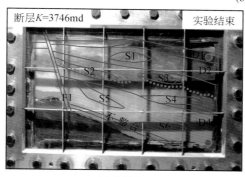

(c) 实验3

图 4-65　实验 1、实验 2 和实验 3 实验结束时油的运移路径对比

（2）断层与输导砂层之间物性的差异对岩性圈闭成藏的影响。实验 1，断层的渗透率（$K=1156$md）小于地层 3 的渗透率（$K=2266$md）时，6 个岩性圈闭（砂体）（S1～S6）均有油充注并成藏，其中砂体 1 至砂体 4 的充满度比较高，砂体 5 和 6 的充满度相对低。砂体 1 和砂体 2 具有沙一下亚段和沙三段的混源油，其中砂体 1 来自沙一下亚段的油相对多一些，而砂体 2 只有少量的沙一下亚段的油，砂体 3 至砂体 6 均为沙三段的油（图 4-62）。

实验 2，断层的渗透率（$K=2266$md）等于地层 3 的渗透率（$K=2266$md）时，砂体 1 至砂体 4（S1～S4）有油充注并成藏，砂体 6 部分油充注，砂体 5 没有油的充注。砂体 1 为来自沙一下亚段的油，砂体 4 和 6 为沙三段的油，砂体 2 和 3 为沙一下亚段和沙三段的混源油（图 4-63）。

实验 3，断层的渗透率（$K=3746$md）大于地层 3 的渗透率（$K=2266$md）时，6 个岩性圈闭（砂体）（S1～S6）均有油充注并成藏，油的充满度均较高。砂体 1 为来自沙一下亚段的油，砂体 5 和 6 为沙三段的油，砂体 2、3 和 4 为混源油，其中砂体 2 和 3 来自沙一下亚段的油相对较多，而砂体4只有很少量的沙一下亚段的油（图4-64）。

（3）断层和输导砂体的物性差异对上部（沙一下亚段）和下部（沙三段）两套烃源岩的供烃范围的影响。断层和输导砂体的物性差异影响上部（沙一下亚段）和下部（沙三段）两套烃源岩的供烃范围，随着断层渗透率的不断增大，从实验1至实验3，上部（沙一下亚段）烃源岩的供烃范围向下部逐渐扩展，供烃范围不断增大，而下部（沙三段）烃源岩的供烃范围由上部向下部逐渐收缩（图4-66）。

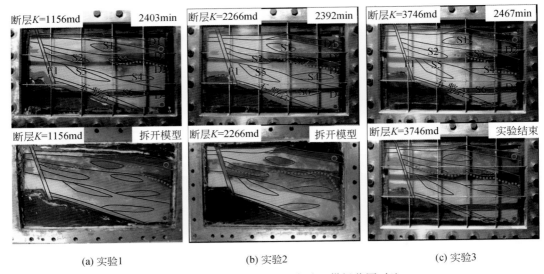

(a) 实验1　　　　　　　　(b) 实验2　　　　　　　　(c) 实验3

图4-66　实验1、实验2和实验3供烃范围对比

实验1，断层 $K=1156md$，从图4-66（a）可以看到，当注油2403min时，上下两套烃源岩的供烃边界大致在地层3（D3）的上部，实验结束以后拆开模型，可以看到上下两套烃源岩的供烃边界大致在地层2（D2）和地层3（D3）的边界线附近，供烃边界的向上变动是由于在2403min以后的注油过程中，沙三段的油气进入地层3（D3）以后对原来进入地层3（D3）中的沙一段油气进行了一定程度的驱替，因此供烃边界会在注油过程中向上移动。

实验2，断层 $K=2266md$，从图4-66（b）可以看到，当注油2392min时，上下两套烃源岩的供烃边界大致在地层3（D3）的上部，实验结束以后拆开模型，可以看到上下两套烃源岩的供烃边界大致在地层3（D3）的上部或者地层2（D2）和地层3（D3）的边界线附近，供烃边界的向上变动是由于在2392min以后的注油过程中，沙三段的油气进入地层3（D3）以后对原来进入地层3（D3）中的沙一段油气进行了一定程度的驱替，因此供烃边界会在注油过程中向上移动。

实验3，断层 $K=3746md$，从图4-66（c）可以看到，当注油2467min时，上下两套烃源岩的供烃边界大致在地层3（D3）的中部，注油5656min实验结束，可以看到上下两套烃源岩的供烃边界大致在地层3（D3）的中部或下部，供烃边界在注油过程中没有发生较大的移动。

其原因主要为，一方面当断层渗透率逐渐增大时，砂层2越来越成为最优油气运移通道，上部烃源岩的油气通过砂层 1 进入砂层 2 运移也变得越来越容易，因此越来越多的上部烃源岩生成的油气会以最近的距离进入砂层 2 运移，另一方面，实验 3 中不整合输导了一部分的沙三段油气进入断层和地层 4（D4），导致进入地层 3（D3）中的沙三段油气减少，上述两方面的原因造成沙一下亚段烃源岩的供烃范围逐渐增大，下部（沙三段）烃源岩的供烃范围由上部向下部逐渐收缩。

（4）断层和输导砂体的物性差异对不整合面输导作用的影响。三组实验中，不整合面的渗透率 $K=3746$md。实验 1 和实验 2，断层渗透率 $K=1156$md 和 $K=2266$md，不整合不起作用，砂体 6 的油气是通过地层 4（D4）进入的（图 4-67（a）和图 4-67（b））。实验 3，断层 $K=3746$md，不整合面和断层的渗透率一样，不整合面起输导作用，地层 4（D4）中的部分油气通过不整合进入断层输导，砂体 6 的油气来自于不整合面和地层 4（D4）（图 4-67（c））。

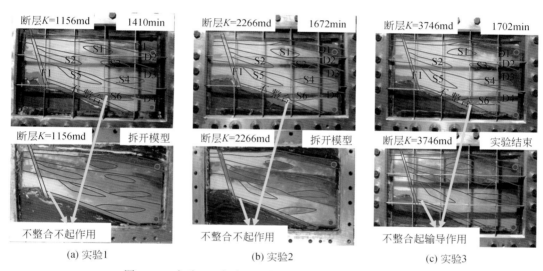

图 4-67　实验 1、实验 2 和实验 3 不整合面输导作用对比

三、文安斜坡带油气运移和聚集物理模拟及成藏机理

（一）文安斜坡带油气成藏实验模型

与蓟县斜坡带不同，文安斜坡带断层比较发育，油气的运移和聚集主要受断层物性和地层的非均质性的影响。根据文安斜坡带南马庄-议论堡和史各庄地区的地质和石油地质特征，建立了文安斜坡带油气成藏实验模型，探讨断层和地层耦合控制下的油气运聚成藏过程及其成藏机理。

1. 南马庄-议论堡油气成藏实验模型

南马庄-议论堡油气成藏实验模型如图 4-68 所示。实验模型由两套盖层、两套地层和四条断层组成。两套盖层（盖层 1 和 2）从斜坡内带至中带和外带物性均一致。地层 1 内夹有 1 个物性较好的砂层 1，砂层 1 在 AB 线附近不连续。地层 2 内也夹有 1 个物性较好的砂层2，从斜坡内带至中带和外带物性、地层1和地层2及其所夹的砂层1和砂层2的物性均逐渐变好，渗透率逐渐增加。四条断层（F1、F2、F3和F4）的物性亦存在一定的差异。具体实验参数见表4-7。出口1和出口2分别位于地层1和地层2，出口由管线引出至模型上方，高于模型顶部10cm。注油口位于地层2的下方，注油速率设定为0.1mL/min。实验前，用平流泵向模型中注水以排驱模型中石英砂孔隙内的空气，待注水量基本等于排水量时，表明各砂层已饱含水，再开始向模型中注油。

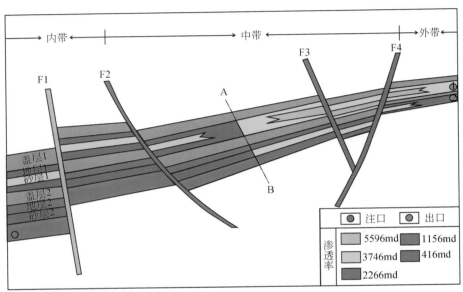

图4-68　南马庄–议论堡油气成藏实验模型示意图（图中的颜色代表实验2的物性）

表4-7　南马庄–议论堡油气成藏实验模型参数

项目	粒径/mm		渗透率/md	
	实验1	实验2	实验1	实验2
断层（F1）	0.25~0.3		5596	
断层（F2）	0.1~0.15	0.15~0.2	1156	2266
断层（F3）	0.15~0.2		2266	
断层（F4）	0.15~0.2	0.2~0.25	2266	3746
盖层1和盖层2	0.05~0.1		416	
地层1（AB线左侧）	0.15~0.2		2266	
地层1（AB线右侧）	0.2~0.25		3746	
地层2（AB线左侧）	0.1~0.15		1156	
地层2（AB线右侧）	0.15~0.2		2266	
砂层1（AB线左侧）	0.2~0.25		3746	
砂层1（AB线右侧）	0.25~0.3		5596	
砂层2（AB线左侧）	0.15~0.2		2266	
砂层2（AB线右侧）	0.2~0.25		3746	

2. 史各庄油气成藏实验模型

史各庄油气成藏实验模型如图 4-69 所示。实验模型由两套盖层、三套地层和五条断层组成。两套盖层（盖层 1 和 2）的物性均一致。地层 1、地层 2 和地层 3 内分别夹有 1 个物性较好的砂层 1、砂层 2 和砂层 3。从斜坡带底部至斜坡带顶部，地层 1、地层 2 和地层 3 及其所夹的砂层 1、砂层 2 和砂层 3 的物性均逐渐变好，渗透率逐渐增加。五条断层（F1、F2、F3 、F4 和 F5）的物性亦存在一定的差异。具体实验参数见表 4-8。出口 1 和出口 2 分别位于地层 1 和地层 2，出口由管线引出至模型上方，高于模型顶部 10cm，注油口位于地层 3 的下方，注油速率设定为 0.1mL/min。实验前，用平流泵向模型中注水以排驱模型中石英砂孔隙内的空气，待注水量基本等于排水量时，表明各砂层已饱含水，再开始向模型中注油。

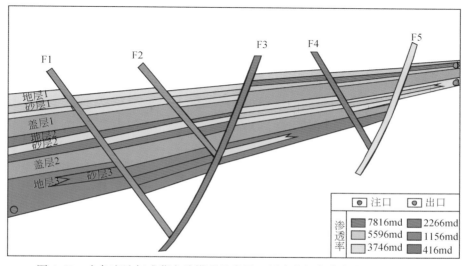

图 4-69　史各庄油气成藏实验模型示意图（图中的颜色代表实验 1 的物性）

表 4-8　史各庄油气成藏实验模型参数

项目	粒径/mm		渗透率/md	
	实验 1	实验 2	实验 1	实验 2
断层（F1）	0.1~0.15	0.15~0.2	1156	2266
断层（F2）				
断层（F3）	0.15~0.2	0.2~0.25	2266	3746
断层（F4）				
断层（F5）	0.2~0.25	0.25~0.3	3746	5596
盖层 1 和盖层 2	0.05~0.1		416	
地层 1（F3 断层以下）	0.2~0.25		3746	
地层 1（F3 断层以上）	0.25~0.3		5596	
地层 2（F3 断层以下）	0.15~0.2		2266	

项目	粒径/mm		渗透率/md	
	实验1	实验2	实验1	实验2
地层2（F3断层以上）	0.2~0.25		3746	
地层3（F3断层以下）	0.1~0.15		1156	
地层3（F3断层以上）	0.15~0.2		2266	
砂层1（F3断层以下）	0.25~0.3		5596	
砂层1（F3断层以上）	0.3~0.35		7816	
砂层2（F3断层以下）	0.2~0.25		3746	
砂层2（F3断层以上）	0.25~0.3		5596	
砂层3（F3断层以下）	0.15~0.2		2266	
砂层3（F3断层以上）	0.2~0.25		3746	

（二）文安斜坡带油气运移和聚集过程

1. 南马庄–议论堡实验模型油的运移和聚集过程

图4-70和图4-71分别为南马庄–议论堡实验模型实验1和实验2的油的运移和聚集过

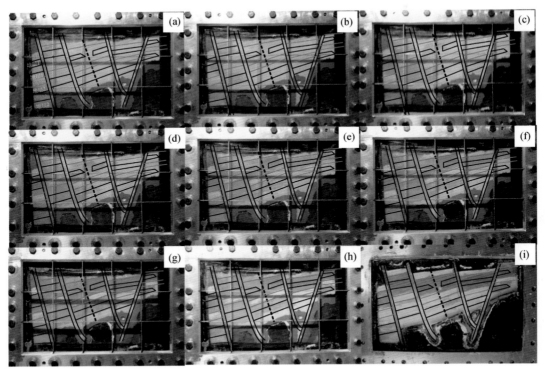

图4-70　南马庄–议论堡实验模型实验1油的运移聚集过程

（a）注油90min；（b）注油139min；（c）注油368min；（d）注油487min；（e）注油971min；
（f）注油3579min；（g）注油9787min；（h）注油11567min；（i）拆开模型后

程。从图4-70可知，实验1中大部分油沿着物性最好的断层F1运移进入物性较好的地层1，并在地层1及其所夹的砂层1中运聚成藏，同时亦有少部分油进入下部的地层2，并在地层2及其所夹的砂层2表面运移。从图4-71可知，当断层F2和F4的渗透率增加时（实验2），注入的油沿着物性最好的断层F1运移进入物性较好的地层1，并在地层1及其所夹的砂层1中运聚成藏，下部的物性相对较差的地层2及其所夹的砂层2没有发生油的运移。

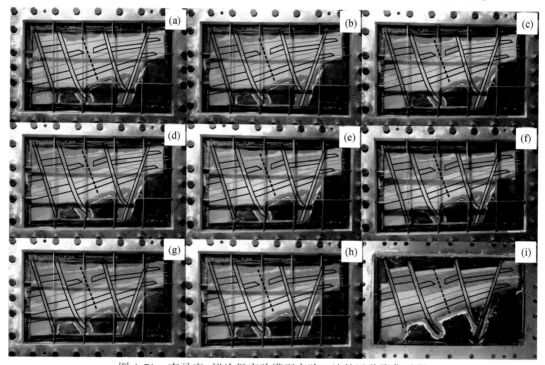

图4-71　南马庄–议论堡实验模型实验2油的运移聚集过程

（a）注油323min；（b）注油1163min；（c）注油1511min；（d）注油2225min；（e）注油2600min；

（f）注油3036min；（g）注油7711min；（h）注油11909min；（i）拆开模型后

2. 史各庄实验模型油的运移和聚集过程

图4-72和图4-73分别为史各庄实验模型实验1和实验2的油的运移和聚集过程。各断层带物性相对较差的实验1中，注入的油首先沿断层F1进入了F1两侧的地层2中，然

图4-72　史各庄实验模型实验1油的运移聚集过程

（a）注油333min；（b）注油521min；（c）注油774min；（d）注油910min；（e）注油1480min；

（f）注油2278min；（g）注油3785min；（h）注油8600min；（i）拆开模型后

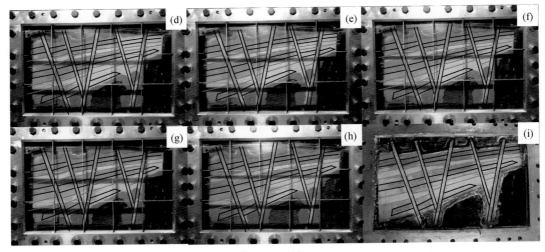

图 4-72（续）

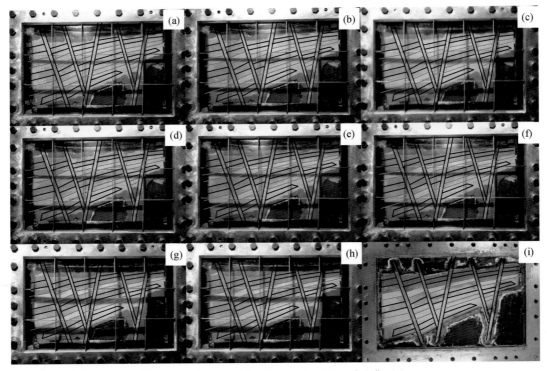

图 4-73　史各庄实验模型实验 2 油的运移聚集过程

（a）注油 254min；（b）注油 487min；（c）注油 568min；（d）注油 972min；（e）注油 1509min；
（f）注油 3577min；（g）注油 5589min；（h）注油 7816min；（i）拆开模型后

后沿断层 F2 进入了 F2 右侧的地层 2，以及沿断层 F2 进入上部的地层 1 及其所夹的砂层 1，并在地层 1 中运聚成藏，同时亦有一部分油进入断层 F1 和断层 F4 之间的地层 2 并聚集成藏。仅有比较少的油进入断层 F1 和断层 F2 之间的地层 3（图4-72）。

从图4-73可知，当各断层的渗透率增加时（实验2），注入的油除了沿断层 F1 进入了 F1 两侧的地层 2 之外，还有一部分油沿断层 F1 进入上部的地层 1 及其所夹的砂层 1，并在地层 1 中运聚成藏，此时，地层 1 及其所夹的砂层 1 为油运移的主要通道及聚集的主要岩性圈闭，断层 F1 和断层 F4 之间的地层 2 的表面发生了油的运移，其中断层 F1 和断层 F3 之间物性较好的砂层 2 中，有少量的油的聚集，地层 3 没有发生油的运移和聚集。

（三）文安斜坡带油气成藏机理分析

文安斜坡带油气成藏模拟实验揭示了文安斜坡带油气成藏机理。

1. 断层带的物性对斜坡带石油的运移通道和路径的影响

当断层带的物性比较好时，油比较容易沿断层带向上运移，进入物性好的上部地层，然后在物性好的上部地层侧向运移，此时只有物性好的上部地层为石油运移的通道和路径。当断层带的物性相对较差时，一部分油沿断层带向上运移，进入物性好的上部地层，然后在物性好的上部地层侧向运移，另一部分油直接从断层进入物性相对较差的下部地层侧向运移，下部地层再与斜坡带上部物性较好的断层组成输导网络，此时有两条油的运移通道和路径，一条为物性比较好的上部地层，另一条为下部地层与斜坡带上部物性较好的断层组成输导网络。

图4-74为南马庄–议论堡实验模型实验1（断层带物性相对较差）和实验2（断层带物性相对较好）结束之后的油的运移通道和路径对比图，从图4-74（a）中可以看到地层 1 和地层 2 中都有油的运移，也就是说实验 1 存在上、下两个运移通道和路径；图 4-74（b）中只有地层 1 中有油的运移，地层 2 中没有油的运移，断层 F4 右侧地层 2 中的油气是通过断层 F4 倒灌下来的，说明实验 2 中只有一条油的运移通道和路径。

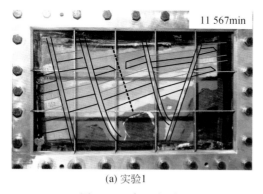
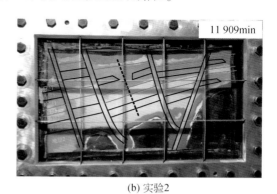

(a) 实验1　　　　　　　　　　　　　　　　(b) 实验2

图4-74　南马庄–议论堡实验模型实验 1 和实验 2 油的运移通道和路径对比

2. 断层带的物性对斜坡带石油聚集的影响

当断层带的物性比较好时，物性好的上部地层为石油运移的通道和路径，石油主要聚集在与物性比较好的上部有关的岩性圈闭、断层圈闭和斜坡带顶部的地层圈闭中。当断层带的物性相对较差时，油的运移通道和路径为物性好的上部地层，以及下部地层与斜坡带上部物性较好的断层组成的输导网络，此时石油除了聚集在与物性好的上部地层有关的岩性圈闭、断层圈闭和斜坡带顶部的地层圈闭之外，还聚集在与物性相对好的下部（中部）地层有关的岩性圈闭、断层圈闭中。

图 4-75 为史各庄实验模型实验 1（断层带物性相对较差）和实验 2（断层带物性相对较好）结束之后的油的聚集特征对比图，从图 4-75（a）中可以看到与物性好的地层 1 有关的岩性圈闭和断层圈闭都发生了油的聚集，同时断层 F1 和 F4 之间，物性较好的地层 2 中的岩性圈闭和断层圈闭亦有油的聚集。图 4-75（b）中油主要聚集在与物性好的地层 1 有关的岩性圈闭和断层圈闭中。

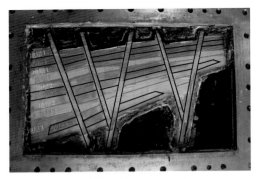 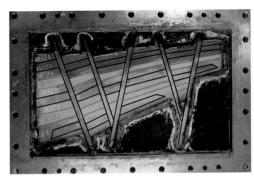

(a) 实验1（拆开模型）　　　　　　　　　(b) 实验2（拆开模型）

图 4-75　史各庄实验模型实验 1 和实验 2 油的聚集特征对比

四、斜坡带油气成藏机理分析

通过大量的勘探实践以及蠡县斜坡带和文安斜坡带的物理模拟实验、油气成藏机理分析，得到了以下几点认识。

（一）鼻状构造是油气的优势运移路径

例如，蠡县斜坡带沙一下亚段烃源岩为本区的主力烃源岩，分布范围广。沙一下亚段烃源岩生成的未熟－低熟油主要分布在同口－博士庄鼻状构造以南，在平面上油气主要沿 4 个鼻状构造，即大百尺－赵皇庄鼻状构造、高阳－西柳鼻状构造、同口－博士庄鼻状构造和出岸鼻状构造油气优势运移路径分布。沿这些鼻状构造油气有效运移通道指数相对比较大。文安斜坡带油气分布也主要是沿苏桥鼻状构造、史各庄鼻状构造、议论堡鼻状构造和长丰镇鼻状构造优势运移路径分布。

（二）高渗透性地层是油气的优势运移通道

在模拟实验中，当向高渗透性层中注油时，油总是先充满高渗透性层，然后再向渗透率低的相邻地层中运移。在蠡县斜坡的模拟实验中，当地层 3 为高渗透层时，是上下两个供油口提供的油气运移聚集的主要场所。在文安斜坡的模拟实验中，当断层渗透性好，大于地层渗透性时，油气以沿断层作垂向运移为主，在上部（浅层）高渗透性地层中汇聚成藏。当断层渗透性差，低于地层渗透性时，油气主要在下部（深层）地层中侧向运移聚集。

因此，斜坡带的油气运移是阶梯式的。油气首先进入烃源层附近的高渗透性地层，然后顺层侧向运移，遇到渗透性大于或等于该地层的断层时，再沿断层作垂向运移到浅层渗透性好的地层中。

（三）断层带的物性影响油气运移和路径

当断层带的物性比较好时，物性好的上部地层为石油运移的通道和路径，石油主要聚集在与物性比较好的上部有关的岩性圈闭、断层圈闭和斜坡带顶部的地层圈闭中。当断层带的物性相对较差时，油的运移通道和路径为物性好的上部地层，以及下部地层与斜坡带上部物性较好的断层组成的输导网络，此时石油除了聚集在与物性好的上部地层有关的岩性圈闭、断层圈闭和斜坡带顶部的地层圈闭之外，还聚集在与物性相对好的下部（中部）地层有关的岩性圈闭、断层圈闭中。

（四）复合输导体系中，物性影响油气运移和路径

当一种输导体的渗透率大于或等于另一种输导体时，油气就能从另种输导体向这种输导体运移，形成复合输导体系。当一种输导体的渗透率小于另一种输导体时，油气就不能从另种输导体向这种输导体运移。例如，蠡县斜坡带油气成藏实验，三组实验中，不整合面的渗透率 $K = 3746$md。实验 1 和实验 2，断层渗透率 $K = 1156$md 和 $K = 2266$md，不整合不起作用，砂体 6 的油气是通过地层 4（D4）进入的（图 4-67（a）和图 4-67（b））。实验 3，断层 $K = 3746$md，不整合面和断层的渗透率一样，不整合面起输导作用，地层 4（D4）中的部分油气通过不整合进入断层输导，砂体 6 的油气来自于不整合面和地层 4（D4）（图 4-67（c））。

另外，与烃源层距离的远近是油气成藏和油藏形成早晚的重要影响因素。模拟实验表明，距烃源层近的圈闭优先捕获油气，含油饱和度高，油气成藏期早；反之亦然。

第五章　斜坡带油气藏精细勘探实践

第一节　饶阳凹陷蠡县斜坡带精细勘探

一、勘探概况

蠡县斜坡带是冀中拗陷饶阳凹陷的西部斜坡带（图5-1），为一个西抬东倾、北东走向的古近系和新近系平台型沉积斜坡带（图5-2）。该斜坡北起雁翎潜山带，南到刘村低凸起，西至高阳断层，东部倾没于任西、肃宁洼槽，面积约2000km²，是冀中拗陷面积最大的斜坡带。

蠡县斜坡带的钻探工作始于20世纪60年代初。1963年钻探了第一口探井——冀参1井，1977年发现了雁翎蓟县系雾迷山组潜山油藏，探明含油面积9.6km²，石油地质储量2871×10⁴t。至20世纪80年代中后期，该区勘探重点由潜山油藏转移到古近系构造油藏。到1995年年底完成了二维地震，测网密度达1km×1km，完成三维地震满覆盖面积301km²；钻探井36口，获工业油流井14口，发现了古近系东营组、沙一上亚段、沙一下亚段、沙二段、沙三段等五套含油层系，找到了西柳和高阳两个油田，探明石油地质储量2284×10⁴t。认识到该区北西向鼻状构造和北东向断层是影响油气聚集的主控因素，油气主要沿切割北西向鼻状构造的北东向反向正断层上升盘的断鼻、断块等构造圈闭分布，建立了反向断层控制的断鼻、断块型圈闭成藏模式。但在这种认识指导下，自1996~2005年，先后在西柳、赵皇庄、高阳、同口等地区钻探12口探井，仅发现了3个小油藏，始终没能取得实质性进展。

2006年以来，针对蠡县斜坡中北部主要目的层沙河街组砂岩厚度薄、分布范围广的特点，构建了"大面积、低丰度、薄油层"的岩性油藏和构造岩性油藏新模式，开展精细勘探，取得了丰硕成果，发现三级石油地质储量1.24×10⁸t，实现了蠡县斜坡勘探史上的重大突破。

二、基本成藏条件

（一）油源条件

蠡县斜坡发育有沙一下亚段、沙三段和沙四段-孔店组三套烃源层，总生油量18.63×10⁸t，总地质资源量2.36×10⁸t，油气资源较为丰富。

沙一下亚段烃源岩是区内最主要的烃源岩。遍及斜坡带的中、北段，分布最为稳定，由油页岩、鲕灰岩、泥质白云岩和暗色泥岩组成，分布面积1345km²。有效烃源岩厚度一般在100~150m，最厚可以达到300m。页岩有机碳含量平均4.05%，最大可达7.88%，沥青"A"平均0.3978%，最高为0.7533%，为好烃源岩。有机质以II₁型为主兼有I型。

— 146 —

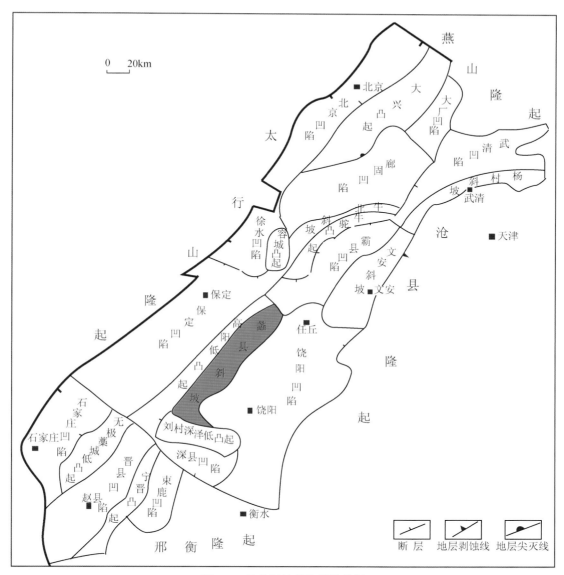

图 5-1 蠡县斜坡带位置示意图

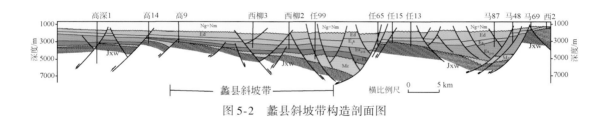

图 5-2 蠡县斜坡带构造剖面图

沙一下亚段烃源岩在蠡县斜坡埋藏相对较浅，成熟度相对较低，但该套烃源岩有机质丰度高，特别是可溶有机质含量高，类型好，具有早期生烃和早期排烃的能力，形成了较大规模的未熟-低熟油，是本区最主要的油气来源。

沙三段烃源岩主要分布于蠡县斜坡中北段东北部的较低部位，厚度一般在50m左右，在斜坡的最低部位可达到200m。烃源岩有机碳含量平均为1.05%，沥青"A"平均值为0.1016%，为中等烃源岩。有机质以II_2型为主，多处于成熟阶段中晚期，是本区第二位的油气来源。

沙四段-孔店组烃源岩主要分布于蠡县斜坡北段东北部的较低部位，厚度一般在50~120m，局部达到150m。烃源岩有机碳含量平均为0.83%，最高为1.59%，沥青"A"平均值0.0449%，为中等烃源岩，有机质以II_2型为主兼有III型，是本区次要油气来源。

（二）储集层条件

沙二段和沙一下亚段是蠡县斜坡的两套主要勘探目的层。其砂体发育与分布特征主要受来自西南部太行山的物源水系控制，其中斜坡带南段的安国-博野水系规模大、继承性好，为区内提供了充足的碎屑物质来源，是斜坡带的主要物源。斜坡带北段分布的清苑-高阳水系规模相对较小，仅影响到蠡县斜坡西北部的局部地区，为区内的次要物源。

沙二段砂体主要为河流-三角洲平原相沉积，岩性剖面表现为不同粒级的砂岩与红色泥岩构成的正旋回，近源处岩性粗，可见含砾砂岩和砂砾岩。河道砂体，在纵向上呈透镜状镶嵌在红色泥岩中。河道的单砂层厚度一般为5~10m，砂地比一般为40%~60%。自然电位曲线主要呈指状、钟形和箱状负异常组合。沉积相序主要呈正韵律层，少见块状韵律层，部分因上下叠覆冲刷而造成相序不全。单韵律层厚一般为1~2m，最厚达3m。岩石类型主要为岩屑长石砂岩和长石砂岩，岩石具有中等成分成熟度和中等偏高的结构成熟度。碎屑颗粒间的填隙物含量较高，主要为泥质和碳酸盐。储集空间主要为粒间溶孔和粒内溶孔。储层具有较好的储集性能，主要为中孔低渗型和低孔低渗型储层，少量为中孔中渗型储层。孔隙度一般为7.5%~19.4%，平均为13.8%；渗透率一般为（11.7~56）×$10^{-3}\mu m^2$，平均为$42.8\times10^{-3}\mu m^2$。

沙一下亚段砂体主要为滨浅湖滩坝砂和部分三角洲前缘水下分流河道砂。岩性主要为灰色砂岩与灰色泥岩不等厚互层。三角洲相主要分布在斜坡的南段，以水下分流河道发育为主，单砂层厚度一般为3~5m，砂地比一般为35%~50%，自然电位曲线呈钟形和指状负异常组合。沉积相序主要为正韵律层，单韵律层厚一般为0.5~1.5m，最厚达2.5m。滨浅湖滩坝相主要发育于沙一下亚段下部，在斜坡北段的平台型斜坡区广泛分布，又可分为砂质滩坝和碳酸盐岩滩坝两种类型。不同类型的滩坝沉积层在纵向上与湖相泥岩间互出现、多期叠加，平面上呈椭圆状连片分布，形成了大面积分布的滨浅湖滩坝群。但单个滩坝的面积较小，一般仅为3~10km²。

蠡县斜坡中北段沙一下亚段砂质滩坝相砂体是该区主要的储集体，岩石类型主要为长石砂岩和岩屑长石砂岩，岩屑含量相对较少，具有中等的成分成熟度和结构成熟度，储集空间多为粒间溶孔和粒间孔，面孔率较大，多为5%~18%，孔隙度一般为11%~20%，平均为15.7%；渗透率一般为（20~80）×$10^{-3}\mu m^2$，平均为$64.2\times10^{-3}\mu m^2$。总体上为中孔中渗–中孔低渗储层。

（三） 圈闭条件

蠡县斜坡带总体趋势呈西南抬、东北倾，北东走向。地层产状平缓，构造简单，斜坡上主要发育 4 个北西向宽缓鼻状构造，自南而北分别为大百尺鼻状构造、高阳鼻状构造、西柳 10 鼻状构造和雁翎东鼻状构造。除斜坡北端受基底潜山隆升幅度较高影响，形成的鼻状构造幅度、规模相对较大外，其他主要为北西向展布的低幅度宽缓型鼻状构造。北西向鼻状构造被北东向断层切割，在反向断层上升盘的构造高部位形成断鼻、断块圈闭，这是蠡县斜坡最主要的构造圈闭类型。

另外，在斜坡北段雁翎潜山的围斜部位或断层坡折带下方发育有地层超覆、地层不整合、岩性上倾尖灭圈闭和构造岩性复合圈闭；斜坡的中北段被北西向断层切割呈堑垒相间的构造背景，其上发育有构造岩性复合圈闭和低幅度鼻状构造的翼部发育有岩性圈闭等。

三、精细勘探实践

为了打破蠡县斜坡带勘探长期徘徊不前的勘探局面，进入 21 世纪，特别是 2007 年以来，着重开展了该区的精细勘探和精细研究工作，通过对蠡县斜坡带构造、砂体及油气源条件的精细研究，发现本区除了断鼻、断块圈闭成藏模式外，还发育有沿潜山围斜部位和断层坡折带下方的地层、岩性和构造岩性复合圈闭等成藏模式。为此，开展了以下四个方面的精细勘探与研究工作，寻找多种类型油藏。

（一） 精细三维地震资料采集与处理，精细小断层解释与微幅度构造圈闭落实

蠡县斜坡带构造特点是：地层平缓，构造简单，断层较少，小断距断层发育普遍，存在相当多的受小断距断层控制的低幅度构造圈闭。以往勘探对这些小断距断层和微幅度构造圈闭重视不够。一是地震资料品质与精度不够，难以达到精确解释小断层和落实微幅度构造圈闭的资料要求；二是在构造解释和圈闭落实过程中往往忽略了对小断层的识别、解释和低幅度构造圈闭的落实。以往主要采用主测线 100m、联络测线 200m 的解释网格对主要标志层进行追踪解释，测线的解释密度较稀，从而漏掉了一批难以发现的低幅度构造圈闭，制约了勘探工作的深入开展和新圈闭的发现。

为此，在 2007～2008 年针对蠡县斜坡油气资源最为丰富、小断层最发育的斜坡中北段高阳–博士庄地区进行了两方面的精细勘探工作。

1. 精细三维地震资料采集与处理，提高地震资料品质，准确识别小断层

首先，对目标区进行高精度二次三维地震采集与连片处理。针对小断层和低幅度的构造特点，采用了精细表层结构调查和小面元、高覆盖、宽方位观测系统，使得炮检距、方位角分布更加均匀，空间采样密度大幅增加，并增强了层间反射信息，为精细速度分析和小断层、微幅度构造以及层间地层、岩性圈闭的精准成像奠定了资料基础。

与此同时，在二次三维地震资料高精度处理中，采用了区域滤波、地表一致性异常振幅剔除、双向去噪、单频滤波等多项处理新技术，分别有针对性地消除面波、高音噪声、

50Hz强工业干扰等，改变了一次采集中高通压制面波、人工挑选野值的单一叠前去噪方法，使叠前去噪效果得到很大提高；运用球面扩散补偿、地表一致性振幅补偿、叠前地震数据规则化等新技术，分别实现浅、中、深层信号能量均衡，炮与炮、道与道之间的能量均衡，以及消除三维连片处理中部分面元数据缺失导致的采集痕迹，克服了一次采集资料处理中只有球面扩散补偿而不考虑炮点和检波点一致性问题带来的资料品质降低问题；在静校正处理中，还改变了一次采集处理中忽略野外静校正的处理方法，采用微测井、小折射及高程资料建立全区统一地表模型，消除野外静校正，提高地震成像精度；在偏移处理中，改变了一次采集处理中使用的叠后时间偏移处理方法，采用了叠前时间偏移处理技术，并进行了多块三维地震资料的联片处理，提高了偏移归位的精准度。

通过上述精细二次三维地震资料的采集和连片处理，新的地震资料对构造形态反映得更加精细，断裂系统更加清晰，在识别小断层、微幅度构造以及地层、岩性变化特征上显示出明显优势（图5-3），为蠡县斜坡精细地质研究评价奠定了可靠的资料基础。

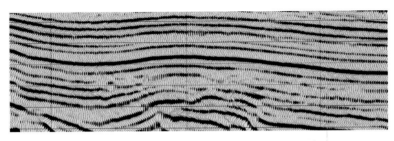

(a) 新采集处理剖面

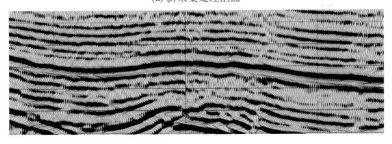

(b) 原采集处理剖面

图5-3　精细三维地震资料采集处理效果对比图

2. 精细小断层、微幅度构造解释与刻画，准确落实微幅度构造圈闭

首先是深化对微幅度构造的地质认识和重要性理解。通过研究认识到，在以地层、岩性油藏为主要对象的精细勘探中，微幅度构造往往指示着地层、岩性圈闭的发育部位和低幅度构造圈闭的存在。依托高精度的三维地震资料，开展微幅度构造的精细解释是发现有利勘探目标的关键步骤之一。

在蠡县斜坡的精细三维地震资料解释中，应用新采集和处理的高精度三维地震资料进行构造解释，使主要反射标志层的解释网格达到了80m×80m，关键部位达到了20m×20m。构造线的计算较以往常规计算间隔缩小一半到10ms（相当于15m左右），同时引入相干体、层切片解释技术，对照检查线解释的合理性，精细刻画小断层、微幅度构造的发育特征。

针对微幅度构造发育区，选取已有钻井，精细提取井旁道子波，制作高精度、高匹配合成地震记录，精确标定砂体特别是已发现油气显示砂体的反射，进行砂体地震反射加密精细追踪解释，解释网格缩小到40m×40m，构造线精度达到5ms，以此来达到砂体展布及其构造形态的精细刻画和精细落实的目的（图5-4）。

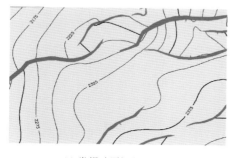

<table>
<tr><td>(a) 常规地震解释成图</td><td>(b) 精细地震解释成图</td></tr>
</table>

图5-4　精细三维地震资料构造解释效果对比图

（二）精细砂体综合预测描述，精细落实地层岩性圈闭

蠡县斜坡构造圈闭不发育，而且勘探程度也已经很高。开展精细砂体综合预测描述，寻找地层、岩性圈闭成为深化勘探的关键。精细砂体综合预测描述，要着重做好两方面研究工作。

1. 精细层序地层划分与对比

精细层序地层划分与对比，改变"粗对粗、细对细"的岩性划分方案，建立等时地层格架，有利于同时代沉积砂体的准确描述，是发现地层、岩性圈闭的基础。

针对蠡县斜坡以河流相为主的沙二段目的层，运用河流平衡剖面理论，并通过精细制作合成地震记录，井–震结合，划分了沙二段下部欠平衡河流体系域和沙二段上部近平衡河流体系域，建立了河流相砂体的等时对比，明确了有利于地层、岩性圈闭形成的河道、边滩、心滩透镜状砂岩体的分布特征。

针对以湖相沉积为主的沙一下亚段目的层，借鉴 Peter R. Vail 等关于海平面升降控制层序发育的经典概念，分析湖平面变化对层序发育的控制机理，将其划分为一个完整的湖侵过程，改变了以往将沙一下亚段底部砂岩集中段划分为低位域，沙一下亚段油页岩特殊岩性段划分为湖侵体系域的简单做法，重新厘定了等时地层划分对比方案。在新的划分方案下，更加合理地解释了砂体的成因，改变了以往"粗对粗、细对细"划分方案下沙一下亚段底部砂体横向分布稳定、连续性好，不利于形成岩性圈闭的观念，并重新认识到该段地层发育孤立状分布的浅湖及半深–深湖亚相透镜状滩、坝砂体，有利于地层和岩性圈闭的形成。

2. 精细地震储层预测

精细地震储层预测，尽最大可能搞清单砂体的分布，是落实地层、岩性圈闭，优选钻探目标，标定钻探井位的关键。该区沙一下亚段及沙二段储层总体上以 2～5m 薄砂层为主，并具有多期叠置，砂泥岩间互的特点。受地震资料分辨率的限制，不能够对单砂体进行地震反射直接追踪解释。在该区采用了多方法综合地震砂体预测，通过提出波形分类、振幅、频率为主的多地震反射属性信息，并通过钻井资料的标定，与沉积研究结果相吻合，首先预测出砂体的有利发育区。然后，在有利砂体发育区，进一步通过对地震数据重新采样、对测井曲线预处理校正和建立等时地层格架模型，开展目标区、目的层的拟声波地震反演。通过精选反演参数，并采取点标定、线约束、体反演递进式的工作流程，求取既具有较高纵向分辨率、又具有较高横向分辨率的地震反演体，实现对砂体的精细刻画。

(三) 精细成藏要素综合研究，构建多种油藏模式

研究发现，该区发育一系列北东向断层，将地层切割成北西向垒堑相间的条带状地质结构，与北东东向为主发育的砂体斜交，当砂体与带状地质结构中的微幅度构造、坡折带等有利耦合时可以形成多种油藏模式。从而构建了以沙一下亚段优质烃源岩为油源层的上源下储、旁源（沙一下亚段）侧储（沙二-沙三段）构造、岩性圈闭成藏模式，以及逆断层倾向断阶下源（沙一下亚段）上储（沙一上亚段-东营组）构造、岩性圈闭成藏模式。根据新构建的油藏模式，开展岩性油藏和构造岩性油藏的精细勘探取得了显著成效。

1. 蠡县斜坡中段精细勘探新发现淀 26 等岩性、构造岩性油藏

在蠡县斜坡同口地区先后钻探了 18 口探井，其中淀 26 等 12 口井获得工业油流，探井成功率高达 66.7%，新发现一批构造岩性油藏，油层厚度 13.0～23.8m，压裂后试油日产油 7.5～38.6m³。控制石油地质储量 2602×10⁴t，预测石油地质储量 2726×10⁴t，两级储量达到 5328×10⁴t。

2. 蠡县斜坡北段精细勘探新发现淀 20 等地层、岩性油藏

蠡县斜坡北段深层发育有雁翎潜山构造带，早期勘探已经发现了潜山和潜山披覆砾岩体油藏的雁翎油田。精细研究分析表明，受潜山古地貌影响，该区沙一段、沙二段、沙三段地层超覆、岩性尖灭特征明显，从而构建了潜山围斜部位坡折带地层超覆、地层不整合和砂体尖灭的地层、岩性圈闭等成藏模式（图3-3）。先后钻探淀 15x 等多口井获得工业油流，特别是在雁翎潜山围斜较低部位钻探的淀 20x 井沙一下亚段、沙二段电测解释油层 11层 35.5m，抽汲求产，沙一下亚段日产油 25.54m³，沙二段日产油 22.88m³。新增控制石油地质储量 2103×10⁴t。

(四) 精细压裂施工工艺技术选择，大幅度提高低饱和薄油层产量

蠡县斜坡许多岩性油藏常规试油产量低，需要压裂改造。但是，受岩性油藏一般油层单层厚度较薄（一般仅 2～5m）、油层含水饱和度偏高（常常>50%）、原油黏度和含蜡量

较高、流动性差以及常常油层与水层交互出现，之间隔层厚度相对较薄的影响，给压裂施工造成了难度。以往压裂效果普遍不理想，时常是压裂前油多水少的层，压裂后油少水多（表5-1），导致对油藏的认识不清，勘探工作难以展开。通过对该区储层特征及以往施工情况研究分析，重新提出了"规模适度、中等砂比、全程防膨、适度降黏"精细压裂施工新工艺，取得了较好效果。

表5-1   蠡县斜坡新老井压裂效果对比表

施工方式	井号	压裂井段/m	孔隙度/%	压裂液类型	总液量/m³	砂比/%	压前日产油/t	压前日产水/m³	压后日产油/t	压后日产水/m³
以往大规模、高砂比粗放式压裂施工	高33	2 763.00～2 768.00	14.3	田青冻胶	138.2	38.2	0.51	0.26	2.27	8.09
	淀17-2x	3 406.80～3 411.20	15.9	改性胍胶	85.26	28.79	1.57	1	1.79	11.78
	西柳10-28	3 137.00～3 160.00	16.1	改性胍胶	206.70	31.68	3.0	0.40	3.60	5.60
	西柳10-60	3 061.40～3 068.60	15.4	改性胍胶	198.80	31.02	0.59		8.57	11.41
	西柳10-111x	3 160.00～3 174.60	15.4	速溶胍胶	173.58	31.34	1.08	1.55	2.60	10.99
	西柳10-160X	3 175.60～3 191.00	13.2	羟丙基胍胶	195.78	26.00	0.18	0.04	4.23	14.40
	雁63-13	2 818.00～2 854.00	12.8	速溶改性胍胶	135.62	33.11	4.95	0.58	2.82	0.36
	雁63-15x	2 833.60～2 843.00	15.8	低伤害胍胶	134.76	27.59	2.72		7.19	15.71
规模适度、中等砂比、全程防膨、适度降黏精细压裂施工	淀39	3244.00～3262.00	19.8	速溶胍胶	156.1	31.05	0.61	0.88	6.44	9.49
	淀25	3153.80～3156.60	14.1	改性胍胶	109.34	30.36	2.85		7.17	
	淀32	3167.00～3175.80	16.67	胍胶	168.28	32.25	0.45	0.75	18.72	3.1（乳化水）
		3040.00～3073.60	16.2	胍胶	159.81	28.23			26.72	2.56
	高63	2686.60～2687.80	11.4	羟丙基胍胶（一级）	168.13	20.34	0.013		4.53	0.93（压裂液）

规模适度就是根据储层特点利用数值模拟结合含水特征优化缝长与导流能力，根据缝长与导流能力结果选取与储层物性和含水特征相匹配的最优方案。在单层缝高控制上采用变排量技术，前期低排量造缝控制缝高，后期适当提高排量和砂浓度保证施工效果。同时为克服储层塑性强嵌入的风险大以及存在的裂缝压实伤害，优选液体体系和支撑剂粒径组合。

中等砂比就是针对储层特点，既要考虑埋藏深导致施工压力高、难度大的特点，更要考虑稠油需要导流能力强的要求，优化出适合改造要求的中等砂比施工技术。合适的中等砂比既保证施工达到设计要求，又能保证人工裂缝具有均匀分布形成较高的导流能力，提高支撑剖面的合理化。

全程防膨一是采用具有超低残渣伤害、高效防膨和能有效控制缝高特点的羧甲基压裂液体系，二是采用KCL和防膨剂相结合的双元全程防膨，最大限度地降低颗粒运移和粘土矿物膨胀对储层的伤害。

适度降黏就是针对原油黏度较大的油层，压裂前首先将降黏剂低排量挤入地层，通过与原油溶解降低原油黏度，在压裂施工中适当延长最后阶段高砂比段泵注时间，并采用压裂和排液泵一次作业，减少作业时间，提高返排速度，增强返排效果，从而降低压裂液对储层及裂缝的伤害，达到提高原油流动性的效果。

通过精细压裂工艺选择，新压裂层平均日产油量达到了 4.53 ~ 26.72m³，改变了以往压裂后，油少水多的被动局面。例如，在同口地区的淀32井沙二段常规试油日产油1.04t，日产水0.1m³，压裂后日产油18.72m³，日产水3.1m³（乳化水）；沙一下亚段常规试油日产油0.074t，日产水0.02m³，压裂后日产油26.72t，日产水2.56m³（乳化水）。显著的压裂效果提高了勘探效益，加速了勘探进程，为蠡县斜坡勘探成果的取得发挥了重要的保障作用。

蠡县斜坡自2006年开展精细勘探以来，取得了重大突破（图5-5）。2007年在蠡县斜坡北部新增控制石油地质储量 2103×10⁴t，2009年在蠡县斜坡中部新增预测石油地质储量 2726×10⁴t、控制储量 2602×10⁴t，新增探明石油地质储量 4349.42×104t。新建产能 18.9×10⁴t。

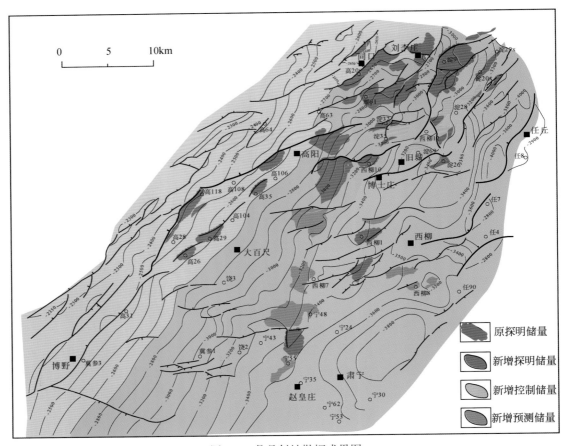

图 5-5 蠡县斜坡勘探成果图

四、结论与启示

蠡县斜坡是一个构造比较简单的斜坡，然而其精细勘探的成果告诉我们，"简单斜坡不简单"，只要积极转变勘探思路，不断深化地质认识，依靠技术进步，实施精细勘探，就有可能在看似简单的地区取得重要的新发现。同时，它也再一次地诠释了"用老思路在新区可以找到石油，但在老区要用新思路才能找到石油，有时人们认为已无油可找，而实际上只是缺乏新思路而已"这一精辟的找油哲学。

第二节　霸县凹陷文安斜坡带精细勘探

一、勘探概况

文安斜坡位于冀中拗陷霸县凹陷东侧，东邻大城凸起，西与霸县洼槽及马西、鄚州洼槽相邻，向南延伸到饶阳凹陷的南马庄构造带，向北以里兰断层与武清凹陷和杨村斜坡相隔（图 5-6）。文安斜坡整体呈北北东向展布，北窄南宽，北北东向长 70km，北西向宽 15～20km，面积约 1200km²。中生代末，该斜坡带为西抬东倾、西高东低的单斜，地层产状与现今恰好相反。古近纪随着沧县隆起抬升和牛东断裂大幅度的单断翘倾作用，文安斜坡逐渐变成东抬西倾、东高西低的斜坡，古近系逐层向斜坡超覆，斜坡高部位未接受沉积或在后期抬升过程中遭受剥蚀。斜坡倾斜角度 9.6°，为一宽缓型沉积斜坡（图 5-7）。

文安斜坡的勘探工作始于 1962 年，从 1973 年开始地震勘探，到目前为止二维地震测网密度达 0.5km×0.5km。从 1988 年开始，先后在本区 6 个区块完成了三维地震，地下满覆盖面积 703.638km²，目前文安斜坡除东部外带，大部分地区已实现三维地震连片覆盖。

文安斜坡累计完成各类探井 219 口，其中获工业油气流井 84 口，低产井 37 口，出水井 39 口，探井成功率 38.4%，探井密度 0.15 口/km²，在局部构造达 1～2 口/km²。发现了寒武系、奥陶系、二叠系、沙四段、沙三段、沙二段、沙一段、东营组、馆陶组等 9 套含油层系。

文安斜坡带的油气勘探是勘探理念不断转变的过程。大致可分为以下三个阶段。

第一阶段（1982～1986 年）：以潜山勘探为主，兼顾古近系、新近系构造油气藏，取得丰硕成果。

文安斜坡的钻探始于 20 世纪 80 年代初，1982 年在信安镇-苏桥潜山构造带上钻探的苏 1 井，于奥陶系获得高产油气流，从而发现了苏桥潜山凝析油气田。并相继发现了文 23 二叠系气藏和苏 4 奥陶系气藏等，探明石油地质储量 193.8×10⁴t、天然气地质储量 84.7×10⁸m³。

在文安斜坡中南部的史各庄鼻状构造带，相继发现了文 11、文 64 以及文 20 等古近系油藏。

第二阶段（1987～2004 年）：以勘探古近系构造油气藏为主，勘探取得新进展。

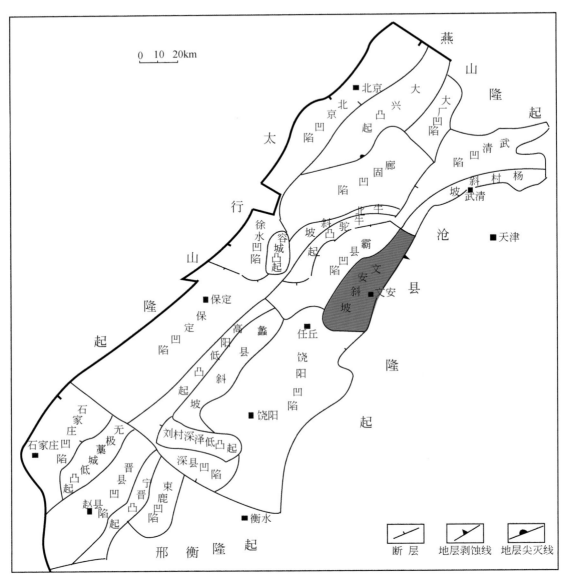

图 5-6　文安斜坡带位置示意图

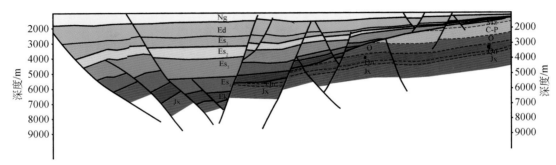

图 5-7　霸县凹陷文安斜坡南段剖面图

随着潜山勘探难度的日益增大，勘探重点转向古近系、新近系构造油气藏，并成为霸县凹陷每年上交探明储量的主要贡献层系。发现的油气藏主要集中在四大鼻状构造带中，包括苏12、苏42、文46、文71、文96、文6、文35、文117x、文118x、文119x、文120x、文121等数十个构造油气藏。

第三阶段（2005～2010年）：转变思路，以隐蔽油气藏勘探为主，主攻外带，深化内带，油气勘探取得新突破。

随着构造油气藏的勘探程度不断提高，进行岩性油气藏勘探成为霸县凹陷实现新突破、寻找大场面的重要途径。按照主攻斜坡外带，深化斜坡内带的研究思路，以岩性油气藏为主的勘探取得新突破。2007年，在文安斜坡外带的文安城东地区针对浅层构思低幅度构造+岩性油藏模式，发现了5000万吨级规模储量。2008～2009年，在文安斜坡南段，发现了文古3寒武系府君山组层状潜山内幕油气藏；在文安斜坡内带深层钻探文安1、文安11地层岩性圈闭获工业油流，深层勘探渐成规模。2010年以来，扩大勘探文安斜坡外带长丰镇地区的河道砂岩性油藏，部署钻探的苏77x、苏78x等8口井再获得成功。以岩性和潜山内幕等隐蔽型油气藏勘探取得了丰硕成果。

目前，文安斜坡已累计探明古近系、新近系油藏12个，探明含油面积15km^2，石油地质储量1017×10^{4}t。探明潜山凝析油气藏6个，含气面积30.0km^2，天然气储量140.5×10^{8}m^3；潜山含油面积31.4km^2，石油地质储量1901×10^{4}t。

二、基本石油地质条件

（一）烃源条件

霸县洼槽发育沙四段—孔店组、沙三段及沙一下亚段三套主力烃源岩，其成熟门限为3200m（$R_o \geq 0.5\%$），3500～4500m处于成熟–生油高峰阶段（$R_o < 0.8\%$），凝析油湿气上限埋深在5500m。其次在文安斜坡还发育有石炭—二叠系煤系烃源岩。凹陷总资源量石油5.24×10^{8}t、天然气927×10^{8}m^3。

文安斜坡带西邻霸县凹陷主力生油洼槽，长期处于油气运移的有利指向，且具有鼻状构造脊、断层和渗透层等良好的油气运移通道，是油气藏形成的有利区带。

（二）储集层条件

文安斜坡古近系和新近系发育了来自东侧大城凸起的物源，形成了多种类型的储集砂体，为油气藏的形成提供了良好的储集条件。

1. 沉积特征

文安斜坡沙四段沉积期发育有4个大型三角洲沉积体系，地层向斜坡上倾部位超覆减薄，沙三段沉积期湖盆范围扩大，来自东部物源的大型三角洲继承性发育，形成辫状河三角洲–滑塌浊积扇沉积体系，沙二段储层属于三角洲前缘砂岩，发育分布较广、侧向连续性较好的砂岩储层（图5-8）。

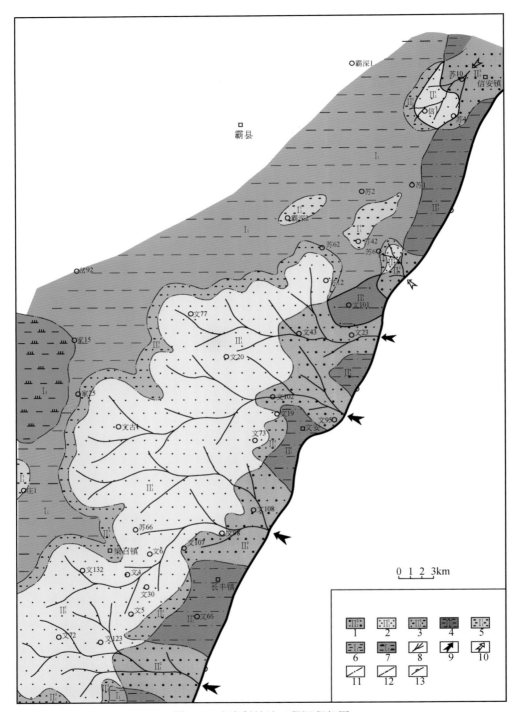

图 5-8　文安斜坡沙二段沉积相图

1. 三角洲平原分流河道微相；2. 三角洲前缘分流水道、河口坝微相；3. 三角洲前缘席状砂、远砂坝微相；4. 三角洲平原河泛平原微相；5. 滨浅湖滩、坝微相；6. 滨浅湖亚相；7. 咸化滨浅湖；8. 主水流线；9. 主要物源方向；10. 次要物源方向；11. 相界线；12. 湖岸线；13. 地层缺失线沙一段沉积期为湖盆扩展期,在沙二段沉积期基础上,湖盆面积继续扩大,但湖盆水体深度较浅,发育了湖泊相和三角洲相两类沉积相砂体。沙一段沉积早期发生快速湖侵,发育一套以砂岩为主的正旋回沉积,厚度较薄。随后霸县凹陷即开始快速沉陷,形成古近纪以来最大规模湖侵,湖盆面积达到最大,但水体较沙三中段沉积期浅,沉积了厚度为50~300m的滨浅湖亚相深灰色泥岩、油页岩、夹浅水生物鲕粒灰岩、钙质砂岩、泥质灰岩和泥质白云岩。沙一段沉积中期进入湖退阶段,发育三角洲前缘沉积;沙一段沉积晚期广泛发育浅湖沉积,并逐渐退出湖相沉积,由浅湖沉积向泛滥平原化演化,东营组即为沙一段沉积晚期泛滥平原化基础上发育的河流相沉积。

2. 储层岩石学特征

沙三段、沙二段、沙一上亚段、东三段的储集砂岩一般为岩屑长石砂岩,沙二段多为混合砂岩。以细砂、粉砂岩为主。其储层岩石学主要特征有三点。

(1)粒间孔隙发育:在斜坡高部位,埋深小于2800m,处于早成岩的A-B期,以粒间原生孔隙为主;在斜坡低部位埋深在2800~3500m,处于晚成岩的A期,既有粒间原生孔隙又有粒间溶蚀孔隙,属混合孔隙发育带。

(2)胶结物成分以泥质和碳酸盐岩为主,胶结类型以孔隙式胶结为主,部分为接触-孔隙胶结。胶结物含量是影响储层物性的主要因素之一,特别是碳酸盐含量高,物性明显变差,两者间存在线性关系,如文31油藏沙二段油层储层碳酸盐胶结物含量低于10%,平均孔隙度为19%。

(3)砂岩粒度对储层物性有重要影响,一般粒度中值大于$10\mu m$的砂岩,岩石物性明显变好,沙二段中细粒砂岩的渗透率可以到$1000\times10^{-3}\mu m^2$以上。

3. 储层物性特征

(1)东三段-沙一上亚段。砂岩储层埋深一般小于2500m,根据文79、苏12、苏42、文119等井的岩心样品物性分析,平均孔隙度20%~25.5%,平均渗透率普遍大于$250\times10^{-3}\mu m^2$(表5-2),储集条件好。

表5-2 文安斜坡中南段物性数据统计

井号	层位	井深/m	样品块数/块	孔隙度/%			渗透率/$10^{-3}\mu m^2$		
				最大值	最小值	平均值	最大值	最小值	平均值
文79		2 474.71~2 478.09	5	33	18.4	25.5	1975	<1	863
苏12	Ed	2 411.23~2 528.25	35	23.29	15.36	18.5	991	3.79	94.97
苏42		2 128~2 407.2	43	28.3	7.2	19.98	2115	0.67	265.3
文119	$Es_1^{上}$	1 616.6~1 656	24	32.1	21.2	26.3	4 122.76	85.74	580.44
文31-2		2 385.78~2 436.38	166	33.4	7.76	17.9	2 539	<0.1	102.7
文56	Es_2	2 431~2 457.5	28	25	11.77	18.2	1 186	<1	107.8
文32		2 566~2 581.51	27	25.9	11.2	18.9	1107	0.08	121.4
文99		1 801~1 826.5	20	28.2	9.7	20	417.3	0.42	86.8
文25	Es_3	3 104.34~3 113.97	30	20.18	7.65	14.43	125	<1	25.4
文83		2 585~3 200	10	22	7.9	17.7	76.5	19.2	24.6

（2）沙二段储层为水下扇砂体，斜坡下倾部位也是扇体储集条件的有利部位（扇中），一般为细砂岩和中细砂岩，分选相对较好，砂体横向较稳定，砂层埋深一般小于2800m，砂岩物性相对较好。文31-2、文56、文32、文99等井沙二段岩心物性分析，平均孔隙度18%～20%，平均渗透率普遍大于$100\times10^{-3}\mu m^2$，属中-好的储集层。

（3）沙三段储层的河口坝砂体是本区的主要砂体类型，渗透砂体厚度大，分布广，砂岩的储集空间类型与沙二段砂岩基本相同，是以粒间溶蚀孔隙为主，不同的是沙三段砂岩的粒度较细，一般为细砂岩，粉砂岩和粉细砂岩，加之埋深较沙二段大，压实作用使孔隙结构进一步变差。因此沙三段的储集条件不如沙二段。文25、文83等井沙三段岩心物性分析，其平均孔隙度为14.4%～17.7%，渗透率大于$20\times10^{-3}\mu m^2$，属中等储层。

综上所述，文安斜坡古近系和新近系沙河街组、东营组、馆陶组的沉积经历了从湖泊到河流相沉积的演变，发育了三角洲、河流相等砂体，同时也沉积了滨浅湖及河漫滩相的泥岩，在纵向上相互叠置，自下而上发育了四套有利储盖组合。

第一套组合为沙二段砂岩作储层，沙一下亚段泥岩作盖层；第二套组合为沙一上亚段砂岩作储层，上部泥岩作盖层；第三套组合为东三段砂岩作储层，东二段泥岩作盖层。第四套组合馆陶组砂、砾岩为储层、自身泥岩为盖层的组合，都见到了较好的油气显示。

（三）圈闭条件

本区发育了多种圈闭类型，主要有断鼻、断块、潜山、岩性、地层和复合圈闭等。

1. 断鼻构造圈闭

文安斜坡带自南向北依次发育议论堡、长丰镇、史各庄、苏桥南4个宽缓的北西向鼻状构造，被北东向的断层切割，形成断鼻圈闭和相应的油气藏。尤其是反向正断层所形成的断鼻圈闭，断层落差较大，侧向封堵好，此类油藏勘探开发效果较好，如议论堡构造文31沙二段断鼻油藏等。

2. 断块圈闭

两条以上断层围限所形成的圈闭。由于文安斜坡中带的鼻状构造带主体部位断裂极为发育，与本区储盖层有机配置，形成大量断块圈闭，如史各庄、左各庄等地区。

3. 潜山圈闭

在文安斜坡主要发育两类潜山圈闭，一类是古近纪早期霸县凹陷在伸展的过程中，以推进运动的方式产生块断翘倾活动，在斜坡上形成与控凹边界断层倾向相同的反向断层——苏桥断层，从而形成苏桥潜山构造带，被北西向断层切割成若干个山头，如苏1、苏4、苏6、苏49等以及形成相应的油气藏。另一类是由于潜山内幕地层的特点，形成了一系列的潜山内幕圈闭，如文古3府君山组潜山内幕圈闭和相应的油气藏。

4. 岩性圈闭

本区沙一上亚段、东营组和馆陶组河流相沉积发育，发育有边滩、心滩和河床微相，常形成透镜状岩性体，形成的圈闭主要受岩性或物性发生侧向变化控制，从而形成岩性油藏，如苏88沙一段圈闭等。

5. 地层圈闭

地层圈闭是一种与地层不整合紧密相关的圈闭类型，地层油藏可形成于不整合面之上，也可形成在不整合面之下。文安斜坡经历过多次沉积间断，常形成多个不整合面和沉积间断面，在不整合面上形成地层超覆圈闭，在不整合面下形成地层不整合圈闭，尤其是斜坡带的坡顶部位最为常见，如文安城东地区苏 70 东营组地层不整合圈闭和相应的油藏等。

6. 复合圈闭

圈闭受构造、岩性及地层等多种因素共同控制，形成一系列的构造–岩性、构造–地层、地层–岩性等复合圈闭。其中本区最常见的为构造–岩性圈闭，如东营组沉积时期，自北东向南西展布的河道砂体，在斜坡背景上形成上倾尖灭，被近东西向断层切割构成构造–岩性圈闭和形成相应的油藏，苏 73 东营组构造–岩性油藏即是其例。

由此可见，文安斜坡圈闭类型丰富，为油气藏的形成提供了有利场所。

三、精细勘探实践

文安斜坡带是已勘探几十年的老区，发现了 9 套含油气层系，是一个复式油气聚集区。以往勘探以潜山和构造油藏为主，主要集中在斜坡中带，而斜坡坡底和坡顶以及地层岩性油气藏勘探程度较低。综合研究认为，霸县凹陷具有良好的生油条件和资源潜力；同时针对文安斜坡带多物源、多砂体类型、多沉积间断、多坡折的特点，具备形成地层岩性油藏的有利条件，从而开展精细勘探。现以文安城东和长丰镇地区为例来阐述文安斜坡精细勘探的一些做法。

（一）文安城东地区

文安城东地区位于文安斜坡的中南段坡顶（外带）部位，为史各庄鼻状构造的上倾部位。影响本区油气勘探的主要因素有：一是斜坡坡顶古近系地层由厚变薄，构造相对简单，难于发现有利的圈闭；二是文安县城三维地震施工难度较大，影响圈闭准确落实；三是主要目的层东营组–沙一段河道砂体横向变化较快，油藏控制因素复杂；四是远离霸县洼槽主要油气源区，油气是否丰富、能否形成规模储量，认识不一。

针对上述问题，开展了 6 个方面的精细工作，勘探取得新突破。

（1）精细地质综合论证，实施城区三维地震。地质综合研究，改变了以往油气难以运移到达该区、难以成藏的认识，从而部署了三维地震勘探。针对该区地面为文安县城的难题，通过突破城区地震采集、处理技术难关，2005 年冬完成了文安城区 $107.15km^2$ 的三维地震采集，获取了高品质的资料，为深化研究奠定了基础。

（2）精细地震解释，落实低幅度构造。针对该区构造相对平缓、幅度较低、地震速度变化较大特点，充分运用自动追踪、相干体、可视化、加密网格等解释技术，开展全三维立体精细解释，构造等值线由 10m 加密到 2m 精细作图，发现了一批完整的低幅度背斜和断鼻圈闭。

（3）精细砂体微相研究，构建河道砂岩性圈闭模式。应用层序地层学，建立等时地层格架，细化研究单元。针对东营组河道砂地震反射复杂、横向变化快的特点，运用地震属性分析、波阻抗反演、储层沉积建模等多项技术，开展精细砂体预测，建立了河道砂在斜坡背景上砂岩上倾尖灭岩性圈闭模式。

（4）精细圈闭落实，发现多种圈闭类型。本区沙一上亚段–东营组河流相沉积发育，发育了河道砂、心滩和边滩砂体，特别是在东营组沉积时期，自北东向南西展布的河道砂体，在斜坡背景上形成上倾尖灭，被近东西向断层切割形成构造–岩性圈闭（苏73），再往斜坡高部位，河道砂体上倾方向遭受剥蚀，被新近系底不整合面所封堵，形成地层不整合圈闭（苏70）。在构造与沉积砂体综合研究基础上，落实了大面积的河道砂岩性及地层圈闭20余个，为钻探实施创造了条件。

（5）精细钻探部署，实现勘探新突破。以埋藏较浅的馆陶组、东营组和沙一段作为主要目的层，进行整体部署、分批实施，先后钻探7口井均获成功。第一批上钻苏70x井、苏71井、苏73井3口井均获高产油气流。其中苏70x井发现72m的厚油层，试油获日产油67.87m³的高产；苏71井油层厚18.8m，获日产油24.48m³；苏73井钻遇94m的厚油层，试油获日产气（8.2～7.3）×10⁴m³的高产气流。这3口井的成功，深化了对油藏的认识，坚定了勘探信心。第二批甩开预探苏74井、苏75井、苏76井再获工业油流，取得了勘探的新成果。第三批继续向外甩开钻探苏93井在沙三段获得高产，在文安斜坡中南段发现了新的含油层系，拓宽了勘探领域。

（6）精细油藏评价，落实储量规模。油藏评价早期介入，部署评价井15口。钻探证实，本区油藏具有埋藏较浅（1400～2000m）、物性好、油层厚、产量高的特点，为优质储量区，上交了整装储量，建成了8.6×10⁴t的生产能力。

（二）长丰镇地区

长丰镇地区位于文安斜坡的南段，该区断裂不发育，整体上构造样式简单，构造圈闭不发育，勘探仅发现了文96油藏。

通过对文96油藏的精细解剖发现，出油层位的每个河道砂体均与低幅度的构造相匹配，每组砂体只要处在局部构造相对较高的部位上即可形成油藏。但是，横向上却不连通，形成具有独立油水系统的小油藏，呈"串珠状"沿油源断层两侧展布。根据河道砂油气藏的五大特点、难点，针对性地提出了河道砂油气藏勘探的五步法。

第一步：研究供油通道，寻找有利勘探靶区。王仙庄断层作为该区主要供油通道，已被文120等沙一、二段顺向断块油藏所证实。该断层南北延伸数十公里，纵向切割长丰镇地区东营、馆陶组，形成油气运移通道，因此王仙庄断层两侧是重要的勘探靶区。

第二步：叠后拓频处理，提高地震分辨率。叠后拓频资料清楚地反映出了河道外形，为河道砂的识别提供了保障。

第三步：井震结合解释河道，寻找有利砂体。河道砂体呈现正韵律性，具二元结构；测井曲线从下到上表现为多旋回的钟形渐变到锯齿形，为典型的河道沉积特征；出油层位在地震剖面上显示顶平底凹的充填型、平行、亚平行反射，向边缘上超，边界清晰，整体呈透镜状、眼球状，为典型的河道特征。通过井震结合，识别出河道中下切充填部位的侧向加积砂体。

第四步：三维追踪解释、约束储层反演，准确找出河道砂体展布范围边界。

第五步：构建成藏模式，寻找富集油气藏。在长丰镇地区宽缓鼻状构造背景上，围绕王仙庄油源断层两侧发育一个个透镜状河道砂体，多期河道砂体横向连片，纵向叠置，形成了"点–片式"河道砂展布特征，因此构建了"串珠式"河道砂岩性油藏模式（图5-9）。

通过对河道砂体的研究，在长丰镇地区紧紧围绕王仙庄油源断层两侧探索河道砂岩性油气藏，整体部署、分批实施，取得了丰硕的勘探成果。

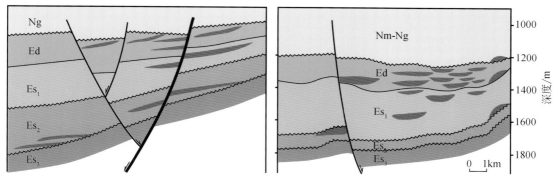

图 5-9　长丰镇地区"串珠式"油藏模式图

1. 苏 77x、苏 78x 井钻探成功，打破了长丰镇地区沉寂多年的勘探僵局

自从 1996 年发现文 96 油藏，长丰镇地区十年未有新的发现，油气勘探工作陷入了停滞不前的僵局。2008 年，通过应用高精度三维叠前偏移处理资料进行精细解释和开展沉积微相研究，在王仙庄断层两侧构建、落实了一批构造–岩性复合圈闭，钻探苏 77x 和苏 78x 井，均获成功。苏 77x 井 Es_1 日产天然气 41 869m³；Es_2 日产油 12.66m³，气 691m³。苏 78x 井东营组日产油 24.54m³，水 9.64m³/d。打破了长丰镇地区沉寂多年的勘探僵局。

2. 围绕王仙庄断层两侧，探索河道砂岩性油气藏，苏 88、苏 89 井取得新发现

苏 88 井位于王仙庄断层的下降盘，是首次在王仙庄断层下降盘钻探河道砂透镜体岩性圈闭。本井共解释油气层 21.8m/8 层，油水同层 24.6m/8 层，Es_1 获日产气 32 878m³，Ed 日产油 19.96m³、日产气 2158m³。在王仙庄断层上升盘 Es_2 构造–岩性圈闭钻探苏 89 井，获日产油 13.86m³。2009 年在该区钻探两口井再获成功，进而，增强了对斜坡外带河道砂岩性油气藏勘探的信心。

通过长丰镇地区精细勘探，围绕王仙庄断层的上、下盘两侧部署钻探的 5 口探井获成功，基本形成了（2000～3000）×10⁴t 的储量规模，取得了良好的勘探效果。

四、勘探启示

回顾文安斜坡的精细勘探历程，主要有以下几点启示。

（一）立足资源，加强综合研究，是勘探取得新发现的基础

文安斜坡西邻霸县主力生油洼槽，南邻淀北洼槽和马西洼槽，具有多面环洼的地域优势。近几年通过洼槽区深井的钻探，发现优质烃源层，并应用多种方法进行资源评价，识

别到文安斜坡带具有较大的油气资源潜力。在此基础上，坚定找油信心，加强综合研究，在斜坡带进行精细勘探取得一个又一个新的发现。

（二）广泛应用勘探新技术、新方法，是勘探取得新发现的重要途径

（1）精细的沉积相研究，寻找有利储集砂体。在文安斜坡，主要发育两类砂体，一类是河流相砂体，另一类是湖相砂体，通过对沉积微相的研究，搞清砂体的类型和发育特征。

（2）综合应用沉积相、地震相、储层反演、地震属性提取等技术预测储层。以往，一般是应用储层反演或者地震属性等单一的手段进行砂体发育情况的预测，2010 年在斜坡外带，综合应用沉积相、地震相、储层反演、地震属性提取技术，从沉积相刻画河道平面展布，从地震相识别河道地震反映，通过储层反演预测河道砂展布（图5-10）。

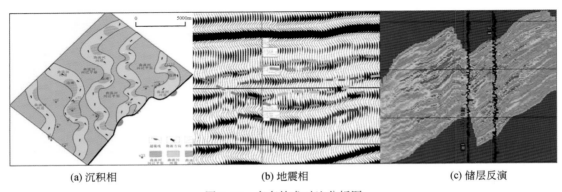

(a) 沉积相　　　　　　　　　(b) 地震相　　　　　　　　　(c) 储层反演

图5-10　多套技术对比分析图

（3）研究河道砂岩性油藏成藏规律，探索河道砂油气藏的勘探方法。通过解剖已知油藏，发现出油层位的每个河道砂体均与低幅度的构造相匹配，每组砂体只要处在局部构造相对较高的部位即可形成油藏。但是，横向上却不连通，形成具有独立油水系统的小油藏，呈"串珠状"沿油源断层两侧展布。因此，针对性地提出了河道砂油气藏五步勘探法。

（三）创新思维，构建新的成藏模式是勘探取得新发现的关键

本区以往的勘探工作主要是按构造油气藏成藏模式进行找油，并在斜坡带上四个鼻状构造和潜山中发现了油气藏，取得了较好的成果。随着勘探的深入，勘探难度越来越大。依据本区多物源、近物源、多相带的沉积特点，结合具体成藏条件，构建新的成藏模式，促使勘探工作深入发展，不断取得新的勘探成果。

（1）馆陶组低幅度构造油藏成藏模式。文安斜坡中南段古近系和新近系继承发育了苏桥南、史各庄、长丰镇、议论堡四个宽缓的北西向断鼻状构造，它们面向西部生油洼槽，是油气长期运移聚集的指向。油气主要沿鼻状构造的轴部富集，如史各庄鼻状构造由斜坡低部位到高部位发现了文71、文64、文35、文51、文11、文102等油藏。文安斜坡中南段发育了北北东、北东向断裂，断开层位从沙三、沙四段一直到馆陶组、明化镇组，平面

延伸长度达十几到几十公里，这些断层既控制沉积、构造圈闭的形成，又是油源断层，当处于鼻状构造的上倾方向，常形成馆陶组低幅度构造，从而构建馆陶组低幅度构造油藏成藏模式，指导勘探实践。

（2）东营组河道砂岩性油藏成藏模式。在斜坡外带，由于断裂不发育，构造样式简单，构造圈闭不发育，勘探也长期鲜有发现。通过深化斜坡外带成藏条件研究，发现在该区河道砂体极为发育。多期河道砂体在纵向上相互叠置，横向上断续连片，且埋藏浅，储层物性好。因此，在长丰镇地区宽缓鼻状构造背景上，围绕王仙庄油源断层两侧发育一个个透镜状河道砂体，从而构建了"串珠式"河道砂岩性油藏模式。

（3）构造-岩性油气藏成藏模式。在左各庄地区发育北东向断裂，且与东南方向的物源相斜交，高部位受断层的遮挡，侧翼受岩性变化控制，从而构建构造-岩性油气藏成藏模式。2009 年、2010 年在该区部署钻探的苏 67、苏 37 井均获成功。

（4）沙二、三段地层-构造油藏成藏模式。地层油藏是与地层不整合面紧密相关的油藏类型，地层油藏可在不整合面之上，形成地层超覆油藏，也可在不整合面之下，形成地层不整合油藏。

地层超覆油藏，多形成于斜坡的中低部位，油气主要依靠不整合面、渗透砂层、断层等通道向上运移，在合适的构造背景下地层超覆尖灭带，且储层的顶、底板受到非渗透性层的遮挡而成藏。

地层不整合油藏多形成于斜坡带的较高部位，形成于区域性不整合面之下。成藏的关键因素首先是不整合面的封闭性，其次是油气的运移通道。本区斜坡坡顶构建地层不整合油藏成藏模式，在苏 93 发现了沙三段地层不整合油藏。在斜坡坡底构建地层-构造油藏成藏模式，发现了文安 1 等油藏。

（四）精细圈闭评价，标定突破井位是勘探取得新发现的核心

分析文安斜坡勘探的特点主要有三方面：一是构造油藏勘探程度高，而岩性及复合油气藏的勘探程度较低，在勘探领域上存在不均衡性；二是文安斜坡已发现的古近系油气藏，85% 以上集中分布在四个鼻状构造带中，尤其是中带附近，而在其他区域以及鼻状构造的内外带勘探程度相对较低，在勘探区域上存在不均衡性；三是在外带普遍发育河道砂体，多期河道砂体纵向叠置，横向连片，是探索岩性油藏的有利储层，但河道砂体变化快，横向上不连续，在地震上表现为弱反射，不连续，难于准确追踪，存在不确定性。

针对斜坡的地质特点，积极转变勘探思路，将重点转向斜坡内带的地层岩性圈闭和外带的河道砂岩性圈闭。砂体的精细刻画是岩性圈闭勘探的难点和重点。

针对此主要又开展以下三方面工作：

（1）分层系建立储层特征表和储集层的分类评价，应用品质较高的拓频资料，精细地震构造解释，刻画砂体的纵、横向变化特点；

（2）精细的沉积微相研究，搞清储层砂体的分布；

（3）有利储层预测。通过层位准确标定，分析厚砂层在地震剖面上的反射特征，一般在联络线上具有明显的丘状外形，在顶面构造图上表现为大背景上微型起伏的区域，往往

砂体比较发育，是主水道分布区，其岩性粗，单层厚度大，抗压实能力强，储层物性较好。同时，通过储层反演、地震属性和方差体分析等先进技术的应用，进一步开展了储层的预测工作，明确了有利储层分布区，取得了较好的效果。

进而，从区带分析入手，以钻探成果为线索，综合分析成藏条件，落实有利目标，精确标定井位。

（五）精细优选工艺措施是勘探取得新发现的保障

文安斜坡内带目的层埋藏较深，储层物性差；外带原油往往较稠，且有油有气。针对这些特点，在钻井过程中有针对性地避免生产事故，并采取有效的油层保护措施，改进泥浆体系，降低泥浆密度，提高钻井速度，减少浸泡时间，特别是电测完立即下油层套管，最大限度地减轻了对油层的伤害，有效地保障了探井的成功率和试油产量。

第三节　吉尔嘎朗图凹陷南斜坡精细勘探

一、勘探概况

吉尔嘎朗图凹陷位于二连盆地乌尼特拗陷西南端，是夹持在苏尼特隆起和大兴安岭隆起之间的山间凹陷，东西长 67km，南北宽 10~20km（图 5-11），面积约 1000km²，下白垩统最大沉积厚度约 3500m，是一个北西断、西南超的箕状凹陷，具有明显的三分结构，自北而南划分为罕尼陡带、中部洼槽带和南部斜坡带（图 5-12）。

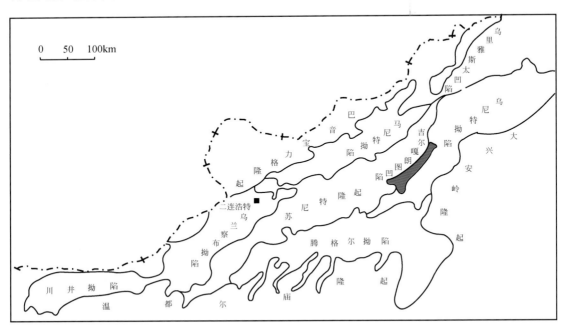

图 5-11　吉尔嘎朗图凹陷区带划分图

凹陷发育早期——阿尔善期，发育一条与边界断层走向平行，倾向相反的锡Ⅱ号断层，形成不对称的双断结构，腾一段时，锡Ⅱ号断层基本停止活动。腾二段末，凹陷整体抬升遭受剥蚀，形成构造沉积斜坡带（图5-12）。

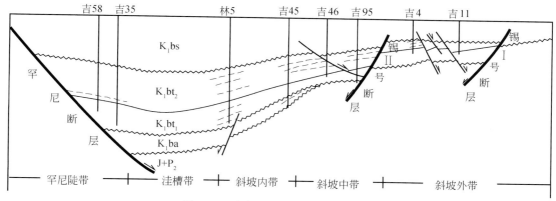

图5-12 吉尔嘎朗图凹陷地质剖面图

凹陷的油气勘探开始于斜坡带，截至2010年年底，斜坡带共完钻探井113口，获工业油流井56口，探明石油地质储量3492×10⁴t。建产能12×10⁴t，成为二连油田重要的产油基地之一。

二、油气藏形成条件

（一）烃源条件

吉尔嘎朗图凹陷纵向上阿尔善组、腾一段、腾二段和赛汉塔拉组均发育暗色泥岩，烃源岩的成熟门限埋深900～1400m，腾二段中部1250m以下烃源岩基本成熟，以上地层未成熟，阿尔善组 R_o 值达到0.84%，进入了生油高峰期。

阿尔善组暗色泥岩厚度为200～300m，占地层总厚度的20%～60%，主要分布在中上部。生油岩的母质类型为Ⅱ₁～Ⅱ₂型，有机碳平均为1.33%，氯仿沥青"A"含量最小值为0.1503%，总烃含量为1083mg/kg，达到好生油岩标准。

腾一段为一套好生油岩，暗色泥岩发育、厚度大，有机质丰度高，是本区的主力生油层。暗色泥岩厚度为200～800m，占地层总厚度的40%～90%，单层最大厚度650m。其有机碳含量最高为9.05%、平均2.92%，生烃潜量最高为63.79kg/t、平均9.37kg/t，氯仿沥青"A"最高为0.9268%、平均0.2256%，总烃含量最高为6199mg/kg、平均1397mg/kg。生油岩的母质类型为Ⅱ₁～Ⅱ₂型、个别样品为Ⅰ型。

腾二段暗色泥岩厚200～400m，占地层厚度的54.5%。有机质丰度较高，达到好生油岩标准。其有机碳含量最高为9.64%、平均2.13%；生烃潜量最高为79.8kg/t，平均7.98kg/t；氯仿沥青"A"最高为0.249%，平均0.1122%；总烃最高为1083.2mg/kg，平均506mg/kg；母质类型主要为Ⅱ₁型。部分泥岩已经进入成熟阶段。

第三次资源评价，吉尔嘎朗图凹陷总资源量为8451×10⁴t，其中宝饶洼槽资源量为

$7443 \times 10^4 t$，其资源丰度位于二连盆地的前列。

平面上斜坡内带处于成熟生油岩中；斜坡中带紧邻生油洼槽，本身也具备生油能力，油源条件较好；斜坡外带埋藏浅，烃源岩不成熟，但可通过断层、不整合面和砂岩疏导层沟通洼槽区油源。

（二）储层条件

本区发育有三套主要储层：阿尔善组、腾一段和腾二段。

1. 阿尔善组储层

阿尔善期快速成湖。主物源来自东部斜坡，在吉108、吉107和吉28井区发育扇三角洲沉积砂体，岩性为砂砾岩、含砾砂岩和砂岩夹湖相泥岩。

该扇三角洲砂体分为吉45和吉28两个朵叶，吉45朵叶平行湖岸线展布，吉38井区厚度最大，达35m；吉28朵叶垂直湖岸线展布，规模相对较小，吉28井区厚度最大，为90m。

2. 腾一段储层

腾一段形成于断陷迅速下沉、基准面上升、湖盆快速扩张时期（祝玉衡等，2000）。北界主断层强烈活动下沉，造成北陡南缓、北低南高的箕状断陷的地理格架。在腾一段初期发生大规模湖侵，形成湖侵体系域（TST），发育暗色泥岩夹白云质泥岩，厚度约100～200m，其顶界是断陷发育过程中的最大湖泛面。随着水体的进一步加深和物源供给的充足，形成高位体系域（HST）下的浊积扇、扇三角洲和滑塌扇沉积体系。陡岸水下扇具锲状前积特征，多期发育，延伸距离短；缓岸的扇三角洲沉积表现为向下前积，延伸距离相对陡带远；凹陷中心以发育浊积扇和三角洲前缘席状砂为特征，向缓坡方向上超。腾一段顶部具有退覆式顶超特征。斜坡带发育的三个较大规模的进积型扇三角洲–浊积扇体系，其中吉45扇体最大，西到吉109井，东至吉68井，相带发育较齐全。靠近物源方向的吉45、吉107、吉38井为典型的辫状河水道微相，到林5、吉85井一带相变为前缘席状砂微相。吉39、吉36扇体规模略小，与吉45扇体的特征基本一致（图5-13）。

腾一段按照沉积旋回自下而上分为VI砂组和V砂组。VI砂组在东部斜坡带发育了吉45和吉36两个扇三角洲沉积砂体（图5-14）。

吉36砂体主要集中在吉36鼻状构造的隆起上，只在吉36、吉80x等处存在高值区，砂岩厚度大于60m，向洼槽内减薄为10～20m。吉45砂体在平面上可分为吉38和吉39两个砂体，以吉79–39–94一线顺斜坡方向为大致的湖岸线位置，斜坡高部位的扇三角洲平原亚相发育两大辫状河河道区，分别沿吉69–38–85井和吉39–林9、林6井一线入湖区，形成吉38井和吉39井两个三角洲朵叶体。出现在吉40–69井区和林9–林6井区的两个砂岩厚度高值区（分别为106～115m和66～72m），代表了扇三角洲前缘分流水道分布区的砂岩厚度，至洼槽区砂体厚度则减薄为10～20m。林5井处于三角洲前缘席状砂分布区，其分选和磨圆均较好，它和林9井分属不同的沉积体系，砂体互不连通，并其具有一定的分布范围，是较好的储集砂体。

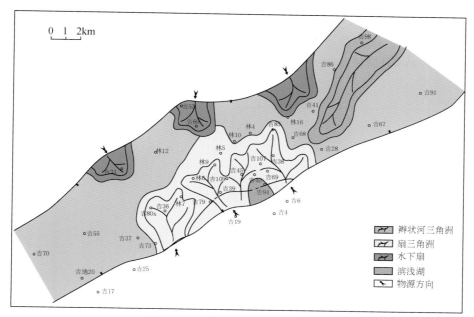

图 5-13　宝饶洼槽腾一段沉积相图

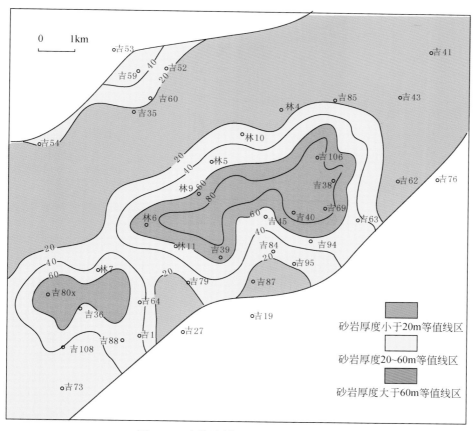

图 5-14　宝饶洼槽 K_1bt_1 Ⅵ砂组砂岩等厚图

腾一段 V 砂组：该期仍继承 VI 砂组沉积的特点，仍分为两大物源区来源的三个砂体（图 5-15）。此时，砂体厚度有了明显的变化，近物源口处砂体厚度减小，一般为 50 ～ 70m，向远离物源口处砂体厚度加大，一般为 80～100m，反映三角洲前缘分流水道的分异性变好。

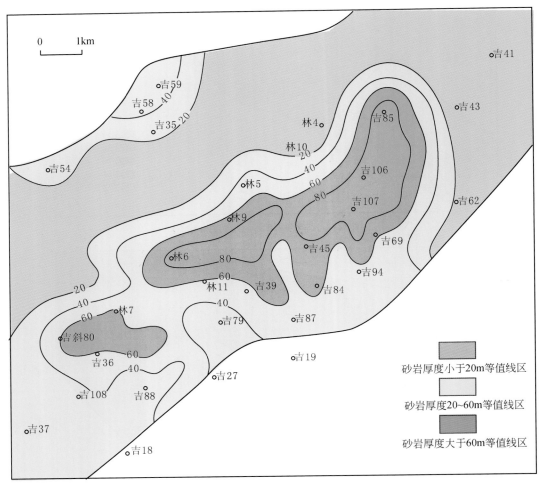

图 5-15　宝饶洼槽 K_1bt_1 V 砂组砂岩等厚图

3. 腾二段储层

腾二段沉积时期，裂陷作用减弱，以整体沉降为主，水体相对变浅，形成层序发育早期的低水位体系域，但持续时间很短。之后又发生湖侵，水进体系域特征十分明显，前积反射由洼槽中央逐层向岸方向退缩，反映了水进期的三角洲沉积特点。此时期缓坡发育三个大型辫状河三角洲，西侧为吉 36 三角洲，中间为吉 45 三角洲，东侧为吉 69 三角洲（图 5-16）。

地震相特征表明，辫状河三角洲平原亚相可见较明显的槽状充填相外形，内部反射特征呈波状收敛，与扇三角洲前缘的辫状水道微相具有极为相似的反射特征，且河道间一般以较连续的短强轴相隔，大致对应河间泛滥沉积层。而辫状河三角洲前缘的斜交前积状反

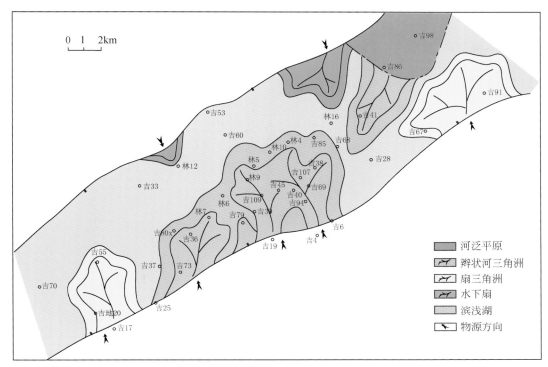

图 5-16　宝饶洼槽腾二段沉积相图

射结构典型，与已钻井的层位标定表明，该套反射层对应岩性主要为灰色砂砾岩、含砾砂岩与灰、深灰色泥岩不等厚互层，自然电位曲线以箱状、钟形中高幅负异常为主，反映为浅水环境下分流水道特征明显的沉积类型。宝饶内带主要钻遇辫状河三角洲前缘亚相，前缘分流水道、席状砂和远砂坝是其主要微相，砂体发育。

　　腾二段按照沉积旋回自下而上分为Ⅳ砂组、Ⅲ砂组、Ⅱ砂组和Ⅰ砂组。Ⅳ砂组沉积时期，随着洼陷的整体抬升，斜坡带地势变缓，三角洲砂体可以向湖区内延伸较远，砂体分布范围有较大，从南至北，在林9–吉39–吉45–林4井一带均有分布（图5-17）。Ⅳ砂组吉45辫状河三角洲相砂体厚度一般为40～60m，砂岩厚度最大不过85m。以吉6井顺斜坡方向为大致湖岸线位置，斜坡高部位的辫状河三角洲平原亚相主要发育两个辫状河道区，分别沿吉6–吉38井和吉39–吉45、林9井一线注入湖区，形成斜坡带主要的储油层—辫状河三角洲前缘砂体。与Ⅴ砂组相比，此时林9所处的朵叶体分布范围有所缩小。吉36扇三角洲相砂体范围有所扩大，可达林6井区。且其砂层厚度有所增大，由吉36井到洼槽林6井区，砂岩厚度由133m过渡到64m。

　　腾二段Ⅲ砂组：砂体仍继承了Ⅳ砂组沉积的特点，砂体主要集中在吉38–吉107井一线的斜坡上部和吉45–林9井一线以及吉36背斜附近，在林4和吉85一线的斜坡低部位缺少砂层（图5-18）。吉36退积型三角洲砂体分布范围变化不大，砂岩主体厚度由早期的70～130m下降为50～70m，反映了水进砂退的特点。

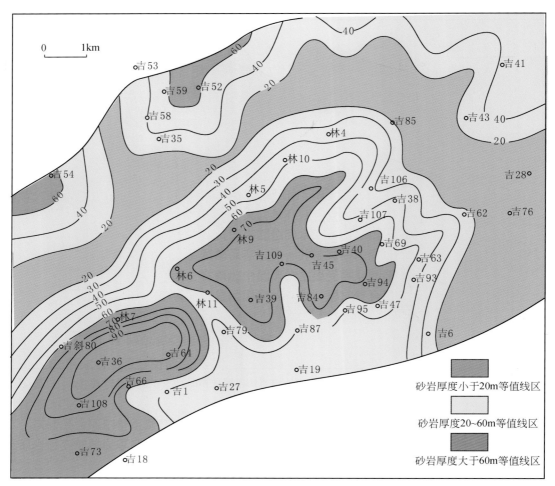

图 5-17　宝饶洼槽 K_1bt_2 Ⅳ 砂组砂岩等厚图

（图中图例）
砂岩厚度小于20m等值线区
砂岩厚度20~60m等值线区
砂岩厚度大于60m等值线区

　　腾二段 Ⅰ、Ⅱ 沉积于腾二段末短暂回返期，水动力条件弱，砂体主要沉积在斜坡外带，沉积相类型为较小规模扇三角洲沉积。砂体在吉32、吉4两个井区发育，砂体厚度60~80m。

　　斜坡带物源具有一定继承性，碎屑岩储层的岩石学特征类似，以长石砂岩、岩屑长石砂岩及长石岩屑砂岩为主，成分成熟度和结构成熟度较低。石英含量一般为30%~40%；长石含量一般为30%~40%；岩屑总量一般为25%~35%，成分以花岗岩为主，其次为各类变质岩屑、凝灰岩屑、酸性喷出岩屑等。碎屑颗粒分选以中等为主，磨圆度主要为次圆-次棱状。填隙物总量平均为4.2%~13.0%，成分以自生方解石为主，泥质杂基含量一般较低。

　　斜坡中带和内带储层埋深一般为800~2000m，处于晚成岩阶段A期，属次生孔隙发育段，物性相对较好。在成岩作用条件下，砂体中形成了以粒间溶孔为主，以粒内溶孔和铸模孔为次的储集空间，主要组成"铸模孔-粒内溶孔-粒间溶孔"的孔隙组合类型。在

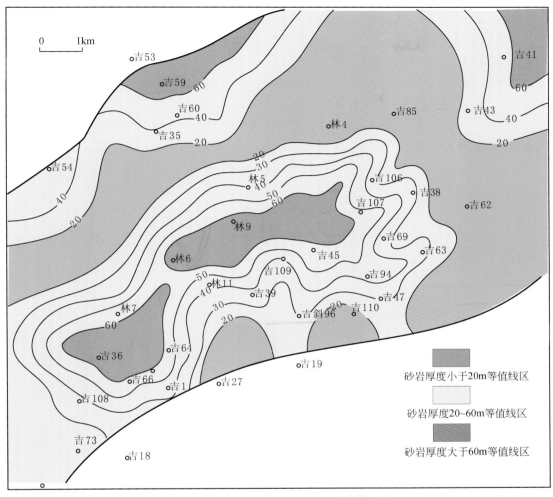

图 5-18 宝饶洼槽 $K_1 bt_2$ III 砂组砂岩等厚图

深度 1200 ~ 1800m 储层孔隙度随埋深增加而变小，但变化缓慢，孔隙度一般为 10% ~ 15%，孔隙直径主要为 10 ~ 100μm，连通喉道宽一般 <3 ~ 6μm，孔喉配位数一般为 0 ~ 2。斜坡外带埋藏一般小于 500m，成岩作用弱，孔隙度为 28.7% ~ 31.7%，平均 29.4%，渗透率（115.3 ~ 874.2）×10^{-3}μm²，平均 389.5×10^{-3}μm²，属高孔中渗储层。

不同的沉积微相储层物性有差别，分流水道微相储集条件好于席状砂、楔状砂。例如，林 9 井腾一、腾二段多为分流水道微相，其储集性能明显好于席状砂微相的林 5 井。林 9 井 IV 砂组，25 块样品平均孔隙度为 16.3%，最高达 23.5%，渗透率平均 479×10^{-3}μm²；VI 砂组 25 块样品平均孔隙度 12.8%，平均渗透率 157×10^{-3}μm²，这两层试油均获得较高的自然产能，IV 砂组还获得自喷油流。平面上，向斜坡内带方向储层孔隙度存在变大的趋势，如吉 45 井 III 砂组 48 块样品平均孔隙度为 18.1%，但渗透率没有质的变化，这是由于向洼槽方向砂岩分选性变好造成的。

(三) 圈闭条件

该带发育了多种圈闭类型，主要有断背斜、断鼻和断块等构造圈闭；地层、岩性圈闭以及构造–岩性等复合圈闭类型。

断背斜主要分布在坡顶和坡中，前者如锡林西断背斜；后者如吉41断背斜。断鼻和断块主要分布在坡顶和坡中，前者如锡林西断鼻、断块；后者如吉36、吉45断鼻、断块等。

岩性圈闭主要发育在坡底，如林5、林9、林6井腾二段扇三角洲前缘席状砂体互不连通形成岩性圈闭和相应的油藏（图5-19）。

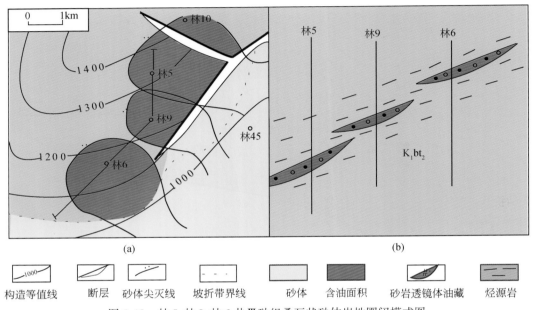

图5-19 林5-林9-林6井Ⅲ砂组叠瓦状砂体岩性圈闭模式图

构造–岩性复合圈闭：该类圈闭受构造和岩性的双重控制，在某一方向上由断层形成遮挡，另一方向则为岩性相变，如林4井腾二段油藏。该圈闭是在鼻状构造背景上岩性尖灭线与断层线相交形成的圈闭，地层西倾，油藏东、南界为断层遮挡，向北储层减薄尖灭（图5-20）。

三、精细勘探实践

吉尔嘎朗图凹陷斜坡带油气勘探大致分为三个阶段。

第一阶段，稠油勘探阶段（1984～1993年）。吉尔嘎朗图凹陷是一个煤、油共生凹陷，新中国成立初期开始煤田勘探，到1984年钻煤探井200余口，26口见到油气显示，其中胜515井完井后自溢原油约1t，揭示出该凹陷具备找油前景。

1985年结合煤层探井油气显示线索，部署石油钻探，到1989年先后钻探了吉1、吉2、吉4和吉5井，其中1984年钻探吉4井取得重要发现。吉4井完钻井深481.2m，在腾二段172.0～245.8m井段见到直接油气显示89m，电测解释油层12.2m/6层，差油层91.6m/26层，试油获得日产0.62t的工业油流，发现锡林稠油藏，油气勘探获得突破。

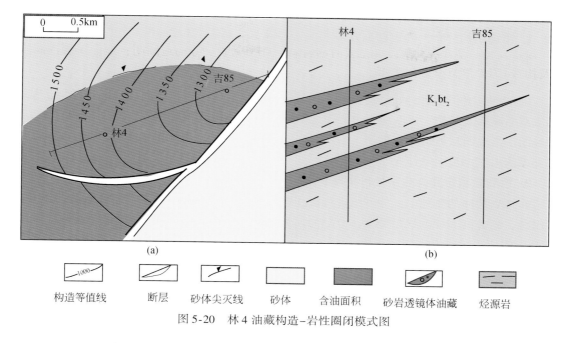

图 5-20　林 4 油藏构造－岩性圈闭模式图

构造等值线　　断层　　砂体尖灭线　　砂体　　含油面积　　砂岩透镜体油藏　　烃源岩

1990～1992 年，在斜坡外带完成三维地震 57km²，落实了吉 4 和吉 32 两个断垒构造，部署钻探了 23 口井，全部见到油气显示，13 口井获得工业油流，1991 年上交探明石油地质储量 686×10⁴t。

第二阶段，稀油勘探勘探阶段（1993～2001 年）。当发现了稠油油藏后，人们自然想到如何找稀油？找离油源近，地层发育较全，保存条件好的地区。通过精细的构造解释，精细的综合研究，发现坡中带锡Ⅱ号断层下降盘发育了宝饶构造带，由吉 36 断鼻，吉 45 断鼻和吉 41 断背斜三个局部构造组成。该带紧邻生油洼槽油源丰富，埋藏深度适中保存条件好，局部构造发育，具有优越的成藏条件。在每个构造上各布署一口探井，钻探结果获得成功：吉 36 井电测解释油水同层 11m/5 层，试油获得日产 1.48t 的工业油流（水 0.64m³），原油密度 0.8750g/cm³，黏度 46.02mPa·s，为常规原油，突破工业油流关。吉 45 井电测解释油层 76.4m/4 层，差油层 42.8m/15 层，试油日产纯油 8.3t，原油密度 0.8561g/cm³，黏度 16.01mPa·s。吉 41 井电测解释油层 21.6m/4 层，试油获得日产油 20.2t，原油密度 0.8601g/cm³，黏度 17.49mPa·s。

1993 年部署采集三维地震 142.6km²，重新理顺断裂结构和构造形态，按照构造油藏成藏模式标定钻探了 46 口井，24 口获得工业油流，探明石油地质储量 1104×10⁴t，建成 12×10⁴t 的生产能力。

第三阶段，岩性油藏勘探阶段（1999～至今）。坡中带获得突破后，分析认为吉尔嘎朗图凹陷还有较大的勘探潜力。根据第二次油气资源评价，聚油量为（5454～7271）×10⁴t，其中宝饶洼槽聚油量（5279～7039）×10⁴t，占凹陷总资源量的 95%，聚油强度为（11.89～15.86）×10⁴t/km²，因此宝饶洼槽是油气勘探的重点。

为此，对宝饶洼槽进行精细的结构分析，精细的微相研究，精细的储层预测，精细的老井复查，精细的滚动勘探，最终在坡底发现了岩性油藏。

1. 精细结构分析，确定勘探方向

研究发现。宝饶洼槽被沿吉36-吉33井古隆起和沿吉68-吉60井古隆起（腾一段时）分开，使宝饶洼槽呈现三洼夹两隆的结构形态。

阿尔善组沉积早期斜坡带发育了一条与边界断层走向平行，倾向相反的正断层，从而形成双断断槽式结构。该断层与边界断层共同控制凹陷内沉积层序的空间展布和发育。同时该断层形成断层坡折带，影响了后期层序的发育、相带的变化和砂体的分布，从而为岩性油藏的形成创造了条件。

2. 精细微相研究，寻找有利储集砂体

在细划层序的基础上，分砂组进行沉积微相研究。通过岩心观察，结合测井曲线及岩性组合，划分出五种沉积相类型，分别为河流、扇三角洲、辫状河三角洲、浊积扇、湖泊相等。在HST背景下沉积的三角洲前缘分流水道微相、浊积扇扇中辫状水道微相是最有利的储集相带。

宝饶内带存在吉36和吉45两大物源，并以吉45为主物源。腾二段的Ⅲ、Ⅳ砂组为辫状河三角洲沉积。腾一段的Ⅴ、Ⅵ砂组以扇三角洲为主，局部发育浊积扇。宝饶内带处于三角洲相前缘-前三角洲相带，发育三角洲前缘分流水道砂、席状砂及深水浊积砂，是形成岩性油气藏的有利储集砂体。

3. 精细老井复查，发现岩性油藏线索

老井复查发现，宝饶内带已钻的吉85井在腾一段中部砂层见到油气显示，但厚度较小。沉积相分析认为属三角洲前缘席状相。通过精细的井-震标定、地震相分析和储层反演，发现由该井向西南方向，砂体变厚（图5-21），由此构思、落实了吉85构造-岩性圈闭，设计钻探了林4井。林4井在K_1bt_2发现油层6层17.6m，试油获日产油18.46t，从而发现了吉尔嘎朗图凹陷坡底三角洲前缘岩性油藏带。

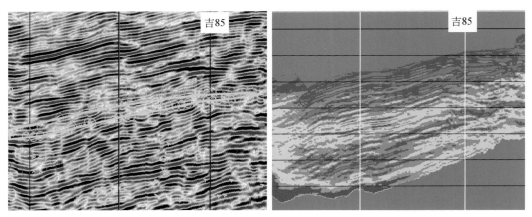

图5-21　过吉85井地震及其波阻抗反演剖面

4. 滚动评价钻探，发现规模储量

林4井钻探成功后，通过滚动式的储层预测，精细刻画砂体在纵向上的叠置关系和横向上的展布特征，配合精细的构造研究，先后发现了林5、林7、林9、林10、林11等多个上倾方向受坡折带控制的岩性圈闭，并实施了滚动式钻探，均获得成功。其中林5井腾一段发现油层35层60.4m、试油日产油29m³，林9井试油日产油达39m³。

吉尔嘎朗图凹陷通过深化坡底三角洲前缘岩性油藏的勘探，实现了坡底整体含油连片，控制储量1500×10⁴t。

四、勘探启示

（1）斜坡带不同的构造部位，具有不同的成藏条件。当在斜坡的坡顶发现了稠油油藏后，进而分析稀油油藏的形成条件，认为坡中带是稀油油藏形成的有利区带。通过精细的综合研究成藏条件和精细的构造解释，落实圈闭，实施钻探，获得了成功。依据资源潜力分析，认为坡底是勘探岩性油藏和构造岩性油藏的有利区，从而精细研究坡底的结构特征，精细的微相分析，寻找有利储层，最终获得突破。这使我们体会到根据斜坡带的不同构造部位，具有不同的成藏条件和成藏模式是指导勘探的重要思路。

（2）斜坡带的坡底往往是三角洲前缘席状砂、楔状砂、浊积砂等发育的有利区，是勘探岩性油气藏和构造岩性油气藏的有利区。

第四节　乌里雅斯太凹陷斜坡带精细勘探

一、勘探概况

乌里雅斯太凹陷位于二连盆地马尼特拗陷东北端（图5-22），整体呈北东向长条形展布，面积近3000km²。乌里雅斯太凹陷进一步细分分为南、中、北三个次级洼槽。下面主

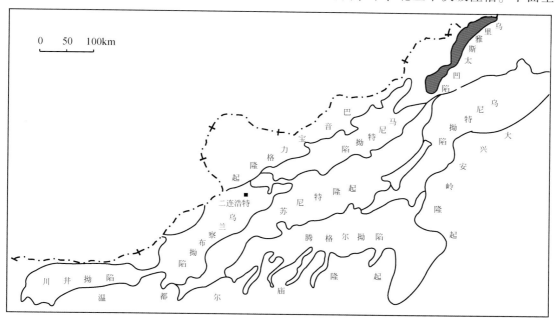

图5-22　乌里雅斯太凹陷构造位置示意图

要论述南洼槽成藏特征和精细勘探实践。南洼槽面积约 1100km²，为西北断东南超的半地堑结构，分为西部陡带，东部斜坡带和中间洼槽带。斜坡带面积约 240km²，斜坡带宽为7.2km，斜坡角度为 13.3°，为窄陡型沉积斜坡带（图 5-23），目前勘探发现的油气藏主要集中在斜坡带上。

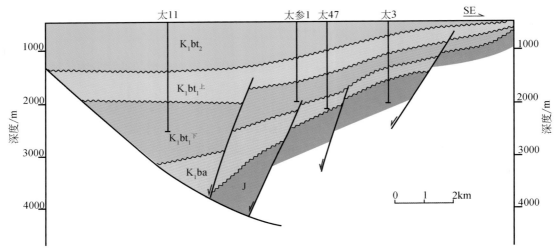

图 5-23　乌里雅斯太凹陷南洼槽构造剖面图

　　该凹陷二维数字地震测网密度 1km×1km；南洼槽南部完成三维地震满覆盖面积430.6 km²。截至 2010 年，乌里雅斯太南洼槽完钻探井 45 口，获工业油流井 30 口，低产井 7 口，出水井 2 口，综合探井成功率 66%。已上报探明储量 1263×10⁴t、控制储量 4551×10⁴t、预测储量 848×10⁴t。

　　回顾乌里雅斯太凹陷南洼槽斜坡带的油气勘探，经历了一个较为曲折的过程，是勘探理念不断转变、勘探工作不断深化的过程。大致可分为以下三个主要阶段。

　　第一阶段：定洼选带，初战告捷。1987 年开始地震勘探，测网密度 4km×4km ~ 2km×4km。次年首钻太参 1 井，在腾一下亚段见到良好油气显示，压裂后 DST 测试，折日产油5.84t，突破了该凹陷的工业油流关，初步展示了该凹陷良好的勘探前景。此后进行二维地震详查，主体部位测网密度达到 1km×1km ~ 1km×2km。按照大型反向断层控油模式，共钻探井 11 口，有 5 口井获工业油流，其中太 21 井获日产 19.2t 的工业油流。1992 年上报控制含油面积 12.6km²，控制石油地质储量 771×10⁴t。

　　第二阶段：以构造油藏勘探为主导，徘徊停滞。随后，在凹陷主体部位部署三维地震，同时对产量较高的太 21 砾岩油藏开展评价钻探，在太 21 井两侧以构造油藏模式钻探太 101 和 102 井，试油仅获低产，没有达到预期目的。在南部钻探的太 35 井，仅解释油层 4.4m/1 层。

　　在"九五"期间，二连其他地区相继获得突破，乌里雅斯太凹陷由于其地质条件复杂，在这一时期钻探工作暂时处于停滞。

　　第三阶段：精细地层岩性油藏勘探，勘探成果显著。分析前一阶段的勘探历程，认为制约油气勘探的因素主要有两个方面：一是凹陷结构简单，断层不发育，构造分异差，构造圈闭不发育；二是储层以砾岩、砂砾岩为主，物性差、相变快。

针对存在的问题加强综合研究，发现在简单的斜坡上，从北而南发育了苏布和木日格两个宽缓的鼻状构造；自上而下存在三个坡折带，他们控制了沉积体系和砂体的分布。斜坡的北部为侵蚀坡折带，而南部为断层坡折带。腾一下亚段沉积期，来自东南方向的砂、砾直接进入较深湖相区形成湖底扇，堆积在中坡折带的下方，具有优越的生储盖组合。这些湖底扇与木日格鼻状构造背景相配合，为岩性油藏形成创造了条件。从解剖已知油藏入手，实施钻探太41井获得成功，发现了木日格湖底扇上倾岩性尖灭油藏。向北扩大勘探成果，发现了苏布腾一下亚段扇三角洲砂体与苏布鼻状构造背景相配合，形成上倾尖灭岩性油藏，实现了苏布与木日格构造的含油连片，从而开创了勘探新局面。

同时，加强阿尔善组与腾格尔组之间的不整合面和坡顶亚带研究，分别在中坡折带和坡顶亚带发现了阿尔善组地层不整合高产油藏。

针对构造分异差，构造圈闭不发育的简单斜坡，转变勘探思路，从勘探构造圈闭为主，转向勘探地层岩性油气藏，取得了显著的效果，发现了 $5000 \times 10^4 t$ 规模储量的地层岩性油气藏。

二、基本成藏条件

（一）烃源条件

乌里雅斯太南洼槽发育了腾一段和阿尔善组两套烃源岩。具有暗色泥岩厚度大（600m 左右），有机质丰度高（表5-3），母质类型较好（以 II_2 型为主）的特点，成熟门限深度1250m。经过多次资源量计算，乌里雅斯太凹陷南洼总生油量为 $5.57 \times 10^8 t$，聚集量 $(0.66 \sim 0.83) \times 10^8 t$，油气资源较为丰富，为斜坡带油气藏的形成提供了物质基础。

表5-3　乌里雅斯太凹陷南洼槽烃源岩综合评价表

层位	有机质丰度				母质类型		热演化			评价结果
	TOC/%	S_1+S_2 /(mg/g)	"A" /ppm	总烃/ppm	IH	H/C	烃/TOC	R^o/%	成熟度	
K_1bt^2	2.09	4.08	467	168	247	1.10	0.79	0.41	未熟	中等
$K_1bt_1^{\text{上}}$	1.78	2.40	583	416	196	0.92	0.92	0.56	低熟	中等
$K_1bt_1^{\text{中}}$	2.43	4.64	1156	658	239	0.92	3.10	0.60	成熟	较好
$K_1bt_1^{\text{下}}$	2.46	5.04	2576	1926	259	1.00	8.30	0.68	成熟	较好
K_1ba	1.75	3.32	1369	969	254	0.95	6.58	0.80	成熟	较好

（二）储层条件

乌里雅斯太凹陷南洼槽主要含油层系为阿尔善组和腾一下亚段。

阿尔善组以发育扇三角洲砂体为主，有苏布和木日格两大扇三角洲。储集层单层厚度薄，单层厚度为 0.5 ~ 10.0m。岩性主要有砂砾岩、含砾砂岩、中粗砂岩、细粉砂岩及泥质粉砂岩。其中，以砂砾岩为主要储层。储集空间类型主要有：粒间孔、粒间溶孔、粒内溶孔等，以原生孔隙为主，次生孔隙也相当发育。物性变化大，渗透率分布在（0.01 ~

36.3）×$10^{-3}\mu m^2$，一般为（0.1～10.0）×$10^{-3}\mu m^2$。孔隙度分布在3.0%～16.7%，一般为5.0%～12.0%。其中以扇三角洲前缘分流水道微相储层物性最好（表5-4）。通过对12口井123块样品统计，前缘分流水道微相，储集层岩性以砂砾岩为主，单层厚度较大，一般在3～5m，最大达12m，储层物性最好，孔隙度一般7.5%～10%，平均8.8%，渗透率一般为（1～7）×$10^{-3}\mu m^2$。例如，木日格扇三角洲砂体前缘水道微相的太61、太47等井，测试原油日产量10t左右，而处于砂体更前端契状砂微相的太101井DST测试原油日产量仅为1.3t。

腾一段沉积期，随着湖盆的稳定下沉，发生了大规模的湖侵，各类砂体大规模向湖岸退缩，在南洼槽西部陡带发育小型水下扇，南北两端分别发育扇三角洲，而东部斜坡带主体部位则发育了以湖底扇为主的沉积体。

表5-4　阿尔善组木日格扇三角洲储层物性统计表

井号	埋深/m	岩性	沉积相带	孔隙度/%	渗透率/$10^{-3}\mu m^2$
太15	1500	含砂砾岩	平原相	10	<1
太37	1700	含砾中粗砂岩	前缘水道	10～15	100～260
太29	2050	含砾中粗砂岩	前缘水道	9	37
太101	2300	粉细砂岩	前缘契状砂	6	<1

沿着斜坡带断层坡折带下方发育多个湖底扇，自南而北有太35、太21、太参1、太27、太53等，形成湖底扇群。湖底扇砂砾岩有杂基支撑砾岩、颗粒支撑砾岩、块状砂岩、卵石砾岩、叠覆递变砂砾岩等，具有明显深水重力流沉积特征。湖底扇内扇主沟道砂体最为发育，是湖底扇最有利储集相带，块状砂砾岩体厚度大，如太21井厚101m、太35井厚149m。

腾一下亚段湖底扇砂砾岩体储层具有厚度大、粒级粗，近物源、粗碎屑特征。其成分成熟度低，成分成熟度指数一般仅为0.15～0.25。具体表现为岩屑含量高，一般均在65%～75%，而石英和长石的含量一般不足20%。分选性较差，磨圆度以次圆-次棱状和次棱状为主，反映了结构成熟度较低。填隙物含量一般为8.5%～14%，主要成分为泥质杂基和方解石。储集类型为孔隙型，其含油性表现为砾岩中的砂砾充填物或砂岩含油状况较好。储集空间主要为粒间溶孔，其次是粒内溶孔、铸模孔和晶间微孔，形成了晶间微孔-铸模孔-粒内溶孔-粒间溶孔的次生孔隙组合。但岩石中储集空间所占的比例较少，连通性较差，储层物性以特低孔特低渗和低孔低渗型储层为主。主要体现在面孔率一般为0%～3%，孔隙直径小，喉道窄，配位数低，非均质性较强。内扇主沟道和中扇辫状沟道中上部的砂砾岩和中粗砂岩的面孔率较高，最高可达10%以上，是湖底扇最有利的储集相带（表5-5、表5-6）。例如，太21井扇体厚101m，面孔率<1%～12%，一般为3%～10%；孔隙直径10～250μm，一般40μm；连通系数0～6，一般为4～6；喉道半径0.04～91.69μm，一般为0.4μm；有效孔隙度一般8%～12%，有效渗透率一般为（1～28）×$10^{-3}\mu m^2$。

表 5-5　腾一下亚段砂砾岩储层储集空间统计表

砂组	砾岩体名称	沉积相	孔隙组合类型	面孔率/%	孔隙直径/μm	喉道宽/μm	配位数	样品数/块
I	太参1湖底扇	中扇辫状沟道	晶间微孔-铸模孔-粒内溶孔-粒间溶孔组合	5.3	10～150	<3～10	0～2	20
		内扇漫溢		0.5	<10～100	<3～5	0～3	5
	太21湖底扇	中扇辫状沟道		<1	<10～100	<3～5	0～3	6
II	太21湖底扇	内扇主沟道		1.5	10～30	<3～5	0～1	16

表 5-6　腾一下亚段湖底扇砂砾岩储层储集性能统计表

砂组	砾岩体名称	沉积相	平均孔隙度/%	平均渗透率/$10^{-3}\mu m^2$	样品数/块
I	太参1湖底扇	中扇辫状沟道	10.8	2.4	46
		内扇漫溢	8.3	1.5	11
	太21湖底扇	中扇辫状沟道	13.1	1.1	4
II	太21湖底扇	内扇主沟道	9.1	0.55	72

（三）圈闭条件

乌里雅斯太凹陷南洼槽为西断东超的箕状断陷，走向近北南，整体趋势为东高西低、北高南低。凹陷结构较简单，构造不发育。沿斜坡带走向发育两个北西向宽缓的鼻状构造，自南而北为木日格鼻状构造和苏布鼻状构造，横切洼陷，使南洼槽南北方向呈现三洼二低隆的格局（图5-24）。

区内断层不发育，阿尔善期发育与边界断层相向而掉的正断层，形成不对称双断结构特征。阿尔善组沉积末期发生了一次较强烈的构造运动，发育了数量较多的断层，并形成了西断东超的构造背景。而此后的构造活动较为稳定。腾格尔期早期发育的部分断层如太21东、太13南、太35东等断层，继续活动，控制腾一段的沉积。这些同生断层走向与斜坡边界近于平行，规模也较大，从而形成断层坡折带。由洼槽区到斜坡高部位，分布有三条断层坡折带——下坡折带、中坡折带和上坡折带。这些断层坡折带控层、控相、控砂，从而为岩性圈闭和相应的油藏的形成创造了条件。在南洼槽的北部发育有侵蚀坡折带，这为地层不整合、地层超覆圈闭和相应的油藏的形成打下了基础。另外，在坡顶发育了地层岩性等复合圈闭。

总体上乌里雅斯太南洼槽斜坡带结构简单，断层少，构造圈闭不发育。但地层岩性圈闭发育，为油气藏的形成提供了有利的场所。

三、精细勘探实践

（一）精细地质综合研究，实现勘探突破

针对乌里雅斯太凹陷南洼槽斜坡带地质结构简单，构造分异差，缺乏构造圈闭的特点，开展地层岩性油藏的地质综合研究。通过精细的地质结构研究、精细的沉积微相研究、精细的油藏评价、精细的滚动勘探等，使油气勘探不断取得新的发展。

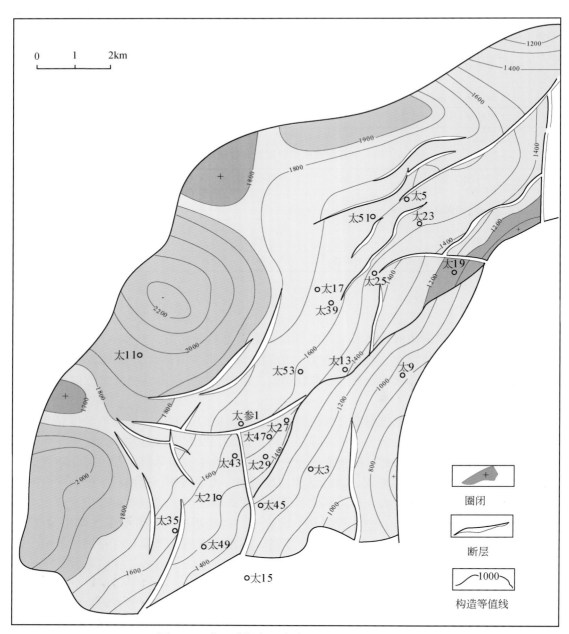

图 5-24　乌里雅斯太凹陷腾一下亚段顶面构造图

1. 精细地质结构研究，明确控油因素

通过精细的地质结构研究，发现在其相对简单的斜坡带上，自上而下发育了上、中、下三个断层坡折（图 3-10）。这些坡折带控制了地层层序的发育，相带的分布和砂体的厚薄。进一步研究后发现，这些坡折又可细分为侵蚀坡折，挠曲坡折、褶皱坡折和沉积坡折等。同时，在纵向上，不同类型坡折时常发生转化，从而造成不同类型坡折带在空间上的叠置，若有相应的构造背景相匹配，就有可能形成相应的圈闭和油气藏（图5-25），从而为斜坡带的油气勘探找到了切入点。

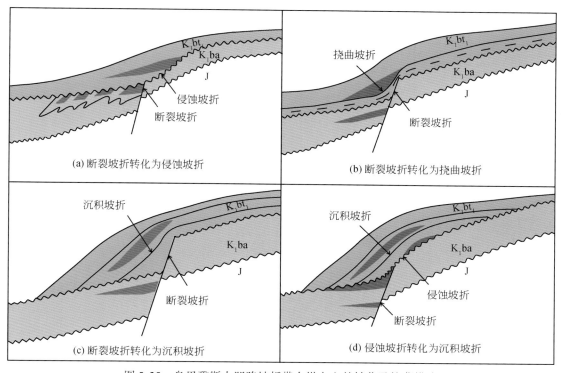

图5-25　乌里雅斯太凹陷坡折带在纵向上的转化及控藏模式

2. 精细沉积微相研究，寻找有利砂体

通过对主要含油层系腾一下亚段砂体的成因分析，认为本区主要发育深水重力流砂体，分布广、厚度大。这是乌里雅斯太凹陷的一大特色。

地震相分析，南洼槽存在木日格和苏布两大特征各异的地震相分布区，北部苏布以发育前积型地震相为主，南部木日格以发育下切充填型、丘形地震相为主。预示南北可能存在两个完全不同的沉积体系类型。

单井沉积相研究表明，本区砾岩体常见代表重力流沟道的沉积序列。其中，在近源的沟道内，正韵律不明显，一般呈块状韵律，其次为叠复递变层理的砾岩–砂砾岩显示一定的韵律性。向远源方向的沟道内，具弥散状递变层理和正递变层理的砂砾岩–块状砂岩组成的正韵律层明显增多，其内随机分布的粗砾级砾石反映了高密度流块体搬运的特点。具有明显的重力流沉积特征，是比较典型的湖底扇沉积。水道间的漫溢沉积物和外扇无水道部分常见 Boμma 序列（图5-26）。

综合研究表明，乌里雅斯太凹陷发育两大沉积体系，陡坡为扇三角洲，斜坡为湖底扇群。腾一下亚段发育五期扇体的沉积，纵向上下叠加，横向广泛分布，由南向北、由西向东逐渐变新，埋藏变浅，物性变好。

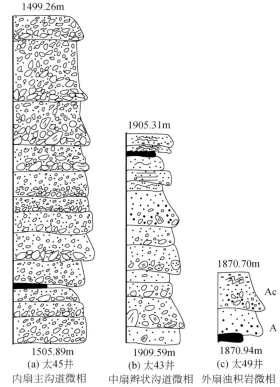

(a) 太45井
内扇主沟道微相

(b) 太43井
中扇辫状沟道微相

(c) 太49井
外扇浊积岩微相

图 5-26　乌里雅斯太南洼槽木日格构造腾一段湖底扇沉积相岩心剖面图

3. 精细综合研究，实现勘探突破

在精细的地质结构研究和精细沉积微相研究基础上，进行精细综合研究分析，腾一下亚段来自东南方向砂砾岩直接插入较深湖相泥岩中，并以重力流的形式形成湖底扇，堆积在中坡折带的下方，具有优越的生储盖组合；与木日格鼻状构造背景相配合，具备形成岩性油藏的地质条件，从而构建了破折带控制的湖底扇岩性油藏成藏模式（图5-27）。

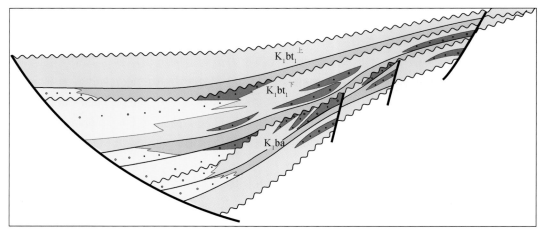

图 5-27　乌里雅斯太凹陷成藏模式

首先从已知油藏出发，分析太 21 油藏特征。太 21 井位于木日格构造，钻探于 1991 年，在腾一段下部钻遇一层厚达 101.4m 的块状砾岩，电测解释为油层。1993 年试油，日产油 19.2t。当时认为该油藏为反向断块油藏，随后在其北、南两翼分别钻探了太 101、太 102 井（图 5-28），均见到油气显示，但砂体减薄、物性变差，试油仅获低产。1997 年重新对太 21 井进行试油，DST 测试折日产油 0.13t，压裂后进行试采，至 2002 年年底，累计产油 2205t。2000 年重新对油藏进行评价，利用三维地震资料落实构造，发现太 21 东反向正断层并不存在（图 5-29），太 21 砾岩体在地震剖面上为丘形反射（图 5-30），其分布主要受控于太 21 东顺向正断层，波阻抗反演也反映出太 21 砾岩体向斜坡高部位还有较大的分布面积，并有变厚的趋势（图 5-31），据此在太 21 井高部位钻探了太 41 井，钻遇腾一下亚段块状砾岩厚度 104.4m，电测解释为油层及差油层，压裂后日产油 19.79t。该井的钻探成功，发现了木日格上倾岩性尖灭油藏。

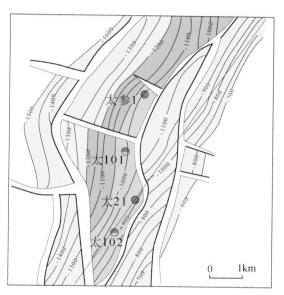

图 5-28　木日格构造腾一段油层顶面
构造图（1993 年）

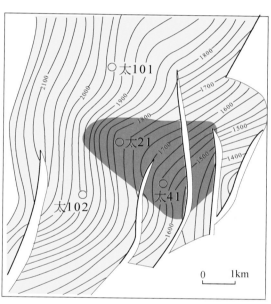

图 5-29　太 21 井腾一段油层顶面
构造图（2000 年）

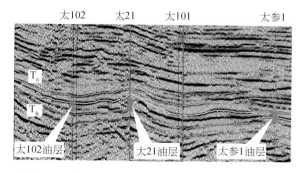

图 5-30　太 102–太 21–太参 1 井任意线地震剖面

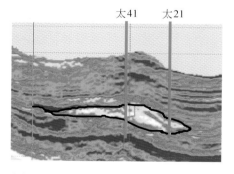

图 5-31　太 21 砾岩体 jason 反演剖面图

（二）精细油藏评价，扩大勘探成果

通过油组精细对比研究，发现太参1油层和太21砾岩油层不是一套油层，而是上下关系，太参1油层叠覆于太21油层之上，中间发育一套厚约15m的以泥岩为主的细段隔层，两套油层在区域上有可能连片。太21砾岩油层为块状砂砾岩，厚度大，分布面积较小，约4~5km²；太参1油层厚度相对较小，一般为20~30m，油层相对稳定，分布面积较大，约10km²。

如图5-32所示，太参1井钻在湖底扇扇缘，其主沟道和辫状沟道分布在南部和东部。因此提出钻探太43井。钻探结果，该井腾一下亚段电测解释油层36.4m/4层、差油层4m/1层。试油日产油12.39t，获得了较高的自然产能，打破了该区要高产需压裂改造的现状，极大地鼓舞了士气，坚定了寻找油气富集区块的信心。

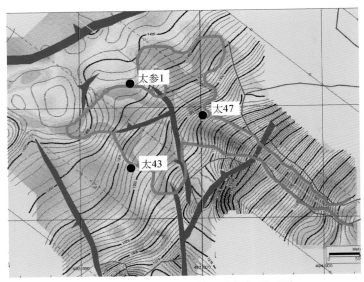

图5-32　太参1井砾岩体均方振幅平面图

（三）精细滚动勘探，控制储量规模

太21、太43井相继钻探成功后，及时对油藏类型、规模进行分析。该油藏为在鼻状构造背景下，多期湖底扇呈叠瓦状分布，形成各自独立的含油气单元，分布于木日格鼻状构造的中低部位，为湖底扇岩性上倾尖灭油藏（图5-33）。储层为湖底扇砂砾岩体，非均质强，其中以扇中水道微相，含油性较好，电测解释为油层，试油（压裂）效果较好，产量较高；粒度较粗、分选较好、颗粒支撑的砂砾岩物性较好的；而粒度较细的细粉砂岩或粒度极粗的粗巨砾岩，分选极差，杂基支撑，其物性很差，含油性极差或不含油，电测解释也往往为致密层或差油层，压裂后也往往产量很低，效果不好。同一个扇体受砂砾岩体的成因类型控制，其韵律特征一般为下粗上细的正韵律，每个韵律层物性从下往上逐渐变差，含油性也从底部的油浸、油斑显示向上变化为油迹、荧光甚至没有显示。储层内部的孔渗级差控制了含油饱和度的纵向变化。平面上，扇体的主体部位，辫状水道发育，单层厚，累计厚度大，岩性以砂砾岩为主，物性较好，含油性较好，油层厚度大。而扇体的侧缘多发育层状浊积岩，岩性细（以细粉砂岩为主），砂体薄，物性差，其含油性也差，一般为差油层或致密层。

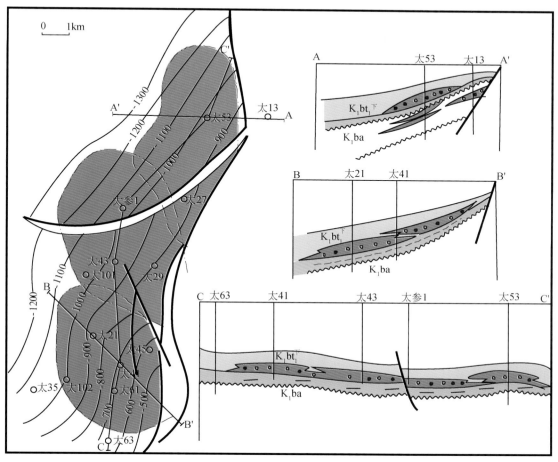

图5-33　乌里雅斯太凹陷腾一下亚段太21-太53油藏平剖面图

太21腾一段油藏：在木日格鼻状构造核部的构造背景上受太21东断层控制下发育起来的构造-岩性油藏。其油层顶面构造呈鼻状形态，核部在太21-太41井一线。太21井钻在腾一段下部湖底扇内扇主沟道上，钻遇了一套厚101m的砾岩段，砾石分选差，大小混杂，除上部磨圆较好的细砾岩略有优选方位外，基本上以杂乱排列为主，填隙物为砂级和砾级碎屑组成，首先表现为砂级碎屑支撑，其次为颗粒支撑。砂体为受太21东同生断层的控制、物源来自东南方向的湖底扇沉积体系。它具有季节性洪水沉积的特点：瞬时能量大，持续时间短，携带的碎屑物粗；受古地形控制，分布范围较小，非均质性突出。砂砾岩储层的物性较差，孔隙度最大在11%～20%，最小值4%～7%，孔隙度平均值9%～10%，渗透率最大为$4×10^{-3}\mu m^2$，平均在$(0.34～1.7)×10^{-3}\mu m^2$，为中低孔、低渗类型储层。该砾岩体分布范围局限，南北延伸约1km左右。

针对木日格构造腾一段油气藏特点，开展了滚动式预测、滚动式钻探，先后向东滚动钻探了太 27、太 29、太 47 井，向南滚动钻探了太 45、太 61 井，向北滚动钻探了太 39、太 53、太 57 井，均获得成功；控制含油面积 24.2km²、控制石油地质储量 2164×10⁴t。其中太 27 井、太 29 井压裂后自喷，分别获得日产油 105m³、气 6166m³ 和油 63.24m³、气 3384m³ 的高产油气流，进一步提高了该区储量品位。

（四）精细评价、预探，不断取得新的发现

通过精细评价、预探，在阿尔善组找到了多种类型油藏，扩大了勘探成果。阿尔善组是本区另一套勘探目的层系，所钻遇井油气显示活跃，但其成藏条件、成藏模式与腾一段有较大差别。阿尔善组沉积时期，乌里雅斯太南洼槽为一个不对称的双断凹陷，发育南、北两个大型扇三角洲，砂体发育，厚度大，具有好的储集能力。阿尔善组沉积期后，整体抬升遭受剥蚀，高位体系域砂体在斜坡高部位和木日格、苏布两个鼻状构造的核部剥蚀厚度大，而在斜坡中低部位及构造翼部保存较好，并被腾一段湖侵体系域泥岩覆盖，形成以地层圈闭为主的多种圈闭类型。在斜坡中低部位主要受早期断层控制，形成断块圈闭；在斜坡高部位，受到断层、不整合和岩性因素的控制，形成复合型圈闭。据此，建立了不整合、断块和复合类成藏模式。

1. 发现了太 61 阿尔善组构造-岩性油藏

太 61 阿尔善组Ⅲ砂组油藏位于木日格鼻状构造上，储集砂体为东部物源的扇三角洲分枝朵叶，在鼻状构造背景上东部及北部受断层遮挡，西南部为岩性尖灭，为构造岩性油藏（图 5-34）。

该储层为阿尔善组Ⅲ砂组，呈正旋回的岩性组合，底部为单层厚度 5～10m 的砂砾岩，上部岩性变细单层厚度变小，由 2～3m 含砾砂岩与泥岩不等厚互层。储层物性分析，孔隙度为 6.9%～9%，平均 8.7%；渗透率为（0.8～3.21）×10⁻³μm²，最大达 261.72×10⁻³μm²，平均 1.72×10⁻³μm²。属于低孔特低渗储层。

油层纵向上主要集中在顶部含砾砂岩与泥岩不等厚互层段中的含砾砂岩储层中，单层厚度一般在在 1～2m，平面上，位于高部位太 29、太 47 等井油层厚度较大，在 1.5～3m，低部位太 101 井油层厚度较小。高部位储层物性较好，常规测试具有自然产能，一般在 2～3t/d，压裂改造效果明显，如太 61 井常规测试日产油 2.06t，压裂后日产油 9.48t。

2. 发现太 53 阿尔善组构造-地层-岩性复合油藏

该油藏位于苏布构造南翼，为地层-构造-岩性复合油藏。其东侧与高部位太 13 井分属于不同的砂体，受地层超覆线的控制；在北部鼻状构造核部受地层剥蚀线及断层双重因素控制，而西南部以砂砾岩尖灭线为边界，高点埋深-850m，幅度 650m，面积 18.7km²（图 5-35）。

阿尔善组Ⅱ砂组储集层为阿尔善组高位域一套东部斜坡物源的扇三角洲砂砾岩体，太 53 储集砂体为其残余一个朵叶体，其上已钻井 5 口，岩性整体变化表现为由构造较低部位的太 17、太 39 向高部位的太 55 井变细，砂体单层厚度变薄，太 17、太 39 井为砂砾岩储层，单层厚度 3～10m，砂地比在 50%～60%，向太 55 井逐渐变为以泥岩为主夹粉砂岩、

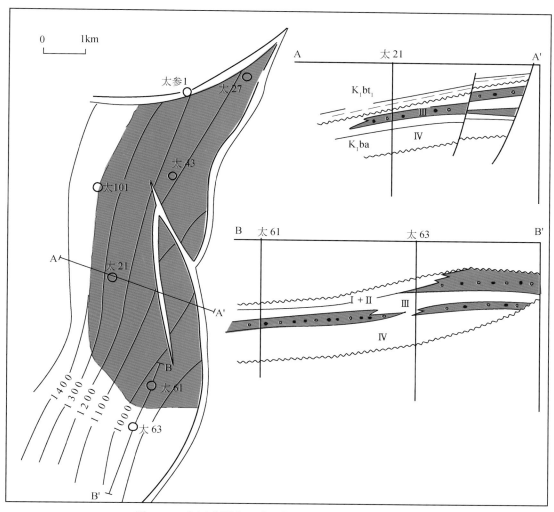

图 5-34　乌里雅斯太凹陷阿尔善组太 61 油藏平剖面图

含砾砂岩，储层单层厚度在 1~3m。储层物性受成岩作用和相带的控制，较低部位的太 17、太 57 井埋深大于 2300m，虽处于分流水道位置，但砂砾岩储层受埋深及碳酸盐含量影响，物性较差，孔隙度 6.5%~9%，平均 8.5%，渗透率一般 $<1×10^{-3}\,\mu m^2$，最大为 $1.78×10^{-3}\,\mu m^2$；高部位太 55 井处于三角洲前缘相，岩性细，并且碳酸盐含量与低部位相当（0.5%~20%），虽然埋藏较浅（在 2000m），但物性相对较差，孔隙度 5%~10%，平均 7.5%，渗透率一般为（0.15~2.68）$×10^{-3}\,\mu m^2$，平均为 $0.58×10^{-3}\,\mu m^2$。处于构造相对高部位的太 39 井，目的层埋深虽然 >2300m，但由于处于辫状水道微相，并且基本没有碳酸盐胶结，物性相对较好，孔隙度 8.6%~12.8%，平均 11.5%，渗透率一般为（2~5.50）$×10^{-3}\,\mu m^2$，平均为 $3.2×10^{-3}\,\mu m^2$。

该油组油层向西南及东部边界减薄。单井最大厚度 30.4m，一般为 11.8~21.4m。单层厚度最大 6.8m，一般 1~2m。虽然储层物性相对较差，但压裂改造效果明显，如太 55

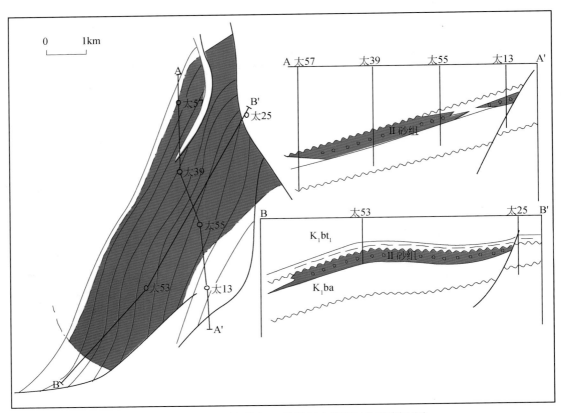

图 5-35　太 53 阿尔善组 II 砂组复合圈闭油藏平剖面图

井压后日产油 50.22m³、天然气 8521m³，太 53 井压后日产油 55.98m³、天然气 52 468m³。低部位太 57 井处于油水边界，压后日产油 3.18t、水 18.8m³。

四、勘探启示

乌里雅斯太凹陷斜坡带油气勘探从首战告捷到徘徊不前，然后进行精细勘探取得突破的勘探历程中，主要有以下几点体会与启示。

1. 立足资源基础，坚定勘探信心是勘探取得发现的前提

乌里雅斯太凹陷应用多种方法，通过多次资源评价，资源量为 $1.45×10^8$t（其中南洼 $(0.66～0.83)×10^8$t）是基本可靠的，仅次于阿南凹陷，具备寻找中型油气田的资源基础。因而坚定信心，坚持不懈地潜心研究，根据地下地质实际情况积极转变观念，创新思维，精细勘探。科学实施，取得了重要发现。

2. 创新思维，构建新的成藏模式是勘探取得突破的关键

1988 年在南洼槽首钻太参 1 井，于下白垩统腾格尔组腾一段压裂后突破工业油流关。随后勘探工作一直未取得实质性的突破。分析认为制约油气勘探主要因素：一是凹陷结构简单，断层不发育，构造分异差，构造圈闭不发育；二是储层以砾岩、砂砾岩为主，物性差。

针对存在的问题开展精细的综合研究，并在斜坡上发现了苏布和木日格两个宽缓的鼻状构造以及三个坡折带，同时结合沉积体系研究，落实了在坡折带下方堆积的一套腾一下亚段湖底扇砂砾岩沉积，与木日格鼻状构造相配合，为湖底扇岩性的形成油藏创造了条件。从而转变勘探思路，从勘探构造圈闭为主，转向勘探地层岩性油气藏，并构建湖底扇岩性油藏成藏模式，实施钻探太 41 井获得成功，发现了木日格湖底扇上倾岩性尖灭油藏。向北扩大勘探，又发现了苏布腾一下亚段扇三角洲砂体与苏布鼻状构造背景相配合形成的上倾尖灭岩性油藏，实现了苏布与木日格构造的含油连片。

进一步加强阿尔善组与腾格尔组之间的不整合面研究，又发现了地层不整合油藏以及构造岩性、地层岩性等多种复合油藏，促进了油气勘探不断深入发展，发现了 $5000 \times 10^4 t$ 规模石油储量。

3. 地层岩性油气藏是构造简单斜坡带的重要勘探领域

勘探实践表明，构造简单的斜坡带，尤其是窄陡型沉积斜坡带往往发育有多级、多类坡折带，这些坡折带控制了地层层序的发育，相带的分布和砂体厚度的变化，若有相应的构造背景相配合就为地层岩性油气藏的形成创造优越的条件。因此，地层岩性油气藏是构造简单斜坡带的重要勘探方向。

第六章　斜坡带油气藏精细勘探技术方法

第一节　精细地质研究方法

陆相断陷盆地斜坡带是主要的油气聚集带，具有形成构造油气藏、地层油气藏和岩性油气藏等多种类型油气藏的成藏条件。但是，不同的凹陷、不同的斜坡带类型、地质特征与成藏条件不同，导致形成的主要油气藏类型、油气富集程度存在明显的差异。针对断陷凹陷斜坡带的构造特征与成藏条件，采取相应的勘探技术方法，是油气勘探取得发现的关键环节。

根据渤海湾盆地冀中拗陷和二连盆地斜坡带油气精细勘探实践，结合国内外其他盆地斜坡带的勘探经验，探讨斜坡带精细地质研究方法，主要从以下6个方面进行研究（图6-1）。

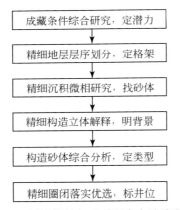

图 6-1　斜坡带精细地质研究方法流程图

一、成藏条件综合研究，定潜力

在断陷内，开展斜坡带的油气研究与勘探工作，首先要综合分析斜坡带的宏观油气成藏条件，明确其勘探潜力。在具体分析过程中，要注重油气资源、凹陷结构、斜坡带类型、构造特征和油气运移通道的研究。

（一）油气资源丰富程度是决定斜坡带勘探潜力的基础

首先，要分析斜坡带的类型，若是宽缓型的沉积斜坡带，斜坡带的本身可能具有生烃条件，油气资源更为丰富，进而研究烃源层的分布；若是窄陡型沉积斜坡带，一般斜坡带本身不具备生烃条件，依赖邻近的生烃洼槽供油。进而，确定油气资源丰富的富油洼槽，优选与其紧邻的斜坡带作为重点勘探方向；同时，还要研究凹陷结构与烃源岩的分布关系，不同的配置关系决定了凹陷内油气运移的主要方向，从而决定斜坡带油气资源的丰富程度。如图6-2所示，当陡坡边界断层较陡，剖面上洼槽带和斜坡带占据较大面积时，油气具有向斜坡方向的运移优势，是主要的油气运移方向（图6-2（a）），这类配置关系，更有利于斜坡带捕获油气；当陡坡边界断层较缓或发育断阶带时，剖面上陡坡带面积所占比例较大，油气则具有向陡坡方向运移优势性（图6-2（b）），斜坡带捕获油气能力较差；当陡坡边界断层发育介于前两者之间，剖面上陡坡带和斜坡带的面积接近时，油气向两侧运移的优势性相当（图6-2（c）），此时斜坡带捕获油气的能力居于前两者之间。

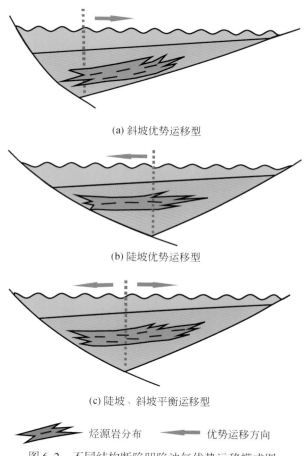

(a) 斜坡优势运移型

(b) 陡坡优势运移型

(c) 陡坡、斜坡平衡运移型

烃源岩分布　　优势运移方向

图6-2　不同结构断陷凹陷油气优势运移模式图

（二）斜坡带类型决定了可能形成主要油藏类型及油气分布特点

按照成因分类，可将斜坡带划分为沉积斜坡带、构造–沉积斜坡带和构造斜坡带。其中，沉积斜坡可以形成广泛分布的烃源岩、发育三角洲前缘砂体、湖泊滩坝砂体多种成因沉积储集体，可以形成广泛分布的地层岩性油藏，其中，又以宽缓型沉积斜坡带和宽缓型沉积斜坡带中的平台型沉积斜坡带成藏条件最好，发育有多种类型油气藏；构造–沉积斜坡带，构造油气藏和地层岩性油藏均可发育，但成藏条件更加复杂，油气藏的后期保存条件要求较高。而构造斜坡带主要发育有地层不整合油藏，由于受抬升剥蚀等后期构造活动影响，保存条件变差，如廊固凹陷牛北斜坡带、油气成藏条件相对较差。

因此，要对研究区的斜坡类型进行分析，优选沉积斜坡和构造沉积斜坡作为重点的勘探方向。

（三）有效油气运移通道决定了油气的富集层位及油气运移距离

由于多数斜坡带自身不具备生烃条件，且离主力生烃洼槽有一定的距离，因此油气运移通道就成为控制斜坡带油气成藏与富集的关键因素。

勘探实践表明，斜坡带上的鼻状构造是油气运移的优势路径。其原因：一是鼻状构造脊是流体势的低势带；二是鼻状构造发育有砂体、开启断层等多种油气运移的优势通道，因此斜坡带上的鼻状构造是油气聚集和富集的有利区带，是勘探的有利方向。

譬如在文安斜坡，存在多期构造不整合，断层相对发育，因此易于形成不整合面–断层–渗透层等多种类型的有利的复合输导通道，如奥陶系潜山油气藏就是通过低部位不整合面–碳酸盐岩渗透层–断层–碳酸盐岩渗透层运移到潜山圈闭聚集成藏。蠡县斜坡带为宽缓型平台式沉积斜坡带，本身古近系沙一下亚段具备生烃能力，同时断层与砂体相互配置，可以形成阶梯型输导通道，沟通生烃洼槽区的油气，成藏条件有利。沙三段烃源岩分布比较局限，同时受油气运移通道的限制，油气运移距离比较短，油气优势运移路径主要有斜坡带中段南部的赵皇庄鼻状构造油气优势运移路径，以及斜坡带北段的博士庄鼻状构造油气优势运移路径和出岸鼻状构造油气优势运移路径。

二、精细地层层序划分，定格架

在富油气断陷，斜坡带往往构造圈闭不发育，而以地层岩性圈闭和复合圈闭为主，因此，在区域层序格架基础上，进一步细化层序，划分体系域，甚至划分准层序（或准层序组），通过开展高分辨率地层层序划分，建立更高级别的等时地层格架，就成为斜坡带精细研究与勘探的重要工作。这是因为岩性圈闭落实评价，关键的一个环节就是要在等时地层格架中，对同一时期形成的各类沉积砂体进行精细研究，建立等时的对比关系；在此过程中，尤其要注重"井–震"间的联合地层划分与对比及两者之间的互相验证。通过层序地层研究建立等时地层格架，会取得两个显著的效果：一是恢复原始沉积面貌，避免见地震反射轴尖灭和变化就"开断层"的解释方法和习惯，略去了原本不存在的断层；二是恢复地层横向上的岩性变化，彻底改变以往"粗对粗、细对细"的岩性地层对比方案，利于砂体的识别、对比和追踪，能够客观反映砂体的空间展布，从而为地层岩性圈闭和复合圈闭的发现、落实创造条件，为油气勘探的突破奠定基础。

三、精细沉积微相研究，找砂体

针对有利的勘探目的层段，通过开展地震相、测井相和沉积相研究，并在此基础之上，深入分析沉积微相特征，确定沉积类型，发现、识别有利的储集砂体，是斜坡带地层岩性油气藏勘探的关键环节。

例如，文安斜坡带中南段坡顶部位于文安城东地区，通过精细微相研究，构建东营组河道砂岩性圈闭模式。应用层序地层学分析技术，建立等时地层格架，细化研究单元。针对东营组河道砂地震反射复杂、横向变化快的特点，运用地震属性分析、波阻抗反演、储层沉积建模等多项技术，开展精细砂体预测，建立了河道砂在斜坡背景上砂岩上倾尖灭岩性圈闭模式，为钻探部署提供了依据，并提高了钻探成功率。

四、精细构造解释，明背景

由于斜坡带的特定构造背景决定了斜坡带的构造不发育，因此，要研究斜坡带鼻状构造的发育特征和分布，特别要分析低幅度构造，如文安斜坡带和蠡县斜坡带油气的分布受低幅度构造的控制；分析断层的组系及其对沉积和油气运移的控制作用；分析斜坡带的不整合面的分布特征及其对油气运移的控制等。进而，研究构造、地层岩性及复合圈闭的分布，预测不同的油气藏类型的分布。

勘探实践表明，冀中拗陷与二连盆地斜坡带的地层岩性油气藏的分布，大都与构造背景密切相关，有利的构造背景成为油气的主要运移方向，再与有利沉积砂体配置，就易于形成各种地层岩性油藏。

五、构造砂体综合分析，定类型

研究斜坡带构造背景，选择有利勘探方向；微相研究寻找有利储层；构造与砂体相结合，综合研究成藏条件，构建油气成藏模式，预测油气藏类型，明确油气藏的有利勘探方向与靶区。

大量勘探实践表明，构造带的高部位不一定是砂体发育区，而构造带中低部位可能是砂体的发育区，局部构造的高点不一定是砂体的发育部位，局部构造的翼部可能是砂体的发育部位。因此，开展斜坡带地层岩性油藏的勘探，要彻底改变"优选正向构造带、落实局部构造高点"思维方法。要在构造特征精细研究的基础上，深入开展沉积储集砂体的精细刻画，二者综合分析，寻找有利的勘探方向和目标。

六、精细圈闭落实优选，标井位

在上述五个步骤精细研究的基础上，注重开展斜坡带的整体研究与认识，开展多目的层的圈闭精细落实研究。在此基础上，分析油气的综合成藏条件，优选成藏条件好、单个圈闭规模较大或多个圈闭叠合连片大面积分布的区块作为主攻勘探方向。对已发现圈闭群进行整体精细评价优选，以寻找规模储量为目标，实施整体部署与钻探，选准最有利勘探目标，实现突破，从而提高整体勘探成效。

第二节　精细微构造解释技术

斜坡带构造活动相对较弱，褶皱构造和大断裂不发育，因此，精细落实微小断裂和微幅度构造是斜坡带发现、落实圈闭的关键。模型正演分析，断距大于10m的断层在地震反射同相轴上有明显的错断，断距3~5m的断层表现为同相轴的膝折、相位及振幅突变，断距小于3m的断层仅表现为地震反射同相轴挠曲（图6-3）。

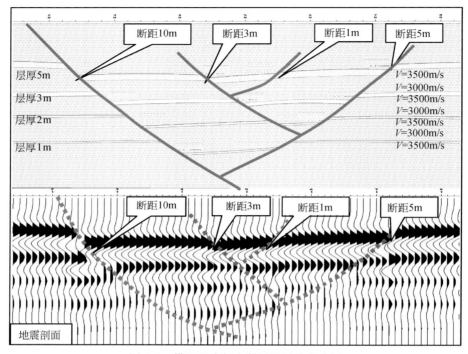

图6-3　模型正演与小断层地震响应分析

近年来发展起来一批用于地震资料断层识别的地震体属性。地震属性是指由地震数据导出的有关地震波的几何学、运动学、动力学和统计学特征的测量值。倾角、边缘检测、相干体是地震资料解释中识别断层的最常用的技术。做为一阶导数属性，并没有包含形状信息，仅描述了线性特征，而不能区分非对称性（如断层）和对称性（如脊和谷）；曲率体为二阶导数属性，曲率属性可以揭示与断层、线性特征、局部形状等方面的大量信息；子波分解与重构、谱分解等是以地震资料的谱分析为基础的；另外在提取断层属性的基础上，发展了图形处理、属性体融合等相关的技术系列。在实际应用中，体曲率、多子波地震道分解与重构等是适用于斜坡带小断层精细识别的有效关键技术。

一、体曲率技术

曲率是曲线的一种二维特征，它描述了曲线上某点的弯曲程度，也就是在某一点 P 上曲线从直线方向偏离了多少。对于曲线上的一个特定的点，曲率定义为沿曲线方向的变化率（Roberts，2001）。

P 点的曲率定义为角度 $d\omega$ 对弧长 ds 的变化率（图6-4）。在 P 点也存在一个圆，与曲线有相同的正切值 T，与曲线相切的可能性最大。这个圆被称为相切圆，圆的半径叫曲率半径 R。圆在边缘是等量弯曲的，因此具有一个固定的曲率值 K。可以用圆的这种属性导出曲率与曲率半径的关系。

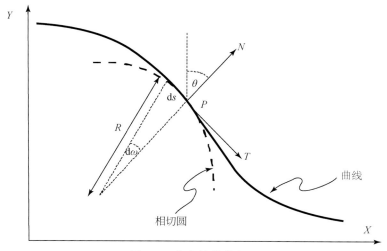

图 6-4 曲率的数学定义

$$K = \frac{d\omega}{ds} = \frac{2\pi}{2\pi R} = \frac{1}{R} \tag{6-1}$$

使用最小二乘方法拟合二次曲面：

$$z = ax^2 + by^2 + cxy + dx + ey + f \tag{6-2}$$

曲率与曲线的二阶导数关系最为紧密，因此曲率也可以写成导数的形式：

$$K = \frac{d^2y/dx^2}{[1 + (dy/dx)^2]^{3/2}} \tag{6-3}$$

曲率的二维概念很容易推广到三维。在数学上，一条曲线可以用一个平面切割界面而构建，因此，界面上的任一点会有无数个曲率值，其中最有用的是用正交平面切割界面得到的正交法线曲率子集。在所有可能的法线曲率中，最正值的曲率为最正曲率（most positive curvatures），最负值的曲率为最负曲率（most negative curvatures）。

$$K_{pos} = (a + b) + \sqrt{(a - b)^2 + c^2}$$
$$K_{neg} = (a + b) - \sqrt{(a - b)^2 + c^2} \tag{6-4}$$

这种曲率属性突出了地层边界的变化，可用于断层显示。最正曲率与最负值曲率叠合的中间处为断层线的位置。

高 9 井区位于蠡县斜坡外带，油藏类型以构造–岩性油藏为主。高阳油田自 2000 年滚动开发以来，沿高阳断层根部基本实现含油连片。高 9 构造–岩性圈闭位于西柳 10 油藏的西部，综合评价后认为成藏条件优越，若钻探成功，可实现含油连片。但蠡县斜坡大多数断层断距较小，特别是对成藏具有重要意义的北西向鼻状构造上受基底控制发育的隐伏性断层，断距小，在常规地震剖面上断点不干脆，仅表现为规模较小的褶曲，识别困难（图 6-5），影响目标的落实与评价。

由于地震反射同相轴错断不明显，多数情况下仅表现为地震反射同相轴的弯曲，在沿层相干平面图上，北东向的断层可以识别；在边缘检测平面图上，北东向的断层非常清晰，但古构造控制的北西向断层中，只有规模较大的断层可以显示出来。

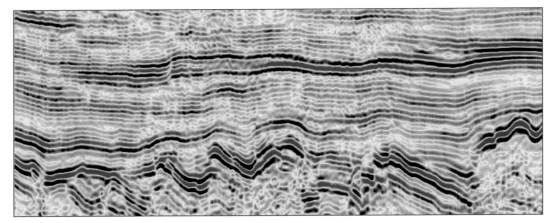

图 6-5 蠡县斜坡带地震剖面

在构造解释过程中，根据曲率属性对地层的对称性刻画较好的特点，选择曲率体属性中的最负曲率描述小断层。首先对地震数据体进行构造导向滤波，提高资料的信噪比，得到信噪比高的地震数据。然后在此基础上对地震数据进行最负曲率属性计算，得到最负曲率属性的三维数据体。在用地震反射层位提取的最负曲率属性平面图上，北西向的小断层清晰可见（图6-6），以此为依据解释的断层客观性更强。在曲率属性的时间切片上，对应于剖面上的每一个负向褶曲，在切片上都有显示，平面属性与地震的剖面特征对应关系合理（图6-7）。

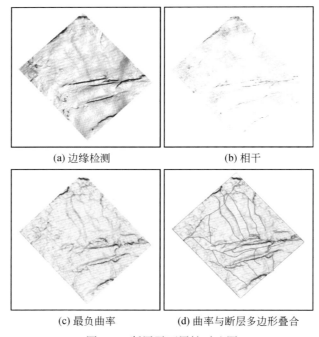

(a) 边缘检测 (b) 相干

(c) 最负曲率 (d) 曲率与断层多边形叠合

图 6-6 断层平面属性对比图

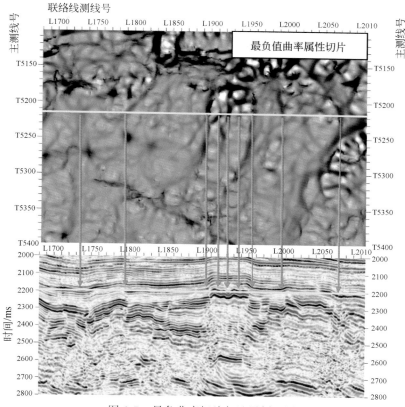

图 6-7　最负曲率切片与地震剖面图

二、多子波地震道分解与重构技术

多子波地震道分解技术将一个地震道分解成多个不同形状、不同主频率的雷克子波。用这些子波重新组合，就可以精确地重构出分解前的地震道。常规的地震道模型基于单一地震子波假设，为褶积模型：

$$x(t) = W(t) * r(t) + n(t) \qquad (6\text{-}5)$$

式中，$W(t)$ 为地震子波；$r(t)$ 为反射系数；$n(t)$ 为噪声。

而多子波地震道分解技术是全局优化的分解技术，将一个地震道直接用一组不同主频率的子波表述出来，结果更接近实际。多子波地震道模型为：

$$S(t) = \sum_{i=1}^{n} S_i(t) + N(t) \qquad (6\text{-}6)$$

式中，$S_i(t) = W_i(t) * R_i(t)$；$W_i(t)$ 为单一不同形状的子波；$R_i(t)$ 为单一反射系数的序列。

当所有子波都完全一样时，$W(t) = W_i(t)$，多子波模型就变成了常规的褶积模型。实际工作中，多子波地震道分解和重构技术的应用分为两步。第一是对迭后地震数据进行分解处理，将地震数据中的目标层段分解成不同主频的雷克子波序列或集合。第二是重构分析，用所有子波重构就可以得到原始的地震道或数据体。用部分子波重构就可以得到新的数据体。选择合适的主频子体进行地震数据重构，可突出小断层的不连续性。

在蠡县斜坡带，针对斜坡带断层断距较小的特点，经过子波筛选和滤波等反复试验，选择 24～46Hz 主频的子波地震数据体进行重构，得新的地震数据体。由于低频段的信号受到压制，同时高频段的噪声被有效压制，因此重构后的地震剖面小断层断点更加清晰，识别更容易（图 6-8）。

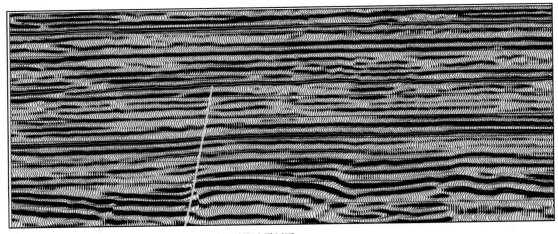

(a) 原始地震剖面

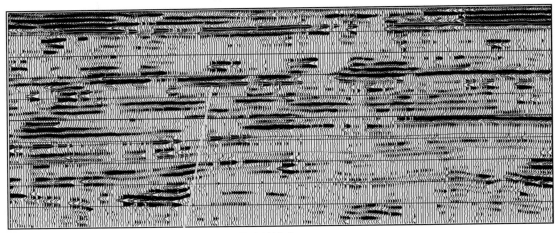

(b) 重构地震剖面

图 6-8　原始地震剖面与子波重构剖面比较图

三、图形处理技术

图形处理技术本质上是滤波过程。构造导向滤波（structurally oriented filters，SOF）用于去除原始地震资料中的噪声，提高信噪比，同时保留小规模的断层和有地质意义的振幅变化。

　　一般的噪声压制是以沿标准的三维网格，即 x、y、z 方向进行滤波的，但地震数据处理过程中，在地层倾角较陡的地区，基于规则网格的滤波可能是地震子波的变化。因此将地震数据的倾向性加以考虑，并沿这种方向进行滤波是更为合理的。

　　通过分析沿构造方向地震道间地震信号的变化，以倾角和方位角数据体为依据对地震数据进行滤波，主要衰减白噪和构造性噪声，可得到信噪比较高的地震数据体。在原始地震数据体上不干脆的断点处理后断点更清晰（图 6-9）。

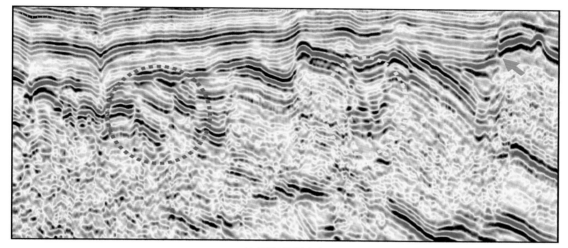

(a) 原始地震剖面

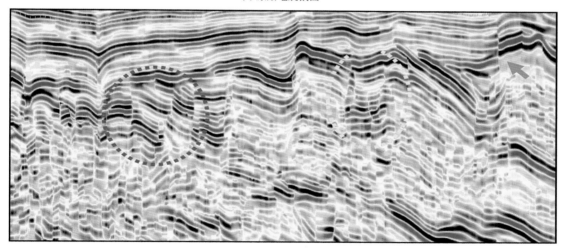

(b) 构造导向滤波后地震剖面

图 6-9　原始地震剖面和构造导向滤波后的地震剖面图

　　在砂泥岩互层的地层中，用构造导向滤波后的地震数据体识别小断层时，河流、三角洲、扇体的沉积边界在剖面上也表现为地震反射同向轴的错断。尤其是与喀斯特、滑塌沉积、热液交代的白云岩化等有关的混杂堆积结构，构造导向滤波后会使这些原本易于识别的地质现象变得难以识别。

　　高信噪比的地震数据体既是解释小断层的依据，也是提取断层属性尤其是二阶导数属性（如曲率）的良好基础。在信噪比提高后的地震数据体上提取出的相干、曲率等表征断层的属性数据体噪声明显降低，断层的图像更清晰（图6-10）。

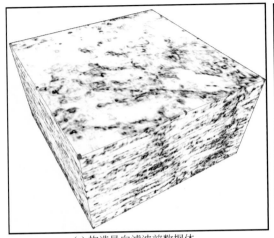

(a) 构造导向滤波前数据体　　　　　　　(b) 构造导向滤波后数据体

图 6-10　构造导向滤波前和滤波后相干数据体比较图

　　根据断层在纵向上连续性好的特点，对已经求取得到的断层属性数据体再进行图形处理，增强与断层相关的纵向连续性，同时压制可能与地震反射同向轴相关的横向图形，以得到更加清晰、精确的断层图形，从而达到提高小断层解释精度的目的。在实际工作中，可以控制滤波的参数以增强不同级别的断层。用颜色表示断层的可靠程度。此时断层用最大值表示，其他位置的数值用0值表示，从而将断层属性从围岩中剥离出来。最后将断层属性嵌入到地震数据体中，得到带有断层信息的地震数据体，使小断层的解释更加直观、准确（图6-11）。

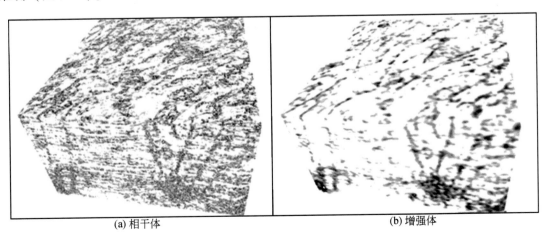

(a) 相干体　　　　　　　　　　　　　(b) 增强体

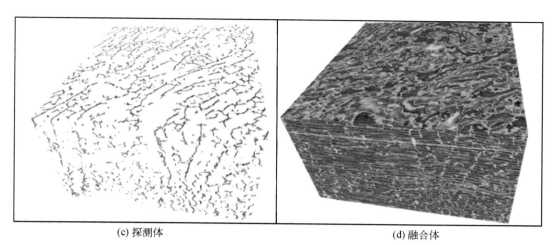

(c) 探测体   (d) 融合体

图 6-11   断层增强处理后的数据体

曲率属性为混沌属性，时间切片等平面图上可清楚地识别断层，但在纵向剖面上则不易识别。将曲率属性做图形增强，再将表征断层的较大的曲率值从围岩中剥离出来，融合到地震数据中，得到的地震数据就含有了断层信息，断层解释更加方便、精确（图6-12）。

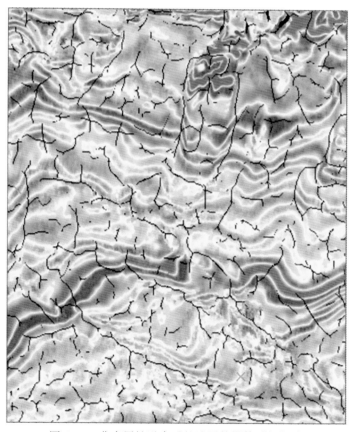

图 6-12   曲率属性融合后的地震数据体时间切片

在时间切片上可以看到，在蠡县斜坡基本的斜坡背景上，地层的平面展布存在微小的褶曲。褶曲的两翼即为隐伏断层发育的位置，利用图形处理技术识别出的断层走向与地质认识相一致，使该区隐伏断层的解释更客观，为该地区的构造-岩性油气藏研究奠定了基础。

第三节　精细地震储层预测方法

储层预测中，针对不同类型斜坡带的沉积、储层、地球物理特征，不同的勘探阶段及对储层预测的要求，分析预测的难点及制约因素，制定相应的研究思路及技术对策，优选预测技术方法，优化预测参数，集成不同类型斜坡带储层的配套技术，提高预测精度，为井位部署和储量计算提供依据和支持。

一、蠡县斜坡三角洲前缘砂体地震储层预测方法

各种三角洲类型砂体是斜坡带常见的储集体，特别是三角洲前缘亚相砂岩，是斜坡带最重要的油气储层。以下以饶阳凹陷蠡县斜坡为例，分析三角洲前缘砂体的储层预测方法。

（一）地质特征

蠡县斜坡位于饶阳凹陷的西部，是一个北东向宽缓型沉积斜坡，主要勘探目的层沙一、二段以三角洲前缘薄互层砂泥岩沉积为主，砂体平面展布形态为席状。有利相带为河口坝、远砂坝，砂岩岩性为细粒长石砂岩，岩性较细，分选较好，单层厚度为 2~5m，孔隙度最大 24.6%，平均 15.2%，渗透率最大达到 $95.8×10^{-3}μm^2$，平均 $12×10^{-3}μm^2$。

（二）储层地球物理特征

该区目的层段主频约 22Hz，有效频带 10~48Hz。由于薄砂层厚度远小于地震分辨率，地震反射难以分辨单砂层，一条同相轴常是几层薄砂层相互干涉而形成的复合波。

砂岩自然电位、电阻率测井曲线形态为指形。砂岩声波速度比泥岩围岩高，但相差较小。

（三）预测难点

（1）该区三角洲前缘砂体的砂岩单层厚度薄（图 6-13）、薄砂岩反射相互干涉，单砂层井震标定难。

（2）薄砂岩岩性较细、砂岩速度比上下泥岩围岩速度高，但相差较小（图 6-14）。声波波阻抗反演预测砂岩效果较差。

（3）由于砂泥岩波阻抗差小，地震反射弱，精细等时构造解释难度大。

（4）由于砂层薄，纵向时窗不易确定，预测结果可能是几套薄砂层综合响应。准确地预测出每层薄砂层分布特征难度大。

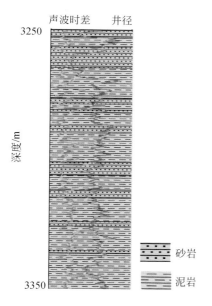

声波时差
井径
3250
深度/m
3350
砂岩
泥岩

图6-13　长1井沙一下段岩电图

141.0
126.8
105.7
84.5
63.4
42.3
34.0
自然伽玛/API
砂岩
泥岩
4088.0
6745.4
8618.0
11490.7
14363.4
18452.0
声波波阻抗/(mg/cm³·s)

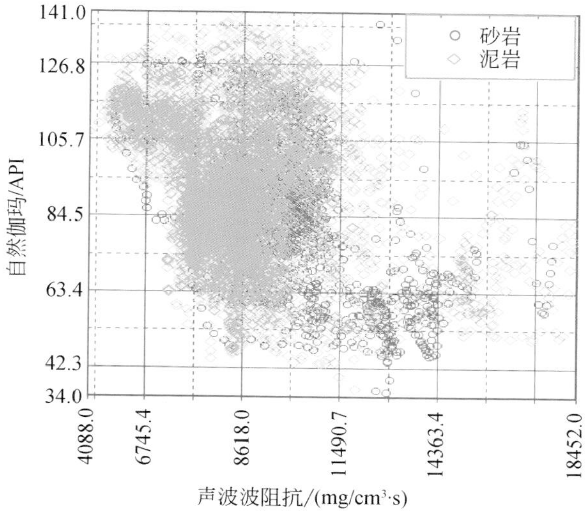

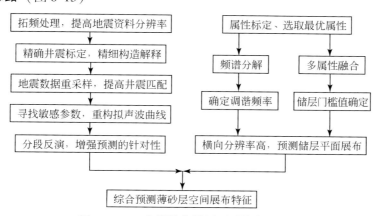

图6-14　伽玛曲线与波阻抗曲线交会

(四) 研究思路及技术方法

针对三角洲前缘薄互层砂岩储层特征，储层预测的要点是提高分辨率，储层预测中以地震反演为主，同时结合地震属性，开展高分辨率储层预测工作。

1. 研究思路（图6-15）

拓频处理，提高地震资料分辨率
精确井震标定，精细构造解释
地震数据重采样，提高井震匹配
寻找敏感参数，重构拟声波曲线
分段反演，增强预测的针对性
属性标定、选取最优属性
频谱分解
多属性融合
确定调谐频率
储层门槛值确定
横向分辨率高，预测储层平面展布
综合预测薄砂层空间展布特征

图6-15　三角洲前缘储层预测技术流程图

2. 技术方法

(1) 拓频处理，提高地震资料的分辨率。在本次研究应用了谱白化拓频处理。处理过程中，对信噪比大于1的频带进行谱白化处理，将地震资料主频从20Hz提高到30Hz，有效频带从10～48Hz拓展到8～60Hz。由图6-16可知，谱白化拓频前后地震资料在地层产状、构造背景、大的断裂结构等方面一致性较好，同相轴数量增多，连续性变好，地震资料的分辨率得到了提高。在井点处利用高频的合成地震记录对拓频后地震资料进行标定，两者吻合较好，说明谱白化拓频处理的地震资料真实可靠，能客观反映地下地质情况，可用于地震解释和高分辨率储层预测。

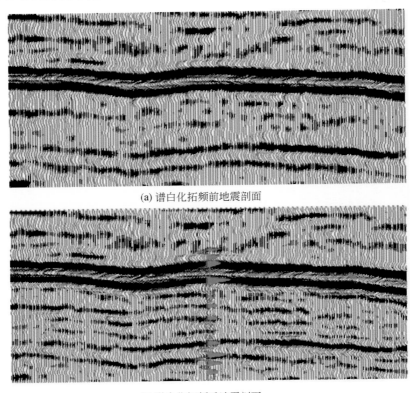

(a) 谱白化拓频前地震剖面

(b) 谱白化拓频后地震剖面

图 6-16　谱白化拓频前后地震剖面图

（2）精确的井震标定。薄砂岩储层预测对井震标定、构造解释精度要求更高，所以精确的标定、精细的解释是获得正确预测结果的保障。①采用正极性、负极性显示进行标定，提高井震匹配的相关性；②利用离散合成地震记录（图 6-17），分析每套薄砂层反射特征及对反射同相轴的贡献大小，用以精确标定，以及指导对反演结果的解释。

（3）精细构造解释。细划地层层系、缩小研究单元，应用三维立体解释技术、相干体技术、自动追踪技术等对目的层进行精细构造解释，避免层位闭合不好、追踪不够精细等因素对预测精度的影响，为建立准确的地质模型奠定坚实基础。

（4）加密地震数据采样率，提高井震匹配。在不产生假频的情况下，将原地震数据体 2ms 的采样率重采为 1ms。采样点加密后、地震与测井资料匹配更精细，可以提高模型反演的分辨率。

（5）曲线重构、拟声波模型反演。由于薄砂岩岩性较细，与泥岩围岩波阻抗相差较小，声波波阻抗反演不能达到好的储层预测效果。通过岩石物理参数统计发现，该区自然电位能有效地将砂岩、泥岩区分（图 6-18），因而自然电位可作为敏感预测参数，进行自

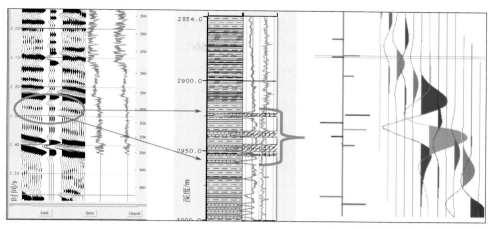

图 6-17 离散合成地震记录

然电位拟声波模型反演，以提高预测的分辨率。

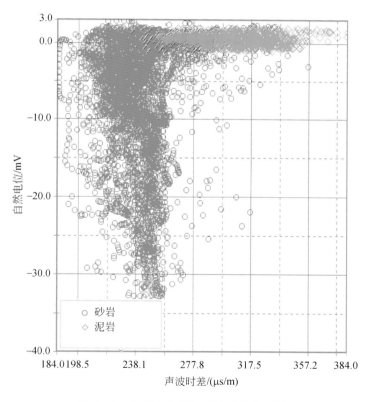

图 6-18 自然电位值与声波时差交会图

（6）分段、多段反演，以提高预测能力和精度。为了更好地预测薄砂层，采用沙一、沙二段砂岩的分段预测，每一段中，波阻抗量值变化较小，有利于砂岩门槛值确定，提高薄砂层预测能力与精度。

（7）频谱分解技术。由于薄砂层厚度远小于地震分辨率，常规地震资料难以准确预测识别薄砂层。而频谱分解技术是预测薄砂层较为有效的方法。通过目的层段的频谱分析、结合目的层的厚度、速度，确定目的层段薄砂层的调谐频率，以此为依据，利用频谱分解技术，有效地预测出目的层段薄砂层的平面展布特征。

（8）多属性融合、克服预测的多解性、局限性，提高预测的精度。通过井震属性标定，选取预测薄砂层最为有效的振幅、弧长、有限带宽等属性。由于单一属性预测存在着较大的多解性、局限性，因此，需利用主份分析等属性融合技术，进行多属性融合预测，增强预测结果的确定性，提高薄砂层预测精度。

（五）预测效果分析

通过对以上各项技术方法的实施，采用点标定、线约束、体预测的技术流程，从已知井出发，开展滚动式预测，地震反演分辨率得到提高，清楚地反映出薄砂岩纵向叠置关系及横向变化规律，预测的每套薄砂层与钻井结果吻合较好（图6-19）；地震属性预测薄砂体平面分布及其边界清楚可靠。储层预测结果为淀16x井、淀20井、淀23x井、淀22井、淀28等井的钻探及该区储量计算提供了充分的依据。钻探表明预测薄砂层的厚度与实钻结果吻合较好（表6-1）。

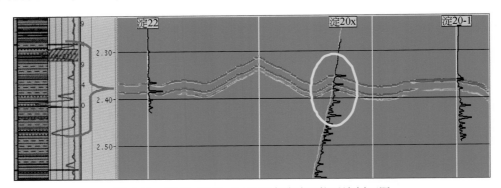

图6-19　淀22-淀20井SP拟声波波阻抗反演剖面图

表6-1　蠡县斜坡预测砂岩厚度与实钻结果对比表

预测结果对比	井号	淀16	淀18	淀20x	淀20-1	淀20-2	淀22	淀28
Es_1^F	钻井/m	6	7	8	9.5	8	9	18
	预测/m	3.8	8.5	8	9	10	8	20
	误差/m	-2.2	1.5	0	-0.5	2	-1	2
Es_{2+3}	钻井/m	25	52	65	56	25	44	56
	预测/m	30	48	60.5	62	38	50	60
	误差/m	5	-4	4.5	6	13	6	4

二、文安斜坡河流相砂体地震储层预测方法

河流相是斜坡带重要的一种沉积体系，所形成砂体是良好的油气储集场所。河流相沉积特征主要是砂、泥岩互层，砂体横向变化非常快。以下以霸县凹陷文安斜坡为例，分析了斜坡带河流相砂岩储层预测方法。

（一）地质特征

文安斜坡位于冀中拗陷霸县凹陷东部，勘探面积约 1200km²，已发现构造、岩性、地层等因素控制的多种类型油气藏。文安斜坡东营组主要发育曲流河沉积储层，其河道频繁改道、迁移，平面展布形态为弯曲条带状；岩性组合为砂泥岩互层，砂岩分选较好、但相变快、连通性差；有利相带为河道、边滩微相，其砂岩单层厚度 8～10m，平均孔隙度为 20%～25%，平均渗透率普遍大于 $250×10^{-3}\mu m^2$，储集条件好，是该斜坡带主要的产层之一。

（二）储层地球物理特征

该区东营组河流相的地层地震反射特征呈中高频率、中强振幅、短反射、平行或亚平行反射结构，且振幅、频率变化较快；河流相砂岩的声波速度在 2800～3500m/s，总体比泥岩高，但二者相差不大；河流沉积物在自然电位（SP）、电阻率（Rt）曲线上具明显的"二元结构"，底部突变，自下而上，曲线异常幅度由高变低，下部为箱形，上部逐渐变为钟形。

（三）预测难点

（1）地层对比难度大。进行河流相地层对比时，标准层、标志层分布范围小、特征多变或不明显。河道下切、改道频繁、砂体连通性较差，对比常出现穿时现象。

（2）河道砂体与泥岩互层，砂岩单层厚度较薄，为 5～8m，岩性相变快、地震反射连续性差，振幅、频率变化快，准确预测河道空间展布规律难度较大。

（3）河道砂体具有纵向多期迭置，平面多期叠合连片的分布特征，造成地震反射一般是多期河流沉积的复合反映，常存在"同期异相"或"同相异期"现象，加大了预测的难度。

（4）砂泥岩声波速度相差不大，使得声波波阻抗反演预测河道砂体效果差。

（四）研究思路及技术方法

1. 研究思路

（1）进行层序地层学的研究，在层序等时格架约束下，进行精细地层对比。

（2）应用三维立体解释技术、相干体、自动追踪技术进行目的层的精细解释和断裂特征研究，为精细储层预测奠定坚实的基础。

（3）利用地震相分类、地震振幅属性、分频技术对河道的空间展布规律进行预测。

（4）高分辨率地震反演预测河道砂体的纵向叠置关系及厚度变化。

2. 技术方法

1）进行层序地层学研究，建立等时地层格架，进行精细地层对比

利用地震、测井、录井、岩心等资料，根据岩相突变面、测井相突变面、沉积作用转换面、地震反射终端（削蚀、上超）类型等层序界面的识别标志（图6-20），对区内地层从沙三段–东营组共划分了2个二级层序和8个三级层序。其中三级层序 SQ8、SQ9、SQ10 相当于东三段、东二段、东一段。在二级、三级等时格架约束下，采用等高程对比、切片对比、砂体侧向相变等对比方法对东营组进行油层组、砂层组的精细等时划分与对比。

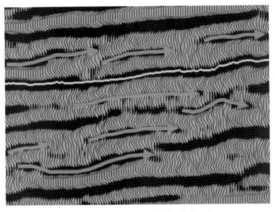

图6-20　地震反射终端类型

2）精细地震解释

在层序等时地层格架约束下，细划层系、缩小研究单元。在单井精细标定的基础上，充分应用三维立体解释技术、水平时间切片、相干体切片、切块移动对比、任意线检查等方法手段，对主要目的层段进行地震层位、断裂系统的精细解释。

3）地震属性预测河道的展布、砂体横向变化

（1）地震振幅属性预测。针对河流相砂体强振幅、不连续、变化快等地震反射特征，利用地震振幅属性预测河道平面分布规律，图6-21为文安城东区东三段Ⅱ砂组的均方根振幅图，清楚地显示出区内四条北东向主河道的平面展布特征。

（2）频谱分析预测。曲河流河道亚相砂体较为发育，但因河道的摆动变迁，砂体连通性变差，厚度较薄。钻井揭示，区内河道砂单砂层厚度一般小于10m，河漫滩亚相砂体不发育；从河道到河漫滩，砂体相变较快，河道亚相与河漫滩亚相的地震反射特征相差较大，河流走向特征明显；针对曲流河的储层特征，频谱分析技术是有效的预测手段。利用频谱分析技术对文安城东区东三段Ⅱ砂组进行预测，关键点是调谐频率的选取，通过目的层段频谱分析，确定60Hz为调谐频率。图6-22是东三段Ⅱ砂组60Hz频谱分解能量图，清楚显示出4条主河道和多条分支河道的平面展布特征。

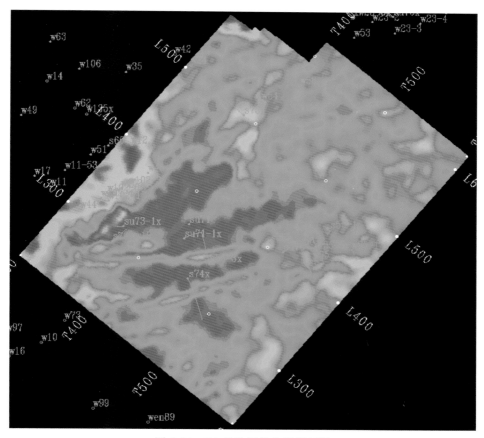

图 6-21　Ed_3Ⅱ油组均方根振幅图

4）地震反演预测河道砂体纵向叠置关系、厚度横向变化及尖灭位置

在刻画出曲流河平面展布特征的基础上，针对河流相砂体较薄、横向变化较快的特征，充分利用已知钻井、测井资料，采用模型测井约束地震反演等高分辨率储层预测方法，对砂体的纵向叠置关系、横向厚度变化及分布范围、尖灭位置等进行预测，为落实圈闭类型、油藏特征，钻探部署提供依据。

地震反演中的每个环节都很重要，如地震、测井资料的分析、处理、校正，井震的精确标定，预测方法及敏感参数的选取，地质模型的建立等。针对东营组河流相地质、地球物理特征，对该区预测的关键技术如下。

（1）敏感参数选取及拟声波反演。利用测井资料进行交会，在声波时差和自然电位曲线交会图上可以看出（图 6-23），声波时差曲线上，砂、泥岩重叠区域太大，说明利用声波反演区分砂、泥岩效果不好；而自然电位曲线上，砂、泥岩重叠区域较小，说明自然电位曲线能很好地区分砂、泥岩，因此选用自然电位曲线作为敏感预测参数构建拟声波曲线。构建拟声波曲线时，在声波的低频背景下，叠合敏感预测参数，使合成的拟声波曲线既能保持地层速度变化背景，又能反映目的层段岩性的细微差异。在此基础上进行拟声波反演，可有效地分辨砂岩与泥岩，达到较好的反演效果。

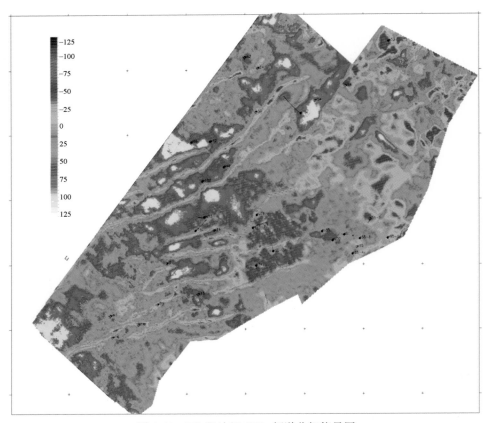

图 6-22 Ed$_3$ II 油组 60Hz 频谱分解能量图

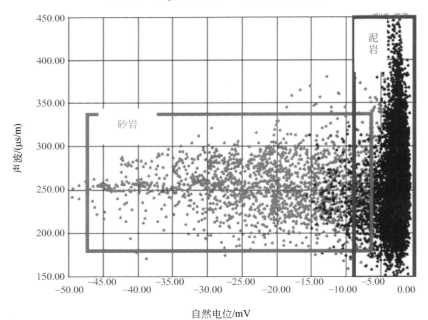

图 6-23 AC 与 SP 曲线交会图

（2）构建合理的地质模型。基于模型测井约束地震反演中，地质建模最为重要。因此在地质模型建立时，不仅要考虑层序、构造模型的特点，还需考虑河流相的沉积特征，根据曲流河长、宽、厚比例确定相控建模参数 X、Y、Z 的选取（图6-24），以建立合理的地质模型，使之对反演过程进行宏观约束，得到的反演结果更符合宏观地质规律。

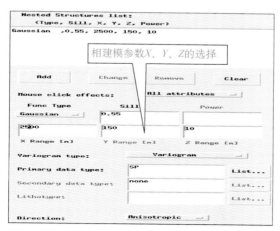

图 6-24　相控建模参数的选取模块图

（五）预测效果分析

在文安斜坡文安城东地区，首先对苏 70 井油藏、文 95 井油藏等进行反演预测分析，在过井线自然电位拟声波反演剖面上（图6-25），清楚地显示出苏 55 井河道砂体、苏 70 井河道砂体与文 95 井河道砂体分属不同的河道，互不连通，形成三个相互独立的岩性–构造圈闭。以储层预测结果为主要依据，部署钻探的苏 71、苏 73、苏 74、苏 75、苏 76 井均获高产油气流。东营组河道砂的纵向叠置关系、厚度横向变化及砂岩尖灭的预测情况与钻

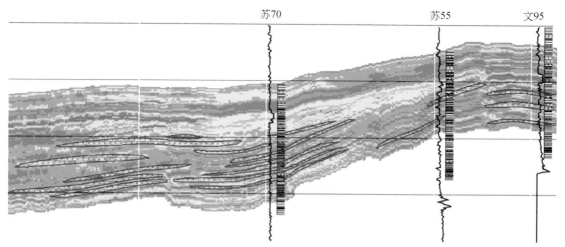

图 6-25　苏 70—文 95 井自然电位拟声波波阻抗剖面图

探结果吻合较好，反演效果较好，说明反演所用的方法、所选的参数、所建的地质模型及其他环节都较为合理，可为斜坡带岩性或构造岩性油气藏的发现、储量的计算提供可靠依据。

三、乌里雅斯太斜坡带湖底扇砂砾岩体地震储层预测方法

在断陷湖盆洼槽区靠缓坡一侧往往发育有扇三角洲、斜坡扇等沉积。扇三角洲、斜坡扇砂体在重力作用等适合的条件下，产生再搬运，在较深水区形成湖底扇。湖底扇形成的砂砾岩体，具有厚度大的特点，是良好的储油层。以乌里雅斯太斜坡为例，分析了斜坡带湖底扇砂体的储层预测方法。

（一）地质特征

乌里雅斯太斜坡位于二连盆地马尼特拗陷东北部乌里雅斯太凹陷的东部，斜坡带结构分异差、构造相对简单，受阿尔善期老断层和古地形控制，形成了上、中、下三个坡折带，在坡折带控制下于腾一段形成多期湖底扇。这些扇体纵向上相互叠置，横向上连片分布，由南向北、由西向东逐渐变新、埋藏变浅、物性变好。单个扇体平面形态为舌形，夹持于暗色泥岩之中，面积 $10 \sim 20km^2$，岩性为厚层块状砾岩、砂砾岩，分选差，相变快，有利相带为内扇、中扇，最佳储层为主沟道、辫状沟道的砂砾岩，单层厚度为 $15 \sim 40m$。

（二）储层地球物理响应特征与技术难点

1. 地球物理特征

（1）测井响应特征：湖底扇砂砾岩、砾岩测井响应具有"三低两高"特征（低声波、低自然伽玛、低自然电位，高电阻率、高密度）。曲线形态为箱形或钟形，它们能明显地将湖底扇砂砾岩与上、下泥岩围岩分辨开来。

（2）地震相特征：湖底扇砂砾岩的地震相具低频特征，下切现象明显，具透镜状、丘状等几何外形（图6-26）。

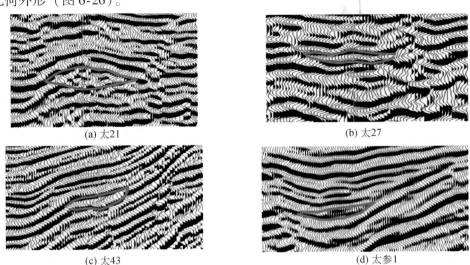

(a) 太21　　　　　　　　　(b) 太27

(c) 太43　　　　　　　　　(d) 太参1

图 6-26　湖底扇砂砾岩地震相特征图

2. 预测难点

（1）腾一段湖底扇纵向上多期叠合，横向上连片分布，扇体岩性粗、相变快，准确刻画每个湖底扇砂砾岩体的空间展布难度大。

（2）湖底扇内扇主沟道和中扇辫状沟道储集性和含油性最好，如何预测有利储集体发育位置，对寻找富集高产区至关重要。

（3）由储集体外形描述到储层物性、含油性定量描述，难度较大。

（三）研究思路及技术方法

1. 研究思路

针对乌里雅斯太斜坡带湖底扇砂砾岩地质特征、地球物理特征及储层预测面临的难点，在不同勘探阶段，优选最合理的预测方法。

第一阶段：在少井或无井的情况下，以地震属性为主，结合递推反演，预测扇体的平面展布。

第二阶段：利用井约束进行基于模型的测井约束反演，并结合地震属性，预测扇体的空间展布及有利储集相带。

第三阶段：利用孔隙度、电阻率、饱和度等储层参数反演，开展油藏特征的描述。

2. 技术方法

（1）第一阶段：井少或无井，应以属性为主。通过井震标定确定砂砾岩顶界对应着强反射，故以振幅属性预测扇体的平面展布特征。图6-27是乌里雅斯太斜坡带木日格构造湖底扇顶界均方根振幅图，图中清楚地刻画出多期湖底扇的平面分布特征。

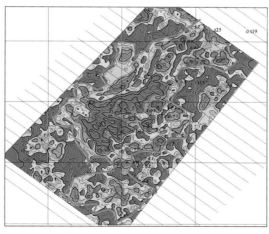

图6-27　乌里雅斯太斜坡带木日格构造湖底扇顶界均方根振幅图

同时在少井无井、储层相对较厚、相变较快的情况下，采用递推反演方法预测效果较好。对已知的太参1油层与太21油层进行预测解剖，预测剖面图上明显地反映出太参1油层与太21油层是上下叠置关系，不是同一扇体（图6-28）。

针对太21砾岩体油层开展递推反演，进行声波阻抗反演预测，预测该扇分布面积约

9km²（图6-29），主体部位厚度约为92m，在主体部位设计钻探太41井（图6-28）。实钻钻遇湖底扇砾岩101m，预测效果较好。该井日产油19.79t，钻探取得成功。

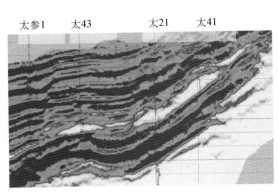

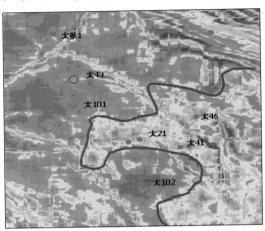

图6-28　太参1—太21井递推反演剖面　　　　图6-29　太21砾岩体波阻抗反演平面图

（2）第二阶段：多井约束，利用基于模型的测井约束地震反演刻画湖底扇的期次，扇体间的叠置关系、横向尖灭情况。可以清楚看出四期扇体的展布情况（图6-30）。以此为主要依据，在深化地质研究基础上，部署钻探太29、太27和太53井，均发现厚油层，且压裂后都获得高产。其中太29井在腾一段1723.4～1739.6m压裂后求产，日产油63.24m³、气3384m³；太27井在腾一段1725.4～1749.6m井段压裂后测试，日产油105m³、天然气6166m³；太53井在1869.2～1908.0m井段压裂试油，获得了日产40m³的高产工业油流。预测结果与钻探吻合较好（表6-2）。

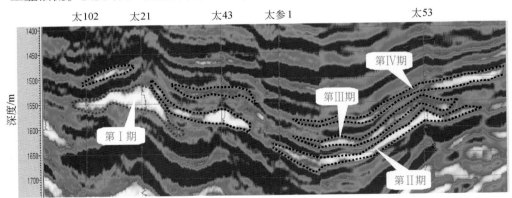

图6-30　太102井—太53井连井测井约束地震反演剖面

表6-2　乌里雅斯太斜坡带预测砂砾岩厚度与实钻结果对比表

井号 预测结果对比	太41	太43	太47	太27	太29	太53	太55
钻井/m	92	26	20	22	20	32	26
预测/m	101	23	16	20	26	38	21
误差/m	−9	3	4	2	−6	−6	5

（3）第三阶段：利用孔隙度、电阻率、饱和度等储层参数反演，开展油藏特征的描述。

利用神经网络建立波阻抗体与井点处储层参数的非线性映射关系，以此关系实现储层参数的预测（图6-31），为储量计算提供依据。

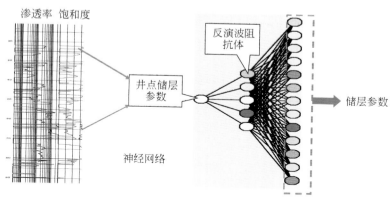

图6-31　储层参数反演原理示意图

利用孔隙度储层参数进行物性预测，图6-32是第二期扇孔隙度预测平面图。预测表明太53井区、太43井区储层物性较好。

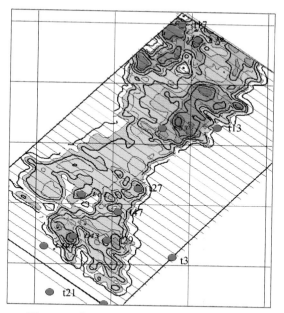

图6-32　太47井区孔隙度储层参数平面图

采用电阻率作为反演参数，对木日格地区腾一段不同岩性油藏的含油饱和度进行预测。太47油藏含油性最好（图6-33），含油饱和度达55%~80%，其次是太21油藏，含油饱和度在40%~55%，太31井区含油饱和度较低，为30%左右。

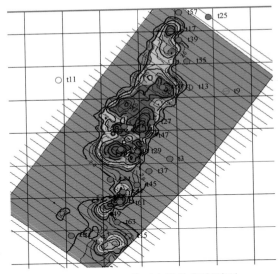

图 6-33　太 47 井区含油饱和度平面

（四）预测效果分析

通过不断深化岩性地层油藏特征的认识、不断加强储层敏感参数和储层预测方法研究，提高了储集体空间展布及其物性、含油性的预测精度。以储层预测结果为主要依据，结合地质评价部署钻探太 41、太 43、太 27、太 47、太 53 等 17 口井，其中工业油流井 12 口、低产井 3 口、待试井 2 口。岩性油藏勘探取得了突破性进展，从而使乌里雅斯太凹陷成为二连盆地又一个重要的储量接替战场。

针对不同类型斜坡带储层特征及预测难点，开展了储层预测技术方法适用性研究，取得了较好的预测效果。但随着勘探程度的提高，对储层预测技术方法提出了更高的要求。实际工作中，还需加强预测技术方法适应性研究，针对不同类型储层、不同钻探阶段、不同的地质目标，进行储层预测适用技术方法研究和配套技术集成，以提高储层预测的准确性，为高效勘探开发提供依据。

第四节　地震沉积学研究方法

一、地震沉积学综述

地震沉积学是继地震地层学、层序地层学之后又一门新的交叉前缘学科（曾洪流，2011）。它是地震地层学、层序地层学、沉积学和地震储层学等相结合的产物。

地震沉积学这一概念，大约在 20 世纪 80 年代初期开始出现，由于当时地震资料的分辨率和研究思路、研究手段所限，对这一名词的理解仅仅是利用地震资料进行地层解释，而且也没有形成系统的理论体系，仅附属于地震地层学的一种操作技术，或者称之为狭义的地震地层学，也有人直接称作地层的地震解释。随后，这一概念归于沉寂。直到 1998

年，Zeng H L 等人重新提出这一概念之后，才又引起人们的注意。现在的地震沉积学，无论是概念，还是研究内容，已经和 20 世纪 80 年代所陈述的地震沉积学存在很大差异。在 Zeng H L 等人（1998）的定义中，地震沉积学是利用地震信息来研究沉积岩及其形成过程的一门学科。在这里，有一个重要的概念，即地震信息并不是单指地震剖面的信息，而是可以用数学方法计算并通过计算机处理来实的地震属性，特别是此种地震属性可以定量或半定量地描述地层沉积现象。Posamentier 等（2003）提出了地震地貌学（seismic geomorphology），Zeng H L（2004）提出了地震沉积学（seismic sedimentology），他们的概念和研究内容非常类似。Posamentier（2007）指出地震地貌学是用主流的三维地震数据来获取对地貌的认识，是便于应用平面成像进行地下研究的一门正快速发展的学科。曾洪流提出了应用地层切片（Stratal Slicing）对地层的沉积相进行成像的技术。这些标志性事件表明地震沉积学作为一门新的学科开始受到人们的关注。

地震沉积学的理论基础是基于地震反射同相轴不是严格等时的，地震数据的频率控制了同相轴的倾角和内部反射结构。Zeng H L 等人（2003）在 Permain 盆地 Kingdom Abo 储层研究中发现，在前积碳酸盐岩台地边缘和斜坡沉积地层中，地震主反射同相轴并不沿倾斜的地质时间界面。通过对三角洲前积体中常见的平行倾斜界面模型进行正演的结果，得出的结论是地震资料的频率成分影响了地震反射同相轴的倾角和内部反射结构的变化。地震同相轴既不反映等时面，也不反映岩性界面，而是受控于地震资料的频率，即地震反射同相轴并不是完全等时的，这样的观点就彻底否定了反射同相轴的严格等时性，从某种程度上动摇了地震地层学的理论基础，低频地震资料中的同相轴更倾向于具有岩性意义而不是时间意义。

地震沉积学的产生有其现实性和必然性。自从层序地层学产生以来，在油气勘探钻前预测生、储、盖组合方面取得了长足的进步，但同时，也逐步认识到对于四、五级层序的沉积研究来说，层序地层学缺乏定量化的手段，已显得力不从心，其研究成果难以落实到油气储集体的空间形态和内部结构这个具体目标上，尤其在开发阶段这种矛盾更为突出。另一方面，地震储层预测技术近年有长足的发展，地震勘探精度越来越高，地震属性对储层的刻画越来越客观和精细，叠前、叠后地震反演技术日益成熟，但地震储层预测、层序分析和沉积研究结合不够密切且多解性强。地震沉积学正是在这种形势下出现的，它将由井筒建立的地层各种特征参数，在地震精度所能及的范围内扩展到三维空间，其研究尺度可达到四、五级层序级别以下的地层。由此可见，地震沉积学中储层沉积研究的纵向精度比层序地层学要高，并在减少多解性的基础上向精确的地震储层预测方向发展（谢玉洪等，2010）。

二、地震沉积学技术系列

地震沉积学研究的基础是层序地层分析和岩石物理研究，其中地震资料平面沉积成像是中心环节。层位、切片和属性是沉积成像的三个要素。地震沉积学创始人曾洪流教授提出地震沉积学的关键技术是 90°相位转换、等时地层切片和分频处理解释（董艳蕾等，2008，2011）。90°相位旋转剖面是解决用哪种属性等时地层切片进行沉积成像解释。分频处理解释是为了得到可靠的参考层位，用于等时地层切片研究，使地震解释结果的地质意义更加明确。在曾洪流教授提出的三大地震沉积学技术的基础上，通过近年来油气勘探实践和探索，提出地震沉积学的研究内容和技术方法应当包括等时地层格架、最小等时研究单元、地震岩石物理研究、地震地貌与沉积分析、相控储层预测等五个方面（刘力辉等，2011）。

（一）等时地层格架建立

等时地层格架建立是在层序地层学原理的指导下，结合地震资料、井筒资料等进行单井层序划分及连井层序地层对比，建立起全区统一的等时层序地层格架，为后续最小等时研究单元的确定打下基础。

（二）最小等时研究单元

地震沉积学最小等时研究单元是一个井震结合的尺度单元，由于井震垂向分辨能力不同，井震结合时三者（地震、测井和地质）需要找到一个合适的、统一的研究尺度。尺度太小地震资料可能不支持，横向对比困难，横向上的沉积规律难以把控；尺度太大，平均效应强，沉积特征难以揭示。因此，最小等时单元的确定需要根据地质研究的深度，地震资料的分辨率，以及地质任务的要求来选定最小等时研究单元，它的尺度级别可以是体系域也可以是准层序，但在纵向上一定是体现为地震层位、层序级别、测井旋回及地质分层的对应关系，横向上体现为具有等时意义的地震反射分析时窗。

（三）地震岩石物理研究

地震岩石物理的研究内容分为两个层面，即宏观和微观层面的地震岩石物理研究。宏观层面的地震岩石物理研究主要是探讨在一个最小的研究单元（一套岩石组合）地震参数（振幅、频率等）和岩相的关系，是为属性提取和地震沉积解释服务的。微观层面的地震岩石物理分析是研究地震的弹性参数（纵横波速度、密度等）和储层岩性、物性和含油气性的关系，是为以反演为主的地震储层预测服务的。为了满足地震沉积学研究而提出的"宏观和微观地震岩石物理研究"扩大了地震岩石研究的范畴，将地震属性研究的地质意义提到了一个新的高度，这是对常规地震岩石物理研究的继承和发展。在进行地震岩石研究的时候，需要考虑两个原则：

一是纵向上和压实相联系的原则。这是因为岩石的测井相应特征，尤其是声学特征（如速度、密度等），纵向受压实和成岩作用影响，相同岩性的岩石在不同的深度段其孔隙度有很大变化，不同岩性间的声学特征的相对关系也会发生规律性变化，如一些地区浅层砂岩速度比泥岩低，中层砂泥速度接近，深层砂岩速度大于泥岩等；一些层位容易出现成岩作用明显，砂岩次生孔隙加大，速度变低等。微观的岩石物理特征影响地震反射面貌，因此只有在地质成因观点指导下的地震岩石学研究，才能解释地震反射的地质本质。

二是横向上和物源、沉积相等因素相联系的原则。因为岩石组分，孔隙度的变化等受物源和沉积相等因素的控制，研究中应避免笼统的统计地震参数和岩相的关系，而应遵循沉积物形成的过程，按沉积类型做地震岩石物理统计，这样建立的岩相与地震参数的量版才有意义，才有可能找出复杂的反射特征和沉积现象间的对应关系，为定量地震相表征及岩性预测打下基础。

（四）地震地貌与沉积体系分析

地震地貌学强调在高分辨率的三维地震数据的可视化显示中，每个沉积要素（或单元）各自有其独特的形态和地震表现特征（Posamentier H W，2004）。地震地貌的核心思想就是在沉积等时面上对沉积特征进行地震成像，用一种平面解剖的方式研究沉积地貌。平面地震成像是利用地震属性来定量刻画地震相的外形与内部结构，在地层切片技术的基础上，用几何属性和物理属性两者的复合属性来刻画地震相。

地震地貌学为沉积地质体的解释及其沉积体系的演化研究奠定了基础。在地震地貌图上，不但可以识别沉积体的横向范围和展布边界，结合区域沉积背景，还可以对地质体的沉积环境作出判断。进而，研究人员就可以从沉积环境出发对岩性做出判断，对可能的储层发育部位、类型、规模做出定性判断。可以看出，这是一种建立在沉积解剖的基础之上的、具有强烈的成因法色彩的储层预测方法。在该方法的指导下，解释人员便能够根据地质体距离物源的远近和发育的沉积部位，对其岩性、物性进行一种全局视角下的合理判断。

（五）相控储层预测

在地震地貌属性图上可以对储集体的边界和展布范围进行定性的解释，由于这种解释是在沉积体系背景下做出的，因此具有一定的合理性，但它不能预测储集体的厚度。针对储集体厚度和顶面构造这两个关键要素的定量解释，还是要依赖于反演剖面来解决。为此开发了一种 Wheeler 反变换技术，可将地震地貌属性图上解释的储集体范围（相对地质年代域）反投影回地震双程旅行时域，指导解释人员在反演剖面上对沉积体来追踪解释，以获得储集体的厚度和顶、底面构造图。这用解释模式是在双域（相对地质年代域和双程旅行时域）内协同进行的，是一种平面控制剖面的全新解释模式，同时，因为储集体的平面范围解释是在沉积体系控制之下的，因此这种解释也称为相控储集体解释。换句话说，在这种解释模式中，储集体的平面展布范围是通过属性解释出的，而储集体的厚度及顶面构造是通过反演解释出的。地震属性有较好的横向分辨率、反演有较好的纵向分辨率，因而，通过这种工作模式就可以将这两种资料的优势有机结合起来，协同为储层预测服务。

三、斜坡带地震沉积学应用研究

斜坡带通常是各类三角洲砂体、河道砂体以及滩坝砂体沉积的部位，是地层岩性圈闭发育非常有利的地区，而且斜坡带内沉积体分布面积较大，储集层物性较好，因此斜坡带是当前油气增储上产的重要构造区带之一。下面以饶阳凹陷蠡县斜坡为例，叙述地震沉积学在实践中应用的效果。

（一）地质背景

蠡县斜坡位于饶阳凹陷西部，为一个西抬东倾、北东走向的宽缓型沉积斜坡带。地层产状平缓，构造简单，斜坡上主要发育 4 个北西向大型宽缓鼻状构造，自南而北分别为大

百尺鼻状构造、高阳鼻状构造、西柳 10 鼻状构造、雁翎东鼻状构造。除斜坡北端受基底潜山隆升幅度较高影响，形成的鼻状构造幅度、规模相对较大外，其他主要为北西向展布的低幅度宽缓型鼻状构造。断层也相对较少，除高阳等少数几条二级断层的断距相对较大、延伸相对较远外，大多数断层为三级小断层，延伸短，断距小，一般延伸长度 2 ~ 5km，主要目的层 T_4 反射层断距 50 ~ 100m。断层走向主要为北西向和北东向两组。北西向断层发育时期相对较早，主要是受燕山运动影响形成于沙四段-孔店组沉积之前，至沙三段沉积后逐渐停止活动。北东向断层发育时期相对较晚，主要是受喜山运动影响形成于沙三段沉积之前，至东营组沉积之后逐渐停止活动。其构造演化主要受任西断裂的影响。在古近系沉积时期，斜坡北部位置相对较高，坡度较陡，主要发育一组北西向断层，在西高东低的古背景下形成了堑、垒相间的构造格局；斜坡中南段整体地势较低，略显西高东低的斜坡地貌，古地形相对较平坦。其中，斜坡带南段发育的安国-博野水系规模较大，为区内提供了充足的碎屑物质来源，是斜坡带的主要物源方向，而斜坡带北段的清苑-高阳水系规模相对较小，为区内的次要物源方向。蠡县斜坡主要的含油层段为沙二段和沙一下亚段。沙二段砂体主要为河流-三角洲平原相沉积，以河道砂为主。河道砂单砂层厚度一般为 5 ~ 10m，砂地比一般为 40% ~ 60%。沙一下亚段砂体主要为滨浅湖滩坝砂和部分三角洲前缘水下分流河道砂。滩坝砂在平面上呈椭圆状连片分布，但单个滩坝的面积较小，一般仅为 3 ~ 10km²。砂质滩坝砂体是该区主要的储层，岩石类型主要为长石砂岩和岩屑长石砂岩，岩屑含量相对较少。储层物性较好，孔隙度一般为 11% ~ 20%，平均为 15.7%；渗透率一般为（20 ~ 80）×10⁻³ μm²，平均为 64.2 ×10⁻³ μm²。总体上为中孔、中渗—中孔、低渗储层。

（二）技术难点

蠡县斜坡结构简单，构造变形弱，构造圈闭不发育，以勘探地层岩性和复合型圈闭为主。该区三维地震资料品质相对较好，分辨率、信噪比较高，但由于目的层段的单层砂岩厚度薄，仅为 2 ~ 5m，且与泥岩互层，远小于地震分辨率所能分辨出的砂岩厚度，因此从地震剖面上看，薄砂层反射相互干涉形成复合波，一个反射同相轴常对应几套薄砂层，单砂层层位标定难度大。

另外，区内主要目的层 Es_1^F-Es_{2+3} 上覆一套大面积稳定沉积的油页岩段，在地震剖面上形成了 T_4 强反射轴，对目的层反射形成屏蔽，导致目的层反射弱，给利用地震反射平面属性刻画沉积微相带来困难，同时也给储层预测增加了难度。

（三）地震沉积学研究

针对上述技术难点，按照地震沉积学的研究思路，并突出提高分辨率处理、子波分解处理、叠前道集优势角度叠加和叠前弹性阻抗反演等关键性技术，开展蠡县斜坡沉积砂体的预测。

1. 等时地层格架的建立

根据区域地质背景，结合井筒资料和地震资料，通过对研究区进行单井层序划分和连井层序对比，确定沙二段为一个三级层序，从而建立起全区等时的层序地层格架。

2. 确定最小等时研究单元

研究区沙二段为一个三级层序，内部可划分出湖侵体系域和高位体系域，分别对应沙二下亚段和沙二上亚段，因此沙二下亚段和沙二上亚段分别为一套等时的研究单元。各等时单元的顶底界面可以作为等时参考面。

3. 岩石岩相物理分析

岩石物理研究在横向上必须与物源、沉积等因素相联系，纵向上要结合压实作用。这是因为岩石的测井相应特征，尤其是声学特征（如速度、密度等），纵向受压实和成岩作用影响，相同的岩石在不同深度段其孔隙度有很大变化，不同岩性的声学特征的相对关系也会发生规律性变化，岩石物理特征会深刻影响地震反射面貌，因此只有在地质成因观点指导下的地震岩石研究，才能解释地震反射的地质本质。

通过单井岩相物理分析，砂岩在地震剖面上的振幅特征不明显，频率为中-低频，因此，该区振幅和频率属性对表征砂岩不是很敏感，可以选用波形或相位属性来表征。

单井岩石物理分析（图6-34）可以看到，砂岩表现为 SP 负异常，砂岩大部分表现为高阻抗，但与泥岩波阻抗差别不大。而横波速度和横波阻抗上，砂泥岩的阻抗差变大，能较好的区分砂泥岩，因此可以考虑含有横波信息的叠前属性。

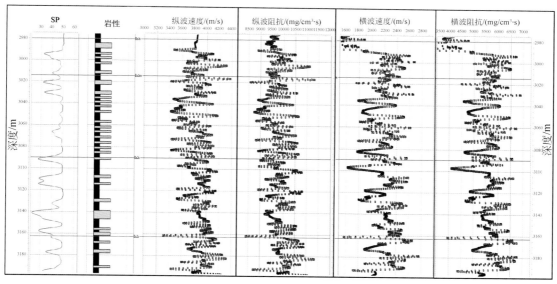

图 6-34　单井岩石物理分析

4. 地震地貌与沉积体系分析

由于沉积体系的宽度远远大于它的厚度，也就是说在剖面上无法识别的沉积体，在平面上有可能得到识别与表征，所以地震沉积学非常强调平面解剖方式来表征地震地貌，并试图通过平面的沉积成像技术揭示沉积体系。因此，研究地震资料的平面反射形态和沉积体系的对应关系，恢复沉积环境和沉积过程是地震沉积学研究的出发点和归宿点，也是地震沉积学研究的核心。

地震沉积学中沉积体系分析是以最小等时研究单元为纵向研究尺度，以地震岩石研究结论为解释量版，以地震地貌表征为主要沉积成像手段。这种分析方法更强调通过平面的地震反射样式，结合区域沉积背景，研究沉积相。

通过单井相划分及连井相对比，结合区域地质背景，研究区在沙二下亚段时期发育三角洲平原沉积，沙一下尾砂岩为三角洲前缘沉积，物源方向主要来自西南和北东方向。

用地震属性表征沉积体系时，沉积成像的效果有时往往不佳，主要表现在平面形态不清、规律性不强。这是由于有许多噪音等因素的影响，因此，需要对地震资料进行预处理，使平面沉积成像效果更好。

针对该地区单层砂岩薄，厚度远小于地震分辨率，且与泥岩互层，地震反射形成复波，砂岩反射特征不明显，因此对叠后地震资料进行提高分辨率处理，以突出砂岩的反射特征（图6-35）。

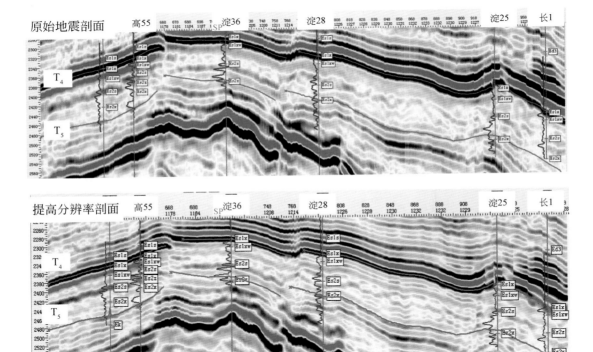

图6-35　提高分辨率处理

针对特殊岩性段产生的 T_4 强轴对下伏沙一下尾砂岩的屏蔽，对叠后地震资料进行子波分解去强轴处理，去除 T_4 强轴，突出沙一下尾砂岩的反射特征（图6-36）。从图中可以看到，子波分解前，局部区域振幅能量趋于一致，子波分解后，去除了一些由 T_4 强轴引起的强振幅，还原了沙一下尾砂岩的振幅特征。

通过平面沉积成像表征地震地貌是地震沉积学的重点，在最小研究单元内做地震属性平面表征的时候，最关键的问题是要保证属性提取时窗的等时性。地层切片技术就是在两个相对等时面（最小等时研究单元的顶底界）的约束之下做等比例的切片。这些切片具有

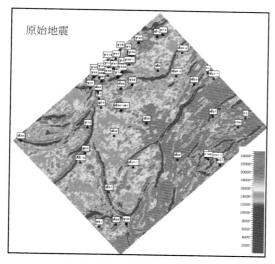
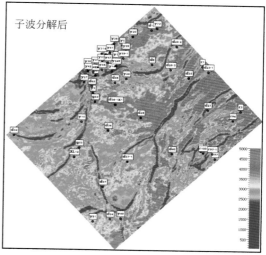

图 6-36　沙一下亚段尾砂岩振幅切片

年代地层意义和相对等时意义，也称为年代地层切片（图 6-37）。上下红色界面为中期旋回边界，中间的蓝色虚线是在上下旋回界面的约束下做的等比例切片，平面地震地貌即用该等时切片的各类地震属性来表征。

图 6-37　地层切片示意图

　　根据岩石岩相物理分析的结论，单靠振幅或频率属性不能很好的区分砂泥岩，因此选用单频相位以及叠前属性来表征砂岩相。

　　子波分解后的振幅切片虽然有了一定的变化，但仍不能很好的刻画尾砂岩的平面地震地貌特征。通过敏感属性挑选，最后选用子波分解后的 45Hz 单频体相位属性来表征尾砂岩的平面地震地貌特征（图 6-38），平面展布规律与井点砂地比图吻合较好。物源来自工区北部和西部，其中北部为主要物源，发育辫状河三角洲前缘沉积，由北向南发育两支水下分流河道，其中一支规模较大，一直延伸到工区南部；由西向东发育两支规模较小的水下分流河道。

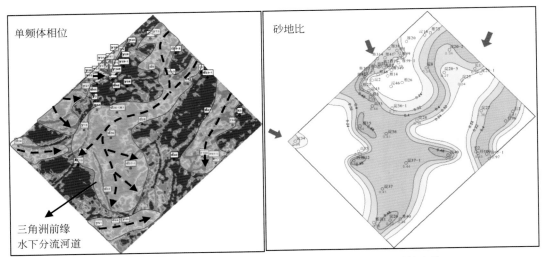

图 6-38　沙一下尾砂岩 45 Hz 单频体相位属性与砂地比图的比较

沙二下亚段叠后属性效果不佳，不能很好的表征平面地震地貌，因此考虑含有横波信息的叠前属性。采用 Shuey 的三项式 AVO 公式，分别求出截距 P、梯度 G 和横波剖面 S。

$$R(\alpha) = A + B\sin^2\alpha + C(\operatorname{tg}^2\alpha - \sin^2\alpha)$$

截距 P（A）：
$$A = R = \frac{1}{2}\left(\frac{\Delta V_P}{V_P} + \frac{V_P}{\rho}\right)$$

梯度 G（B）：
$$B = R + W = \frac{1}{2}\frac{\Delta V_P}{V_P} - 2\frac{V_S^2}{V_P^2}\left(2\frac{\Delta V_S}{V_S} + \frac{\Delta\rho}{\rho}\right)$$

横波剖面 S：
$$S = \frac{1}{2}(P - G)$$

从公式中可以看到，G、S 剖面与横波有密切关系，可以利用其属性切片来解决叠后属性不佳的问题。图 6-39 为沙二下亚段叠前 G 属性与井点砂地比图的比较，可以看到，平面沉积展布特征与砂地比图较吻合，经过井点统计，吻合率达 80% 以上。该层段发育辫状河三角洲平原沉积，由北向南发育 3 支辫状河道，其中一支规模较大；由西向东发育两条辫状河道，规模较小。

通过以上敏感属性的地震地貌图件，结合井点砂地比图，就可以得到目的层段的沉积相平面分布图，确定有利相带的展布情况，寻找有利储层发育的部位，确定目标砂体的展布范围。

5. 相控储层预测

研究区砂体较薄、横向变化较快，且该区砂泥岩纵波阻抗 AI 差别不大（图 6-37），而横波阻抗 SI 差别较明显，可以通过横波阻抗区分砂泥岩。因此采用叠前 REI 弹性阻抗反演，对砂体的纵向叠置关系、横向厚度变化及分布范围、岩性尖灭等进行预测，再根据相控储层预测的原则，将储集体的范围及厚度预测出来，为岩性圈闭的落实提供依据。

REI 为射线弹性阻抗，是纵波阻抗和纵横波速度比的函数，可以通过部分叠加剖面直

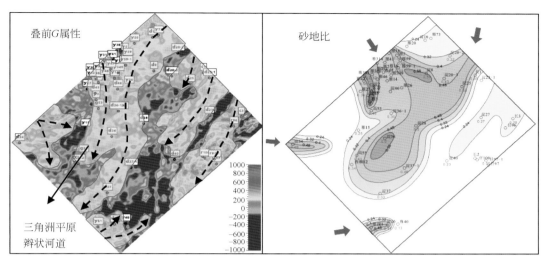

图 6-39　沙二下亚段叠前 G 属性与砂地比图的比较

接反演纵横波速度比和纵波阻抗，进而求得 AI 和 SI 等其他弹性参数。

$$\mathrm{REI}_i = \frac{\mathrm{AI}_i}{\cos\theta_i}\left(1 - 4\,\frac{\mathrm{SI}_i^2}{\mathrm{AI}_i^2}\sin^2\theta_i\right)$$

该公式比传统的 EI 表达式抗噪能力更强，能求出较准确的纵横波速度比，且更易求解，只需要两个部分叠加剖面（常规需要三个）即可获得弹性参数。

根据 REI 公式，可求得各弹性参数 AI、SI：

$$\mathrm{AI}_i = \frac{\mathrm{REI}_i\cos\theta_i}{\left(1 - 4\,\dfrac{vs_i^2}{vp_i^2}\sin^2\theta_i\right)},$$

$$\mathrm{SI}_i^2 = \frac{\mathrm{AI}_i^2 - \mathrm{REI}_i\mathrm{AI}_i\cos\theta_i}{4\sin^2\theta_i}$$

根据上述原理和方法，首先需要对叠前道集资料进行部分叠加处理。由于不同深度的目的层段有不同的最佳成像角度，因此通过分角度实时叠加进行剖面效果对比，我们最终确定目的层的优势角度范围为 5°~35°，并进行分角度（13°~23°和 20°~30°）部分叠加处理。

通过 REI 射线弹性阻抗反演，可以得到 SI 数据体。图 6-40 为雁深 1-淀 26-雁 40 井连井 SI 剖面，三口井相距很近，但岩性变化较大。从反演 SI 剖面上看，雁深 1、淀 26 井在沙二下亚段砂岩比较发育，而雁 40 井砂岩不太发育，与井上岩性关系对应较好，说明反演结果较可靠，可以用于下步的砂体雕刻。从平面上看，也可以看到砂体在雁深 1 井、淀 26 井较发育，向雁 40 井方向尖灭（图 6-41）。

通过平面沉积成像，可以在平面上先解释出目标砂体的边界，对有利储层的发育范围做出初步的判断，再投回反演剖面，指导目标砂体的精细解释，最终获得目标砂体的厚度及顶底构造图。

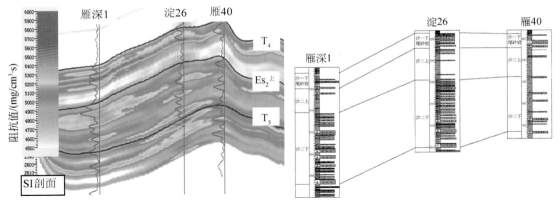

图 6-40　叠前弹性阻抗反演 SI 剖面

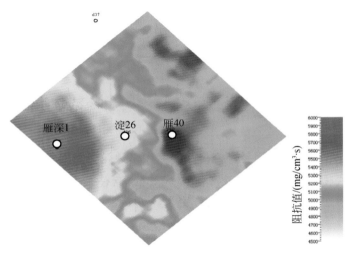

图 6-41　平面 SI 切片图

　　地震沉积学研究，对搞清蠡县斜坡砂体纵向叠置关系、厚度横向变化及砂岩尖灭情况发挥了重要作用，预测结果与钻探结果吻合较好。但同时还需说明的是，每个地区都有不同的地质情况和资料情况，研究时应在地震沉积学研究思路的指导下，通过精细的岩石物理分析，针对不同的岩石物理特征选择有针对性的技术方法，加强对地震地貌和沉积体系平面展布的认识，对于纵波阻抗无法区分砂泥岩的储层组合类型，可以尝试叠前 PG 属性和叠前弹性阻抗反演，为储集体空间展布的预测精度和岩性油藏的勘探更好的提供依据。另外，平面指导剖面的解释方式，要求平面的成像质量较高，叠前资料含有横波信息，对岩性更加敏感，而且通过对叠前道集进行优势角度叠加，可以增强平面的成像效果，因此，叠前资料的解释性处理将会是今后生产研究中十分重要的一个应用方向。

第五节 低渗透薄稠油层精细压裂技术

蠡县斜坡带许多岩性油藏储层渗透率低，常规试油产量低，需要压裂改造。但是，由于油层单层厚度较薄（一般仅 2～5m）、油层含水饱和度偏高（常常>50%）、部分油层原油黏度及含蜡量较高，流动性差以及常常油层与水层交互出现，之间隔层厚度相对较薄，因此，带来压裂施工规模和压裂效果难以统一的矛盾，造成压裂效果普遍不理想，时常是压裂前油多水少的层，压裂后增油少增水多（表6-3），导致对油藏的认识不清，储量品位低，勘探工作难以展开。通过对该区储层特征及以往施工情况研究分析，提出了"规模适度、中等砂比、全程防膨、适度降黏"精细压裂施工新工艺，取得了较好效果。

表6-3 以往井压裂施工统计表

井号	岩性	施工日期/年-月-日	顶界/m	底界/m	厚度/m	支撑剂用量/m³	压前日产油/m³	压前日产水/m³	压后日产油/m³	压后日产水/m³
淀20-2	细砂岩	2007-5-16	3 218.4	3 224	5.6	12.2	3.72	1.42	0.14	39.59
雁202	细砂岩	2007-10-31	2 719.1	2 744	19.8		0.14	0.22	5.07	2.76
雁625	细砂岩		2 798.4	2 808.8	6.4				9.59	2.21
淀17x	细砂岩	2005-10-18	3 652.8	3 657.4	4.6	14.99	0.13	5.53	1.91	30.24
淀15x	细砂岩	2004-11-17	3 124.4	3 139.6	13.2	15.25	4.7	1.43	16.3	9.81
淀16	细砂岩	2005-1-30	3 014.6	3 028	9.4	9.88	0.04	0.12	5.46	22.48
淀21	细砂岩	2006-5-23	2 669	2 672	3	10.35	0.74	1.7	3.06	30.72
淀26	细砂岩	2007-11-25	3 431	3 472	16.6	35.44	1.83		7.67	26.05
高46-1x	细砂岩		2 984.6	3 018.8	26.8	26.4	4.83		3.01	6.81

一、油层改造技术难点

通过对油层及以往压裂施工效果分析，该区块压裂存在以下主要技术难点：

（1）岩性为细粒长石砂岩，岩石硬度稍低，支撑剂的嵌入和裂缝的压实存在伤害油层的潜在风险。

（2）应力剖面特征表明，隔层遮挡性差，缝高难以控制易窜。

（3）压裂液对储层的伤害以及储层粘土矿物的膨胀，影响压裂效果的提高。

（4）部分井原油黏度较高，要求有较高的支撑裂缝导流能力，同时压后返排要求提高原油的流动性。

二、精细压裂改造新工艺

（一）压裂规模适度

1. 裂缝参数优化

根据储层特点利用数值模拟结合含水特征，优化缝长与导流能力，使之与储层物性最优化匹配（图 6-42、图 6-43）。在单层缝高控制上采用变排量技术，前期低排量造缝控制缝高，后期适当提高排量和砂浓度。同时为克服储层塑性强嵌入大的风险以及存在的裂缝压实伤害，优选液体体系和支撑剂粒径组合。由于原油黏度高，使得随缝长增加，累产油增加幅度比累产水增加幅度小，综合产油和产水，在缝长从 80m 增加到 160m 情况下随缝长增加，压后日产水从 5m³ 增加到 9m³，含水率平均约 27%，因此该井的最优缝长取 120m。

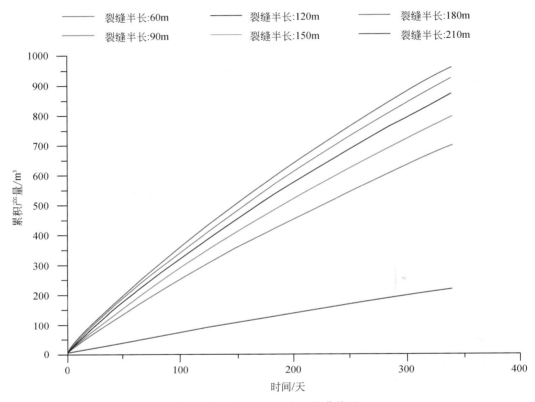

图 6-42　不同缝长对产量的曲线图

2. 不同支撑剂粒径组合

本区井深，应力较高，裂缝宽度窄。小粒径（40/60 目）支撑剂的破碎率低，导流能力的保持水平高，且在相同施工砂液比条件下，更有利于压后油气的渗流作用。同时从数值模拟研究结果来看，在渗透率相对较低的情况下，小粒径陶粒的产量与大粒径差别不大。在渗透率小于 0.1md 时，全部用小粒径比全部常规粒径产量降低 5% ~ 9.7%，而 70% 的小粒径+30% 的常规粒径产量仅损失 1% ~ 2.7%，因此如施工压力高、裂缝宽度窄可采用 70% 的小粒径支撑剂与 30% 的常规粒径支撑剂组合的方法。

（二）中等砂比施工

针对储层特点，既要考虑埋藏深，施工压力高难度大又要考虑稠油对导流能力要求高的两个特点，优化出适合改造要求的中等砂比施工技术。该技术既能保证施工达到设计要

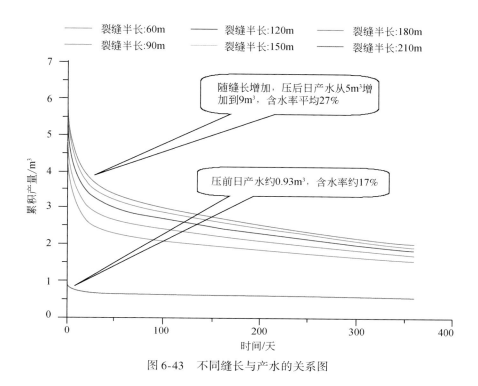

图 6-43　不同缝长与产水的关系图

求又能保证人工裂缝具有均匀分布和较高的导流能力，大大提高了支撑剖面的合理化。例如，淀 32 井原油较稠，两层施工都以小增幅的模式提高砂比，追求中砂比段长时加砂，因此两层平均砂比为 32.25% 和 28.7%，高于其他井的砂比，因此针对稠油井尽量实现中砂比阶段长时间加砂施工。

（三）全程防膨

一是采用超低残渣伤害的羧甲基压裂液。该压裂体系具有更低的伤害，高效防膨以及有效控制缝高的的特点，二是采用 KCL 和防膨剂相结合的全程防膨技术。

（四）适度降黏

1. 稠油压裂提高流动性改造

主要针对该区油质较稠的井如淀 32 井，20℃ 相对密度 0.9291g/cm³，50℃ 相对密度 0.9112g/cm³，原油凝固点 34℃，地层原油的黏度为 1437mPa·s，利用降低原油黏度的降黏剂首先低排量挤入地层，使溶液与稠油反应，降低原油的黏度，通过低排量挤入技术可以提高降黏剂的有效溶解面积，提高扫油面积。其机理如图 6-44 所示。同时结合压后返排用射流泵排液技术提高压后油的举升能力装置（图 6-45），在淀 32 井、淀 30 井中得到了成功应用。

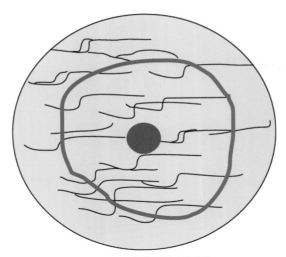

图 6-44　降黏剂作用原理

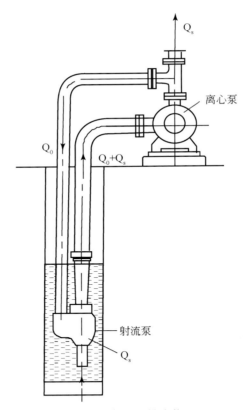

图 6-45　射流泵排液装置

2. 施工后期高砂比施工

根据施工后期的施工压力情况，如能提高砂比则最后阶段适当延长高砂比段泵注时间，并尽量提高返排效果，降低储层及裂缝伤害。如上述淀 32 井原油较稠，两层施工都以小增幅的模式提高砂比，追求中砂比段长时加砂。

三、油层改造综合配套技术

为保证上述技术措施成功实施，减少油层伤害，最大限度地提高改造效果，还应用了以下综合配套工艺技术。

（一）变排量施工

通过变化施工排量可以实现可控制起始缝高，起到控制裂缝缝高的作用。施工后期黏度降低后（降低残渣伤害），有必要提排量，以提高压裂液的携砂能力，获得更长的支撑裂缝；另外变排量可瞬间产生压力脉冲效应，震荡裂缝内可能的砂堵处，从而可提前解除砂堵风险（图 6-46）。这对于层薄的井施工起来作用十分明显，同时变排量技术本身可控制缝高的延伸，尤其是下延，利于压裂施工不沟通相邻水层。

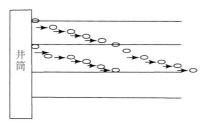

图 6-46　变排量技术示意图

（二）三变压裂液技术措施

一是交联比的变化，二是破胶剂浓度的变化，三是变浓度压裂液的施工技术。由于在施工后期，裂缝内温度越来越低，可能只略高于地面注入温度，因此，以往采用单一浓度的压裂液体系存在一定的弊端，即在施工后期对导流能力的伤害大，而后期降低压裂液浓度既可以降低对油层的伤害又能提高破胶剂的改造效果。

（三）多级高强度支撑剂段塞

常规的支撑剂段塞可能只有两级，且强度不大。但对探井压裂而言，由于岩性与物性的复杂多变，近井筒裂缝扭曲现象普遍较严重，需要多级支撑剂段塞技术来消除近井筒摩阻，保证大型加砂压裂的顺利实现。

（四）支撑剖面优化

支撑剖面优化技术是综合性的配套措施。包括前置液量优化、排量优化、加砂程序优化、顶替液量优化及引伸的裂缝强制闭合技术等。

（五）压裂液的返排措施优化

在压前对地层滤失进行更为准确的评估，以确定现场破胶剂相比室内研究的追加量（综合考虑压裂液浓缩和破胶剂的滤失两种因素）。同时，在压后结合储层物性差异大小，适当关井，一来利用储层物性差异产生支撑剂的自然对流作用，获得更为合理的支撑剖面。二来利用压后温度恢复效应，达到在某种程度上降低压裂液黏度的目的。最后，在压后油嘴控制及抽汲动液面控制时，适当控制压裂液的返排速率，降低支撑剂的回流效应和近井筒的应力敏感性效应。

表 6-4   淀南地区压裂改造效果统计表

井号	压裂井段/m	厚度/m	压前		压后	
			日产油/(t/d)	日产水/(m³/d)	日产油/(t/d)	日产水/(m³/d)
淀 35	3 295.20 ~ 3 308.00	8.8	4.06	1.41	7.45	21.67
淀 37	3 259.00 ~ 3 337.40	9.2	1.62	0.29（乳化水）	5.51	31.51
淀 39	3 244.00 ~ 3 262.20	2.2	0.61	0.88	6.44	9.49
淀 25	3 153.80 ~ 3 156.60	2.8	2.85		7.17	
淀 30	2 791.00 ~ 2 796.80	5.8	0.03		4.29	7.14
淀 32	3 167.00 ~ 3 175.80	6.4	0.45	0.75	18.72	3.1（乳化水）
	3 040.00 ~ 3 073.60	7.8			26.72	2.56
高 63	2 686.60 ~ 2 687.80	5.6	0.013		4.53	0.93（压裂液）
文安 11	3 692.0 ~ 3 757.0	10.2	0.85		12.78	7.68

利用该套技术体系，制定了"规模适度、中等砂比、全程防膨、适度降黏"的创新压裂思路，优化压裂工艺参数，在淀南地区压裂施工收到了明显的效果。现场共施工 9 井次（表 6-4）均达到了工业油流，单井平均日产油 $10.4m^3$，比以往措施改造提高了 $4.6m^3/d$；日产水 $9.3m^3$，比以往措施改造降低了 $9.6m^3/d$，提高了单井产量。

第六节   稠油层射流泵排液技术

斜坡带部分区块油质差，原油密度高、黏度大、凝固点高，常规排液方式无法满足快速、准确落实液性产能的需要，影响油藏的正确评价。近年来采用油管泵、射流泵等新型排液方式解决了稠油层排液难题。同时对大斜度井、侧钻井，采用 STV 阀测射+射流泵排液三联作技术解决了大斜度稠油出砂井求产难题，实现了一趟管柱完成射孔、测试、排液三项作业，加快了勘探节奏，为斜坡带油气勘探提供了技术支撑。

一、常用的排液方式

原油在地层温度下黏度在 100mPa·s 即称为稠油，以往排液以抽汲与油管泵排液两种方式为主。实践表明，在 50℃ 条件下原油黏度小于 200mPa·s，一般抽汲即能落实地层产能液性，而原油黏度大于 200mPa·s，大多需使用油管泵才能够正常排液。

（一）常规抽汲排液

常规抽汲是目前应用最广泛的排液工艺。其工艺原理为：以通井机为动力，利用钢丝绳连接抽子和加重杆，依靠抽子上的胶皮与油管间的间隙密封，将井内液体排出到地面。

常规抽汲排液具有设备简单、操作方便、对地层无伤害等优点。但受套管掏空强度和抽汲能力限制，对于低渗储层和污染井难以实现对地层的强排解堵；稠油井抽汲排液难度大，油水同层在连续施工的情况下尚能排液正常，对于纯油层，多数情况下尚未排出井容抽子即开始遇阻，往往难以获取地层真实产能液性，且高凝油抽汲冬季计量极其困难；大斜度井抽汲效率低，出砂井抽汲过程中抽子有被砂卡的风险；油层改造后遇到稠油无法及时返排，从而使油层受到污染，影响改造效果。

（二）油管泵排液

油管泵是针对稠油井开发的一种试油工具。其工作原理是通过机车带动油管泵的活塞上下往复运动达到排液求产的目的。

具有设备简单、不受井深限制、可实现井下安全关井、泵效高等优点，近年来，对原油相对密度为 $0.8462 \sim 0.9451 g/cm^3$，黏度在 1000mPa·s 左右，最高可达 5863mPa·s，凝固点大多在 35℃ 以上的原油，使用油管泵排液 200 余井次均获得成功，表明油管泵排液技术对解决稠油、高凝油排液效果显著。不足是目前油管泵无法实现与测试工具联作，勘探周期长，在井斜大于 30° 时管柱偏磨存在安全隐患。

二、射流泵排液技术

射流泵排液具有结构简单、无运动部件、紧凑可靠、使用寿命长和检泵维修方便等特点，解决了常规抽汲和油管泵排液存在的诸多不足。随着技术的进步，近年逐渐完善了与 MFE、STV 等测试工具组合，已集成为成熟的射孔、测试、射流泵排液三联作试油工艺。若需要对油层改造时，已探索应用射孔、测试、酸压施工、射流泵排液求产四联作的特色技术，实现一套管柱完成多项作业。

（一）正排式射流泵排液技术

1. 原理及方法

射流泵的工作原理是基于能量守恒原理。高压动力液通过喷嘴将其势能（高压能）转换成高速动力液流的动能（图6-47）。此高速液流具有较低的压力，允许井筒内地层流体进入喉管。高速动力液与井筒地层液在喉管内充分混合，并将其动力传递给地层液，使地层液流速增加。到达扩散管后，随着流动横截面积的逐渐增大，混合液流速减小；混合液的动能转换成静压力，此时混合液中的压力足以将其举升到地面。

射流泵主要由三大部分组成，泵筒、射流泵滑套和泵芯，泵芯上可以根据生产要求携带各式压力计、取样器；射流泵泵芯通过上孔喷嘴传导压力介质给予射流泵能量，通过喉管的能量扩散转换将地层流体带出。

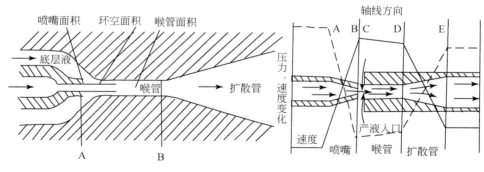

图 6-47 射流泵工作原理示意图

射孔、测试时将射流泵随同测射管柱下入井内，射孔后测试–投入射流泵芯–启动射流泵生产；射流泵下井前根据油层所在深度、流体性质，确定喷嘴及喉管大小，一般设定为喷嘴 3.2mm、喉管 5.3mm 即可（喷嘴、喉管可以根据需要调整）；投入泵芯时可以采取自重落入，也可以用注入泵送入，目的是达到快速进入泵筒；启动射流泵时泵压要逐级提升，一般为 8.0MPa、12.0MPa、16.0MPa、20.0MPa，根据其所下深度和排液强度确定，最高可以达到 35MPa；稳定时间一般根据地层产出情况和时钟长短而定。

2. 工艺特点

优点：射流泵是为解决冀中探区稠油井试油引进的一项排液技术，能够解决冬季试油及高凝油、稠油试油施工难题，可避免油层和地面污染，泵深可达 3500m 以上，实现深排、高产、解堵目的；可长时间连续排液求产，克服了常规抽汲因气候原因造成停抽；可与射孔、测试进行联作，实现一趟管柱完成三项作业，加快勘探节奏。

有待完善：排液时动力液从油管进入，混合液从环空返出，事先需排环空井容；在产能低时依靠地面数据无法准确落实地层液性。

3. 实例分析

苏 93 井是文安斜坡上的一口预探井，第一试油层井段 1360.60～1372.80m，电测解释为油层、油水同层。本井油质差，试油采用 MFE 测射联作+射流泵排液工艺技术，射孔并洗井后射流泵正排液，喷嘴 3mm，泵压 16MPa，排量 6.04m³/h，日产油 20.86t，日产水 5.68m³。地面原油分析 20℃相对密度 0.9562g/cm³，50℃黏度 664.90mPa·s，胶质+沥青质含量达到 48.40%，初馏点 226℃。第二试油层井段 1203.00～1210.00m，电测解释为油层。试油时排液不正常，出现砂堵，后采用射流泵正排液，喷嘴 3mm，动力液温度 70℃，泵压 10MPa，排量 4.1m³/h，日产油 11.4t，日产水 4.8m³。地面原油分析 20℃相对密度 0.9576g/cm³，50℃黏度 3559mPa·s，胶质+沥青质含量达到 54.70%，初馏点 254℃。

射流泵排液在冀中地区使用收到了较好的效果（表 6-5），不仅实现了稠油井的正常排液，而且产量远远高于常规抽汲，实现了强排解堵，及时了解油井的产量和液性。

表 6-5　斜坡带射流泵正排液统计表

井号	试油井段/m	层位	日产量		油分析		
			油/t	水/m³	密度/（g/cm³）	黏度/（mPa·s）	凝固点/℃
苏 73x	1727.80–1732.00	Ed	11.34	6.59	0.9112	45.78	24
苏 73x	1602.00–1610.00	Ng	12.95	6.80	0.9541	654.70	11
淀 32	3167.00–3175.80	Es2+3	18.72	3.10	0.9044	361.80	29
淀 35	3295.20–3308.00	Es2	7.45	21.67	0.9111	1060.00	30
高 63	2682.20–2687.80	Es1	4.14	0.93	0.9148	563.30	33
苏 93	1360.60–1372.80	Es3	20.86	5.68	0.9562	664.90	−4
苏 93	1203.00–1210.00	Ng	11.40	4.80	0.9576	3559.00	5

　　另外，当稠油层需要压裂时，射流泵还可以与压裂管柱联作，实现了压裂、泵排一体化。针对大斜度井、侧钻井等复杂井眼的稠油层，射流泵可以与 STV 测试阀联作，实现射孔、测试、泵排一体化。

（二）反排式射流泵排液技术

1. 原理及方法

　　射流泵排液工艺的普遍应用，推动了试油技术的发展与完善，在试油施工中发挥了重要作用，取得了较好的效果，但在现场实践中也发现存在着一些不足。

　　正排式射流泵的动力液从油管进入，混合液从油套环空排出，由于油套环空面积大，液体流速慢，携液能力降低，地层难以"诱喷"成功。如遇到出砂严重的地层，地层砂排入环空，使封隔器砂埋，极易造成封隔器解封困难或卡钻。大套管排液时，由于环空容量大，举升速度慢，产量低的井短时间内地面上很难取到地层真实样品。动液面较深时，要求地面泵压高，地面动力设备受到限制，长时间高压作业，设备易受到损坏。

　　反排式射流泵与正排式射流泵的工作原理基本相同（图 6-46），主要区别是射流泵的泵芯。反排式射流泵的工作筒与正排式射流泵工作筒相同，正反排可交替进行，投反排泵芯可反排正出，投正排泵芯可正排反出。工作筒随测试管柱一起下入设计位置，当开井需要进行排液时，将反排泵芯和泵芯底部连接的电子压力计及高压物性取样器一起从井口油管内投入，泵芯喷嘴向上，使其自由下落或泵送入位。由于泵芯带有锁定装置，因此，泵芯入位后自动锁定。打开油套闸门，将动力液从套管内打入，动力液经射流泵动势能转换后，泵芯喷嘴产生高速射流，使喷嘴周围的压力下降，由于抽汲的作用，地层液被吸入喉管，再由扩散管扩压后直接进入油管，从而实现反循环排液。起泵芯时，先从油管内投入特殊解锁器，解锁器入位后，打开泵芯锁定装置，然后反洗井带出泵芯及电子压力计和高压物性取样器。

2. 工艺特点

　　为加快勘探节奏，还可对反排式射流泵和测试工具进行组合优化设计，实现射孔、测试、排液三联作。常用管柱的主要结构自下而上有：射孔枪+起爆器+封隔器+测试器+射流泵工作筒+定位短节+油管（图 6-48），相比正排式射流泵三联作优势如下。

　　利用反排式射流泵排液，油管截面积小，流速快，液体或气体举升能力增强，易于诱喷。排出的液体直接进入油管，排液速度快，喷射力量大，有利于地层解堵。不起管柱，一套工作筒可实现正反循环交替排液。

反排式射流泵在酸后排液时，克服了将残余酸液排入油套环空后，腐蚀封隔器上部套管的弊病，实现了酸液"油管进，油管出"的新型排液技术，解决了砂埋封隔器的后顾之忧。

3. 实例分析

反排式射流泵技术在冀中探区得到了广泛的应用，在多井次施工中均取得显著效果。尤其是在减轻油层污染，提高地层产能以及易出砂井、稠油井、大斜度井试油测试施工中，针对不同的井况和储层特点，优化选择不同的测试排液工艺和工作制度，达到了快速落实液性、缩短试油周期的目的。

苏 70x 井是冀中拗陷霸县凹陷文安斜坡上的一口预探井。第三试油层井段 1446.00 ~ 1453.40m，层位馆陶组，厚度为 7.4m，电测解释为油层。采用 MFE 测试+射流泵联作技术，二开泵排作业，泵压 5.0 MPa，排量 4.9 m³/h，折日产油 53.32 t，累计油 117.56t，获得高产。

该井原油密度 0.9510g/cm³，黏度 307.87mPa·s，属于稠油层。从实测压力历史曲线图（图 6-48）看，开井流压曲线平直，关井压力恢复速度快，曲线呈高污染特征曲线。开井 63min 流动压力仅上升 0.14MPa，折日产液 0.58m³，生产压差 2.62MPa，产液指数 0.22m³/（d·MPa），泵排后产液指数 21.40 m³/（d·MPa），比一开自然流动增加了 97 倍，射流泵排液过程对地层污染起到了良好的改善作用。

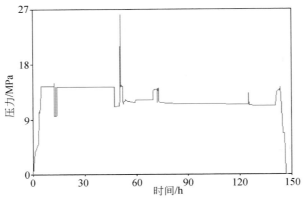

图 6-48 苏 70x 井第三层压力历史展开图

表 6-6 斜坡带射流泵反排液统计表

井号	试油井段/m	层位	日产量		油分析		
			油/t	水/m³	密度/（g/cm³）	黏度/（mPa·s）	凝固点/℃
苏 70x	1526.00−1540.00	Ed	63.47	10.08	0.9378	145.32	1
苏 70x	1446.00−1453.40	Ng	53.32		0.9510	307.87	4
苏 76x	1475.00−1481.00	Ng	14.46	6.42	0.9689	5740.85	20
苏 74x	1985.00−1988.00	Ed	7.31	3.05	0.9607	606.27	9
苏 78x	1446.00−1450.00	Ed	21.16		0.8675	18.75	31
高 64	2313.00−2344.80	Es1	7.91	5.76	0.9164	524.80	34

主要参考文献

陈广军，宋国奇，王永诗，等.2002.斜坡带低位扇砂岩体岩性油气藏勘探方法——以埕岛潜山披覆构造东部斜坡带为例.石油学报，23（3）：34-38.

陈永峤，周新桂，于兴河.2003.断层封闭性要素与封闭效应.石油勘探与开发，30（6）：38-40.

邓宏文，王洪亮，翟爱军，等.1999.中国陆源碎屑盆地层序地层与储层展布.石油天然气地质，20（2）：108-114.

董艳蕾，朱筱敏，胡廷惠，等.2011.泌阳凹陷核三段地震沉积学研究.地学前缘，18（2）：284-293.

董艳蕾，朱筱敏，曾洪流，等.2008.黄骅拗陷歧南凹陷古近系沙一层序地震沉积学研究.沉积学报，26（2）：234-240.

董艳蕾，朱筱敏，曾洪流，等.2008.歧南凹陷地震沉积学研究.中国石油大学学报：自然科学版，32（4）：7-12.

杜金虎.2003.二连盆地隐蔽油藏勘探.北京：石油工业出版社.

杜金虎，赵贤正，张以明，等.2007.中国东部裂谷盆地地层岩性油气藏.北京：地质出版社.

杜金虎，邹伟宏，费宝生，等.2002.冀中拗陷古潜山复式油气聚集区.北京：科学出版社.

费宝生.1999.箕状凹陷缓坡带油气勘探.复式油气田，（3）：1-5.

费宝生，汪建红.2004.坡折带与隐蔽油气藏——以二连盆地为例.油气地质与采收率，11（6）：22-23.

费宝生，祝玉衡，邹伟宏，等.2001.二连裂谷盆地群油气地质.北京：石油工业出版社.

付广，薛永超，付晓飞.2001.油气运移输导系统及其对成藏的控制.新疆石油地质，22（1）：24-26.

龚再升，李思田.1997.南海北部大陆边缘盆地分布与油气聚集.北京：科学出版社.

顾家裕，范土芝.2001.层序地层学回顾与展望.海相油气地质，6（4）：15-25.

顾家裕.1995.陆相盆地层序地层学构架概念及模式.石油勘探与开发，22（4）：6-10.

郝芳，邹华耀，姜建群.2000.油气成藏动力学及其研究进展.地学前缘，7（3）：11-21.

胡见义，黄第藩.1991.中国陆相石油地质理论基础.北京：石油工业出版社.

黄金柱.2007.凸起斜坡带油气藏成藏模式——以东营凹陷滨县凸起单家寺油田为例.地层学杂志，31（增刊II）：593-598.

李明诚.2000.石油与天然气运移研究综述.石油勘探与开发，27（4）：3-10.

李丕龙，庞雄奇.2004.陆相断陷盆地隐蔽油气藏形成——以济阳拗陷为例.北京：石油工业出版社.

李丕龙.2003a.陆相断陷盆地油气地质与勘探（卷一）陆相断陷盆地构造演化与构造样式.北京：石油工业出版社.

李丕龙.2003b.陆相断陷盆地油气地质与勘探（卷四）.陆相断陷盆地油气成藏组合.北京：石油工业出版社.

李文学，张志坚.2005.断层侧向封闭形成的主控因素.大庆石油学院学报，29（2）：101-130.

梁全胜，常迈，韩军.2006.阜东斜坡带中上侏罗统疏导体系发育特征及油气运聚模式分析.西安石油大学学报（自然科学版），21（4）：29-32.

林畅松，潘元林，肖建新，等.2000."构造坡折带"——断陷盆地层序分析和油气预测的重要概念.地球科学——中国地质大学学报，25（3）：260-266.

林社卿，杨道庆，夏东领，等.2004.泌阳凹陷油气运移输导体系特征及意义.江汉石油学院院报，26（4）：16-21.

刘力辉，王绪本.2011.双域、双面沉积体解释方法在L区的应用.石油物探，50（2）：155-159.

刘泽容，信荃麟.1998.断块群油气藏形成机制和构造模式.北京：石油工业出版社.

吕延防，陈章明.1995.非线性映射分析判断断层封闭性.石油学报，16（2）：36-41.

罗群，庞雄奇.2008.海南福山凹陷顺向和反向断裂控藏机理及油气聚集模式.石油学报，29（3）：363-367.

牛仲仁，路则平.1997.曙光-欢喜岭油田.见：张文昭.中国陆相大油田.北京：石油工业出版社.

齐兴宇，张阳，王德仁，等.1997.文留油田.见：张文昭.中国陆相大油田.北京：石油工业出版社.

钱铮，王元杰，茆利，等.2002.乌里雅斯太南洼槽勘探潜力研究及目标优选.见：华北油田勘探开发科技文选.北京：石油工业出版社.

秦永霞，姜素华，王永诗.1999.斜坡带油气成藏特征与勘探方法——以济阳拗陷为例.复式油气田，（3）：10-14.

覃克，赵密福.2002.惠民凹陷临南斜坡带油气成藏模式.石油大学学报，26（6）：21-32.

邱荣华，李连生，张永华，等.2006.泌阳凹陷北部斜坡带油气富集控制因素与勘探技术，28（2）：39-41.

邱荣华.2006.泌阳富油凹陷北部斜坡带浅层复杂断块群油气勘探.石油与天然气地质，27（6）：813-818.

荣启宏，蒲玉国，宋建勇，等.2001.箕状凹陷斜坡带油藏分布特征与描述模式——以东营凹陷南斜坡西部为例.油气地质与采收率，8（2）：26-28.

尚明忠，李秀华，王文林，等.2004.断陷盆地斜坡带油气勘探.石油实验地质，26（4）：324-332.

石广仁.1994.油气盆地数值模拟方法（第一版）.北京：石油工业出版社.

宋来明，贾达吉，徐强，等.2006.断层封闭性研究进展.煤田地质与勘探，34（5）：13-16.

童晓光.1984.中国东部第三纪箕状断陷斜坡带的石油地质特征.石油与天然气地质，5（3）：218-227.

王海潮，王余泉，秦云龙，等.2006.渤海湾盆地沉积斜坡及其含油气性.地质力学学报.12（1）：23-30.

王庆丰，夏玉文.1997.高升油田.见：张文昭.中国陆相大油田.北京：石油工业出版社.

王寿庆，徐世庸，孙秀斌，等.1997.双河油田.见：张文昭主编.中国陆相大油田.北京：石油工业出版社.

王铁冠，李素梅，张爱云.2000.含氮化合物研究油气运移.石油大学学报（自然科学版），24（4）：83-86.

王英民，金武弟，刘书会，等.2003.断陷湖盆多级坡折带的成因类型、展布及勘探意义.石油与天然气地质，24（3）：199-203.

王英民，刘豪，王媛，等.2002.准噶尔大型拗陷湖盆多级坡折带的类型和分布特征.地球科学，27（5）：683-688.

魏魁生，徐怀大，雷怀玉，等.1996.非海相层序地层学——以松辽盆地为例.北京：地质出版社.

吴因业，顾家裕.2002.油气层序地层学.北京：石油工业出版社：155-162.

谢泰俊.2000.琼东南盆地天然气运移输导体系及成藏模式.勘探家，5（1）：17-21.

谢玉洪，刘力辉，陈志宏.2010.中国南海地震沉积学研究及其在岩性预测中得应用.北京：石油工业出版社.

解习农，王增明.2003.盆地流体动力学及其研究进展.沉积学报，2（10）：19-23.

徐怀大.1997.陆相地层学研究中的某些问题.石油与天然气地质，18（2）：83-89.

徐强，姜烨，董伟良，等.2003.中国层序地层研究现状和发展方向.沉积学报，21（1）：155-166.

阎福礼，贾东，卢华复.2000.油气运移的断层封闭因素探讨.江苏地质，24（2）：95-100.

杨伟荣，钱铮，张欣，等.2008.冀中地区文安斜坡带成藏特征研究.岩性油气藏，20（3）：49-94.

杨晓敏，罗群，黄捍东，等.2008.顺向断坡油气藏分布特征及成藏主控因素.油气地质与采收率，15

（1）：11-13.

曾洪流.2011. 地震沉积学在中国：回顾和展望. 沉积学报，29（3）：417-426.

曾溅辉，王洪玉.1999. 输导层和岩性圈闭中石油运移和聚集模拟实验研究. 地球科学——中国地质大学学报，24（2）：193-196.

曾溅辉，王洪玉.2001. 反韵律砂层石油运移模拟实验研究. 沉积学报，19（4）：592-596.

曾溅辉.2000. 正韵律砂层中渗透率级差对石油运移和聚集影响的模拟实验研究. 石油勘探与开发，27（4）：102-105.

张善文，王英民，李群.2003. 应用坡折带理论寻找隐蔽油气藏. 石油勘探与开发，30（3）：5-7.

张文昭.1997a. 一个斜坡带的油气富集区——辽河拗陷西部斜坡带. 见：张文昭. 中国陆相大油田. 北京：石油工业出版社.

张文昭.1997b. 中国陆相大油田的形成与分布. 见：张文昭. 中国陆相大油田. 北京：石油工业出版社.

张勇，赵密福，宋维奇.2002. 惠民凹陷临南斜坡带油气纵向运移及其控制因素. 石油勘探与开发，（6）：21-22.

张照录，王华，杨红.2000. 含油气盆地的输导体系研究. 石油与天然气地质，21（2）：133-135.

赵密福.2004. 断层封闭性研究现状. 新疆石油地质，25（3）：333-336.

赵贤正，金凤鸣，刘井旺，等.2010. 饶阳凹陷蠡县斜坡中北段精细勘探与重要发现. 中国石油物探，15（2）：8-15.

赵贤正，金凤鸣.2009. 陆相断陷洼槽聚油理论与勘探实践——以冀中拗陷及二连盆地为例. 北京：科学出版社.

赵新国，苏玉山，季增本，等.1999. 东濮凹陷西部斜坡带成藏条件与成藏模式. 复式油气田，（3）：15-17.

赵政权，徐天昕，刘凤芸，等.2008. 顺向断鼻构造的圈闭条件分析. 石油天然气学报，30（3）：213-216.

郑秀娟，于兴河.2004. 断层封闭性研究的现状与问题. 大庆石油地质与开发，23（6）：19-21.

祝玉衡，张文朝.2000. 二连盆地下白垩统沉积相及含油性. 北京：科学出版社.

Allan U S. 1989. Model for hydrocarbon migration and entrapment within faulted structures. AAPG Bulletin，73：803-811.

Bethke C M，Reed J D，Oltz D F. 1991. Long-range petroleum migration in the Illinois basin. AAPG Bulletin，75（5）：925-945.

Bourer J D，Kaars-Sijpestein C H，Onyejekwe C C，et al. 1989. Three-dimensional seismic interpretation and fault sealing investigations，Num River Field，Nigeria. AAPG Bulletin，73：1397-1414.

Catalan L，Fu X W，Chatzis I，et al. 1992. An experimental study of secondary oil migration. AAPG Bulletin，76（5）：638-650.

Dembicki H，Anderson M J. 1989. Secondary migration of oil：experiments supporting efficient movement of separate，buoyant oil phase along limited conduits. AAPG Bulletin，73（8）：1018-1021.

England W A. 1987. The movement and entrapment of petroleum fluids in the subsurface. Jounal of the Geological Society，4：333-335.

Hindle A D. 1997. Petroleum migration pathways and charge concentration：a three-dimensional model. AAPG Bulletin，81：1451-1481.

Knipe R J. 1997. Juxtaposition and seal diagrams to help analyze fault seals in hydrocarbon reservoirs. AAPG，81（2）：187-195.

Knott Steven D. 1993. Fault seal analysis in the sea. AAPG Bulletin，77：778-792.

Liu K, Eadington P. 2003. A new method for identifying secondary oil migration pathways. Journal of Geochemical Exploration, 78-79: 389-394.

Morely C K, Nelson R A, Patton T L, et al. 1990. Trensfer zone in the East African rift system and their relevance to hydrocabon explorationin rift. AAPG Bulletin, 74 (8).

Posamentier H W, Davies R J, Cartwright J A, et al. 2007. Seismic geomorphology: an overview. Geological Society London Special Publications, (277): 1-14.

Posamentier H W, Kolla V. 2003. Seismic geomorphology and stratigraphy of depositional elements in deep-water settings. Journal of Sedimentary Research, 73 (3): 367-388.

Posamentier H W, Weimer P. 1993. Siliciclastic sequence stratigraphy and petroleum geology- where to from here. AAPG Bulletin, 77 (5): 731-742.

Posamentier H W. 2004. Seismic geomorphology: imaging elements of depositional systems from shelf to deep basin using 3D seismic data: implications for exploration and development. In: Davies R J, Cartwright J A, Stewart S A, et al. 3D seismic technology: Application to the exploration of sedimentary basins. London: Geological Society: 11-24.

Schowalter T T. 1979. Mechanics of secondary hydrocarbon migration and entrapment. AAPG Bulletin, 63 (5): 723-760.

Ungerer P, Burrus J, Doligez B, et al. 1990. Basin evolution by integrated two-dimensional modeling of heat transfer, fluid flow, hydrocarbon generation, and migration. AAPG Bulletin, 74 (3): 309-335.

Vail Pu R, Michum R, Thonoson S. 1977. Seismic stratigraphy and global changes of sea level. In: Payton Cu E. Seismic stratigraphy-applicatin to hydracarbon exploration (Part3): velative changes of Sea level form coastal on lap. AAPG Memorir, (26): 63-81.

Weber K J, Mahdig, Pilar W F, et al. 1978. The role of fault in hydrocabon migration and trapping in Nigeria growth fault structures. Offshore Technology Conference, 10: 2643-2653.

Yielding G, Freeman B, Needhan D T. 1997. Quantitative fault seal prediction. AAPG Bulletin, 81 (6): 897-917.

Zeng H L, Charles K. 2003. Seismic frequency control on carbonate seismic stratigraphy: a case study of the Kingdom Abo sequence, west Texas. AAPG Bulletin, 87 (2): 273-293.

Zeng H L, Henry S C, Riola J P. 1998. Stratal sliceing, part II: real seismic data. Geophysics, 63 (2): 514-522.

Zeng H L, Hents T F. 2004. High-frequency sequence stratigraphy from seismic sedimentolgy: applied to miocene, vermilion block 50, tiger shoal area, off-shore louisiana. AAPG Bulletion, 88 (2): 153-174.